普通高等教育农业农村部"十三五"规划教材

园艺产品
营养与功能学

汪俏梅　主编

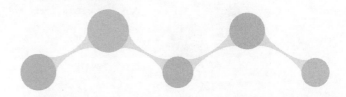

Nutrition and Function of Horticultural Products

U0288267

化学工业出版社

·北京·

内容简介

本书在介绍园艺产品的营养与特点、园艺产品与人类健康及园艺产品营养与功能学和其他学科的关系的基础上,详细介绍了园艺产品的营养物质、生物活性物质、营养和生物活性物质的影响因子与调控、科学食用、营养与功能学研究的技术和方法。本书内容丰富,编排合理,涵盖了园艺学、化学、生物化学、分子生物学、营养学、食品科学、药学、医学等相关学科知识和最新研究进展,且包含了功能性食品和次生代谢物质生物合成与代谢工程等领域的学术前沿。

本书可作为高等农业院校园艺专业本科生必修课程的教材,也可作为高校教师、研究生及相关科研工作者的参考书。

图书在版编目(CIP)数据

园艺产品营养与功能学/汪俏梅主编. —北京:化学工业出版社,2021.11

ISBN 978-7-122-39580-1

Ⅰ. ①园… Ⅱ. ①汪… Ⅲ. ①园艺管理-高等学校-教材

Ⅳ. ①S605

中国版本图书馆 CIP 数据核字(2021)第 144615 号

责任编辑:刘 军 孙高洁　　　　　　　　　装帧设计:王晓宇
责任校对:边 涛

出版发行:化学工业出版社(北京市东城区青年湖南街 13 号　邮政编码 100011)
印　　装:大厂聚鑫印刷有限责任公司
787mm×1092mm　1/16　印张 14¼　字数 344 千字　2021 年 10 月北京第 1 版第 1 次印刷

购书咨询:010-64518888　　　　　　　　售后服务:010-64518899
网　　址:http://www.cip.com.cn
凡购买本书,如有缺损质量问题,本社销售中心负责调换。

定　　价:49.00 元

本书编写指导委员会

主　任：李天来

副主任：汪俏梅

委　员：（按姓名汉语拼音排序）

柴明良（浙江大学）

陈学好（扬州大学）

樊卫国（贵州大学）

房经贵（南京农业大学）

甘德芳（安徽农业大学）

郭文武（华中农业大学）

何洪巨（北京市农林科学院）

何新华（广西大学）

黄　科（湖南农业大学）

贾承国（吉林大学）

李　敏（青岛农业大学）

李天来（沈阳农业大学）

齐红岩（沈阳农业大学）

秦　栋（东北农业大学）

佘文琴（福建农林大学）

史庆华（山东农业大学）

孙　勃（四川农业大学）

汪俏梅（浙江大学）

王惠聪（华南农业大学）

王　萍（内蒙古农业大学）

叶明儿（浙江大学）

张才喜（上海交通大学）

张红娜（海南大学）

张鲁刚（西北农林科技大学）

朱祝军（浙江农林大学）

本书编写人员名单

主　　编：汪俏梅

副 主 编：何洪巨　王惠聪　房经贵　孙　勃　苗慧莹　刘丽红

编写人员：（按姓名汉语拼音排序）

房经贵　谷　凤　管　乐　何洪巨　贾承国　蒋立科

刘丽红　罗　娅　孟凡亮　苗慧莹　邵志勇　孙　勃

汪俏梅　王冬良　王惠聪　王梦雨　向　珣　张俊祥

序

21 世纪以来，随着社会经济的发展、人们生活水平的提高和健康意识的增强，改善作物品质以增进人类营养和健康逐渐成为种植业面临的最重要的任务。而功能性食品科学的发展也为营养学提出了新的目标，即从解决饥饿问题、强调食品安全过渡到改善健康、减少疾病，人们对食物的要求也从营养充足过渡到营养最佳。园艺产品富含各种植物化学物质，在人类通过饮食合理摄入营养和疾病的化学预防中发挥重要作用。我国拥有长达 5000 多年悠久的养生保健传统历史，而大多数水果和蔬菜等园艺产品为药食同源的健康食品，在日常生活中发挥着养生保健的作用。我国最早的医学专著《黄帝内经·素问》记载："毒药攻邪，五谷为养，五果为助，五畜为益，五菜为充，气味合而服之，以补精益气"；16 世纪著名医药学家李时珍的不朽名著《本草纲目》中记载了 1094 种药用植物的功效，其中就包含了 4 类共96 种蔬菜，以及 6 类共 63 种果品等园艺产品。我国还形成了富有特色的源远流长的饮食文化，种类丰富的园艺产品在烹饪和食疗中同样发挥了重要的作用。我国历史上的传统中医药和饮食专著中记载的园艺产品在疾病预防和治疗中的功效，已为当代西方国家通过饮食实施疾病化学预防所应用，并得到了当代功能性食品科学和临床医学等多学科研究的证实，这充分地体现了古老的东方智慧。现代技术分析发现，园艺产品中含有丰富的生物活性物质，大量体内和体外的生理学和药理学研究表明，这些生物活性物质能增强人类机体免疫力、抗菌消炎、抗病毒，并对癌症和心血管疾病等多种顽疾起到预防和治疗作用。

目前，园艺产品营养与功能研究已成为园艺学科新兴的热门研究领域，它包括园艺产品营养和生物活性物质的含量、分布、影响因子及其调控措施和对人体的功效等许多方面。如利用嫁接砧木等栽培技术措施调节园艺产品营养和生物活性物质含量，环境和化学物质诱导能够调控园艺产品营养和生物活性物质形成，通过杂交来分析营养和生物活性物质的遗传规律而选育高营养价值的园艺植物新品种，利用遗传工程手段调节园艺产品中营养和生物活性物质的含量，等。近年来，国内外许多专家高度关注园艺作物营养及生物活性物质的形成、调控机制及功能研究，特别是浙江大学汪俏梅教授团队从 21 世纪初就率先在国内开展了蔬菜芥子油苷和类胡萝卜素等功能成分的代谢调控网络及其在品质改良上的应用研究，并提出了功能型品种选育的概念，创新性地提出了今后应以园艺产品营养和生物活性物质含量作为园艺作物栽培和园艺产品采收、加工及价值高低评判的主要依据。这些观点的提出，对推动园艺产业供给侧结构改革、提高园艺产品附加值、推进园艺产业优质高效和可持续发展均具有重要价值。

浙江大学一直重视园艺产品品质和功能的教学，是我国最早开设这方面课程的高校之一，特别是 2014 年该校已把园艺产品营养与功能学列为园艺专业本科生的主干必修课程，突破了一般园艺专业人才培养方案中仅设有传统的园艺作物育种、栽培和贮运的"采前-采中-采后"知识模块。为适应经济社会发展和复合型人才培养的需求，课程引入了园艺产品品质的理念，吸收了食品科学和人类营养学的最新进展，实现了园艺专业人才培养中的农、工、医多学科交叉汇聚。为了有力推进园艺产品营养与功能学课程的教学和改革，并使其在全国高等农业院校园艺创新人才培养中发挥更大作用，2016 年 10 月，由浙江大学园艺系组织全国 18 家单位召开了第一届编委会；2017 年 12 月，由汪俏梅教授牵头组织申报的《园艺产品营养与功能学》新编教材入选农业农村部"十三五"规划教材。教材编写指导委员会在参考和认真总结各学校原有教学经验的基础上，特别是在综合了各学校该门课程任课教师的意见之后，对《园艺产品营养与功能学》新编教材的结构和内容进行了科学论证和整体策划，形成了以"总论+若干各论"的形式撰写和出版该套系列教材的统一意见。该系列教材包括总论教材——《园艺产品营养与功能学》和各论教材——《蔬菜营养与功能》《果品营养与功能》《茶叶和食用花卉营养与功能》。总论中首先介绍了园艺产品中传统的六大营养素，并根据功能性食品科学的最新进展，介绍了园艺产品的生物活性物质；并从采前、采中和采后的全产业链角度探讨了如何调控这些有益成分，以改善园艺作物营养品质和健康功能品质，促进园艺产业健康、可持续发展；最后对园艺产品的科学食用，以及园艺产品营养与功能学研究的技术和方法进行了介绍。由于园艺产品包含营养和功能各异的众多种类的蔬菜、果品、茶叶和食用花卉等，在 3 本各论教材中，分别对每一类别园艺产品从营养物质、主要生物活性物质、功能食品开发和临床应用与食疗等方面进行介绍，是总论部分内容的有效延伸和具体应用。该系列教材的总论与各论部分各有偏重，互为补充，形成一个有机的整体，不仅可以指导民众对园艺产品进行科学食用与合理搭配，而且将对当前我国园艺产业的整体布局、优质高效发展产生积极的推进作用，特别是有独特营养价值的园艺产品生物活性物质的开发利用方法，可为园艺产品加工产业发展和全产业链品质调控提供理论依据和技术指导。

园艺产品营养与功能学系列教材涵盖了园艺学、化学、生物化学、医学、药学、营养学、食品科学等多个学科领域的知识和最新进展，涉及园艺产品营养物质和生物活性物质的种类及分布和功能、全产业链调控技术和分析鉴定技术、园艺产品的功能食品开发及临床应用与食疗等多领域，特别是包含了功能性食品科学和次生代谢物质生物合成与代谢工程等学术前沿领域。因此，该系列教材的知识面广，内容丰富，具有很强的系统性、先进性和引领性，我相信该系列教材将在园艺产品营养与功能的科学研究以及园艺产业高质量发展中发挥引领作用。

随着人们对健康食疗法的关注，追求园艺产品营养均衡、健康功效的势头不断高涨。民以食为天，食以康为先。园艺产品作为人们日常膳食中最重要的食物，以其丰富的种类、缤纷的色泽，以及均衡的营养和健康功能品质，在人类身心健康和品质生活中发挥着越来越重要的作用。基于此，期待《园艺产品营养与功能学》系列教材能早日出版，以满足人才培养和科学研究之急和普通民众健康饮食之需，为促进我国社会经济发展和保障民众身心健康做出贡献。

中国工程院院士，沈阳农业大学教授
2021 年 8 月

前　言

改革开放以来，随着我国农业产业结构调整的推进，园艺产业在中华大地上如雨后春笋般迅猛发展，在我国种植业中的地位日益凸显，而我国也成了世界上最重要的园艺产品生产国之一。特别是在加入世界贸易组织（WTO）后，园艺产业已成为我国种植业中受益最大的产业之一，是极具发展前景的朝阳产业。除此之外，随着经济和社会的发展，在我国人均主要食品消费总量变化不大的情况下，主要食物消费结构发生了很大变化，蔬菜和水果等园艺产品在食物总消费量中的占比逐年增高。从 20 世纪 80 年代中期开始，我国城镇居民蔬菜和水果的合计消费量就超过了粮食，园艺产品因而成为居民的主要食物，在补充人体营养、增进民众健康中发挥着关键性作用。

我国对园艺产品营养价值的认识由来已久，体现在历代典藏的饮食养生和中医药书籍中，是古老的东方文明中"天人合一、人与自然和谐共存"理念的体现。人类对园艺产品的食用伴随着人类的进化和文明的积淀，我国最早的医学典籍《黄帝内经·素问》中就有"五谷为养，五果为助，五畜为益，五菜为充"的记载，体现了园艺产品在日常饮食中的重要性；而《黄帝内经·素问·上古天真论》则记载了人类长寿的秘诀及其与饮食的关系："法于阴阳，和于术数，食饮有节，起居有常，不妄劳作，故能形与神俱，而尽终其天年，度百岁乃去"，这里提到的"食饮有节"就意为膳食要合理搭配。我国中医药的经典著作《本草纲目》则详尽介绍了各种蔬菜、水果以及分属草本和木本的食用花卉的药用功效，并提出了园艺产品可以药食兼用的概念。21 世纪以来，植物化学、功能性食品的科学以及营养学和临床医学等新兴学科的发展和交叉汇聚，为园艺产品的营养价值和药用功效揭开了神秘的面纱，人们认识到果蔬等园艺产品中存在多种有益健康的成分，除了常规的六大营养素之外，还有降低疾病风险的功能成分或者称功能性食品。国际上对功能性食品也形成了一个统一的定义，即如果一种食品除了能提供营养和能量外，还可以通过增强某种生理反应或降低疾病风险以有益地调节身体的一种或多种目标功能，则该食品可看作是有"功能性"的。在这个国际统一的定义里，明确了只有那些具有明确的结构特征，而且保健效果和生理功能被流行病学研究，以及被体外和体内的生理实验所证实，加上没有毒副效果的植物生物活性物质才能被称为功能性食品。功能性食品概念的雏形最早出现在日本，之后美国、欧盟等也相继提出类似的概念，并迅速在世界范围内形成共识：通过饮食，即利用园艺产品特别是蔬菜水果中的功能成分（或称植物化学物质）实施癌症等顽症的化学预防已成为疾病控制的有效途径。针对产业发展的新趋势，近年来我国农业农村部在一些项目指南中提出了健康功能品质的新概念，并作为品质的构成因子之一，纳入一些科研项目的考核指标中；而随着功能性食品科学和系统生物学等学科的迅猛发展，园艺作物中功能成分的代谢调控网络研究正在兴起，并将在作物改良中发挥积极的作用。

在我国经济快速发展和人民生活水平不断提高的过程中，浙江大学园艺系敏锐地觉察到了我国居民主要食物消费结构的变化和果蔬等园艺产品对保障人类身心健康的重要作用，并始终关注功能性食品科学的发展及其农业应用。为尽早开展园艺产品营养与功能学方面的创新型专业人才培养工作，1994年，由昌家龙、叶明儿等老师在全国率先开始向本科生开设蔬菜营养、烹饪与食疗和果品营养与保健等系列选修课程；2004年，蔬菜营养、烹饪与食疗和果品营养与保健合并为园艺产品营养与功能学，成为浙江大学农业与生物学院平台选修课和园艺专业选修课，由汪俏梅、叶明儿等老师主讲；2011年，园艺产品营养与功能学正式列入园艺专业本科生必修课。园艺产品营养与功能学课程教学组一直不断地更新课程内容、改进教学方法，编写了园艺产品营养与功能学讲义，制作了多媒体课件和网络课件，并建立了课程微信公众号，不仅推进了新时期园艺创新型专业人才的培养成效，也为保障民众身体健康做出积极贡献。目前该课程是浙江大学校级精品课程，是农学院选课人数最多的本科生课程之一。为了使园艺产品营养与功能学课程在全国高等农业院校人才培养中发挥更大的作用，2016年金秋十月在浙江大学华家池校区，由浙江大学园艺系牵头，组织召开了由全国18家高等农业院校和研究院，共60多名老师参加的《园艺产品营养与功能学》教材编委会；2017年12月，由汪俏梅教授牵头，组织申报了农业农村部"十三五"规划教材并获得立项，在教材编写指导委员会的决策和指导下，历经四年多时间完成了《园艺产品营养与功能学》总论教材的撰写工作。

本书共六章。其中，第一章绪论，主要介绍园艺产品的营养价值与特点、园艺产品与人类健康、园艺产品营养与功能学与园艺产业发展及园艺产品营养与功能学的定位和内容，由汪俏梅撰写；第二章园艺产品的营养物质，主要介绍园艺产品中所含的维生素、矿物质、碳水化合物、蛋白质与氨基酸、脂类等常规营养物质，由汪俏梅、王惠聪、罗娅、王梦雨撰写；第三章园艺产品中的生物活性物质，在分类概述园艺植物来源的生物活性物质的基础上，详细介绍类黄酮化合物、花色苷类、类胡萝卜素、有机硫化物、植物雌激素、植物甾醇、皂苷、柠檬烯和果低聚糖等生物活性物质的结构与分类、理化性质、生理功能和应用等，由苗慧莹、刘丽红、张俊祥、贾承国、管乐、蒋立科、谷凤、邵志勇、王梦雨撰写；第四章园艺产品中营养和生物活性物质的影响因子与调控，主要介绍影响园艺产品营养物质和功能成分合成的遗传、环境、栽培技术、采收与采后处理等影响因子及其调控，由汪俏梅、孙勃、王梦雨、孟凡亮撰写；第五章园艺产品的科学食用，主要介绍蔬菜、水果、食用花卉等园艺产品的科学食用，由邵志勇、房经贵、苗慧莹、向珣、王冬良、谷凤撰写；第六章园艺产品营养与功能学研究的技术和方法，主要介绍园艺产品中活性物质的提取分离、结构测定等技术与方法，由何洪巨、刘丽红撰写。全书统稿由汪俏梅完成。在本书的写作和核校过程中，也得到了陈珊珊、林佳瑶、曾围、梁冬怡、李园园和李煜博等研究生的帮助。

在本书编写过程中，得到了浙江大学农业与生物技术学院领导、各位编写老师及相关院校的大力支持，化学工业出版社的编辑为本书的出版做了大量工作，在此一并表示衷心的感谢！由于时间有限，疏漏和不当之处在所难免，敬请读者、同仁提出宝贵意见，以便再版时修订提高。

中国工程院院士、沈阳农业大学李天来教授一直非常关心和支持本书的编写工作，并为本书撰写了序，在此致以深深的谢意。

主编
2021年8月于杭州

目录

第一章 绪论

第一节 园艺产品的营养价值与特点·······001
  一、园艺产品概述·······001
  二、园艺产品中的营养物质与功能成分·······002
第二节 园艺产品与人类健康·······004
第三节 园艺产品营养与功能学及园艺产业发展·······005
第四节 园艺产品营养与功能学的定位与内容·······006
参考文献·······007

第二章 园艺产品的营养物质

第一节 维生素·······008
  一、水溶性维生素·······008
  二、脂溶性维生素·······015
  三、维生素的参考摄入量·······021
第二节 矿物质·······021
  一、大量元素·······021
  二、微量元素·······025
  三、矿物质的参考摄入量·······029
第三节 碳水化合物·······029
  一、单糖·······029
  二、二糖·······032
  三、多糖·······033
  四、有机酸·······034
第四节 蛋白质与氨基酸·······035
  一、蛋白质的概况·······035
  二、蛋白质的功能·······036
  三、蛋白质营养价值的决定因素·······037
  四、氨基酸·······037
  五、蛋白质的参考摄入量·······047
第五节 脂类·······048
  一、中性甘油酯·······048
  二、磷脂·······050
  三、糖脂·······052

参考文献 ·· 052

第三章　园艺产品中的生物活性物质

第一节　植物生物活性物质的种类 ·· 053
　　一、酚类化合物 ·· 053
　　二、萜类化合物 ·· 055
　　三、碳水化合物及磷脂 ·· 057
　　四、含氮化合物（生物碱除外） ·· 061
　　五、生物碱 ·· 063
第二节　类黄酮化合物 ·· 066
　　一、结构和种类 ·· 067
　　二、理化性质 ·· 067
　　三、园艺产品中的分布及含量 ·· 068
　　四、生理功能 ·· 074
　　五、安全性 ·· 075
　　六、开发应用 ·· 075
第三节　花色苷类 ·· 076
　　一、结构和种类 ·· 076
　　二、理化性质 ·· 076
　　三、影响花色苷稳定性的因素 ·· 077
　　四、园艺产品中的分布及含量 ·· 078
　　五、生理功能 ·· 083
　　六、建议摄入量及安全性 ·· 084
　　七、开发应用 ·· 084
第四节　类胡萝卜素 ·· 084
　　一、结构和种类 ·· 085
　　二、理化性质 ·· 085
　　三、园艺产品中的分布及含量 ·· 085
　　四、生理功能 ·· 087
　　五、开发应用 ·· 088
第五节　有机硫化物 ·· 089
　　一、芥子油苷 ·· 089
　　二、烯丙基硫化物 ·· 093
第六节　植物雌激素 ·· 094
　　一、结构和种类 ·· 094
　　二、园艺产品中的分布及含量 ·· 096
　　三、生理功能 ·· 097
　　四、安全性 ·· 099

　　　　五、开发应用 ⋯⋯⋯⋯⋯⋯⋯⋯⋯⋯⋯⋯⋯⋯⋯⋯⋯⋯⋯⋯⋯⋯⋯⋯⋯⋯099
　第七节　植物甾醇 ⋯⋯⋯⋯⋯⋯⋯⋯⋯⋯⋯⋯⋯⋯⋯⋯⋯⋯⋯⋯⋯⋯⋯⋯⋯⋯100
　　　　一、结构和种类 ⋯⋯⋯⋯⋯⋯⋯⋯⋯⋯⋯⋯⋯⋯⋯⋯⋯⋯⋯⋯⋯⋯⋯⋯⋯100
　　　　二、理化性质 ⋯⋯⋯⋯⋯⋯⋯⋯⋯⋯⋯⋯⋯⋯⋯⋯⋯⋯⋯⋯⋯⋯⋯⋯⋯⋯100
　　　　三、园艺产品中的分布及含量 ⋯⋯⋯⋯⋯⋯⋯⋯⋯⋯⋯⋯⋯⋯⋯⋯⋯⋯⋯101
　　　　四、生理功能 ⋯⋯⋯⋯⋯⋯⋯⋯⋯⋯⋯⋯⋯⋯⋯⋯⋯⋯⋯⋯⋯⋯⋯⋯⋯⋯103
　　　　五、安全性 ⋯⋯⋯⋯⋯⋯⋯⋯⋯⋯⋯⋯⋯⋯⋯⋯⋯⋯⋯⋯⋯⋯⋯⋯⋯⋯⋯105
　　　　六、开发应用 ⋯⋯⋯⋯⋯⋯⋯⋯⋯⋯⋯⋯⋯⋯⋯⋯⋯⋯⋯⋯⋯⋯⋯⋯⋯⋯105
　第八节　皂苷 ⋯⋯⋯⋯⋯⋯⋯⋯⋯⋯⋯⋯⋯⋯⋯⋯⋯⋯⋯⋯⋯⋯⋯⋯⋯⋯⋯⋯⋯105
　　　　一、结构和种类 ⋯⋯⋯⋯⋯⋯⋯⋯⋯⋯⋯⋯⋯⋯⋯⋯⋯⋯⋯⋯⋯⋯⋯⋯⋯106
　　　　二、理化性质 ⋯⋯⋯⋯⋯⋯⋯⋯⋯⋯⋯⋯⋯⋯⋯⋯⋯⋯⋯⋯⋯⋯⋯⋯⋯⋯106
　　　　三、园艺产品中的分布及含量 ⋯⋯⋯⋯⋯⋯⋯⋯⋯⋯⋯⋯⋯⋯⋯⋯⋯⋯⋯107
　　　　四、生理功能 ⋯⋯⋯⋯⋯⋯⋯⋯⋯⋯⋯⋯⋯⋯⋯⋯⋯⋯⋯⋯⋯⋯⋯⋯⋯⋯109
　　　　五、开发应用 ⋯⋯⋯⋯⋯⋯⋯⋯⋯⋯⋯⋯⋯⋯⋯⋯⋯⋯⋯⋯⋯⋯⋯⋯⋯⋯109
　第九节　柠檬烯 ⋯⋯⋯⋯⋯⋯⋯⋯⋯⋯⋯⋯⋯⋯⋯⋯⋯⋯⋯⋯⋯⋯⋯⋯⋯⋯⋯⋯109
　　　　一、结构和种类 ⋯⋯⋯⋯⋯⋯⋯⋯⋯⋯⋯⋯⋯⋯⋯⋯⋯⋯⋯⋯⋯⋯⋯⋯⋯110
　　　　二、理化性质 ⋯⋯⋯⋯⋯⋯⋯⋯⋯⋯⋯⋯⋯⋯⋯⋯⋯⋯⋯⋯⋯⋯⋯⋯⋯⋯110
　　　　三、食物来源及摄入量 ⋯⋯⋯⋯⋯⋯⋯⋯⋯⋯⋯⋯⋯⋯⋯⋯⋯⋯⋯⋯⋯⋯110
　　　　四、生理功能 ⋯⋯⋯⋯⋯⋯⋯⋯⋯⋯⋯⋯⋯⋯⋯⋯⋯⋯⋯⋯⋯⋯⋯⋯⋯⋯110
　　　　五、吸收、分布、代谢和排泄 ⋯⋯⋯⋯⋯⋯⋯⋯⋯⋯⋯⋯⋯⋯⋯⋯⋯⋯⋯111
　　　　六、安全性 ⋯⋯⋯⋯⋯⋯⋯⋯⋯⋯⋯⋯⋯⋯⋯⋯⋯⋯⋯⋯⋯⋯⋯⋯⋯⋯⋯111
　　　　七、开发应用 ⋯⋯⋯⋯⋯⋯⋯⋯⋯⋯⋯⋯⋯⋯⋯⋯⋯⋯⋯⋯⋯⋯⋯⋯⋯⋯112
　第十节　果低聚糖 ⋯⋯⋯⋯⋯⋯⋯⋯⋯⋯⋯⋯⋯⋯⋯⋯⋯⋯⋯⋯⋯⋯⋯⋯⋯⋯⋯112
　　　　一、结构和种类 ⋯⋯⋯⋯⋯⋯⋯⋯⋯⋯⋯⋯⋯⋯⋯⋯⋯⋯⋯⋯⋯⋯⋯⋯⋯112
　　　　二、理化性质 ⋯⋯⋯⋯⋯⋯⋯⋯⋯⋯⋯⋯⋯⋯⋯⋯⋯⋯⋯⋯⋯⋯⋯⋯⋯⋯113
　　　　三、膳食来源与工业化生产 ⋯⋯⋯⋯⋯⋯⋯⋯⋯⋯⋯⋯⋯⋯⋯⋯⋯⋯⋯⋯113
　　　　四、生理功能 ⋯⋯⋯⋯⋯⋯⋯⋯⋯⋯⋯⋯⋯⋯⋯⋯⋯⋯⋯⋯⋯⋯⋯⋯⋯⋯114
　　　　五、摄入量与安全性 ⋯⋯⋯⋯⋯⋯⋯⋯⋯⋯⋯⋯⋯⋯⋯⋯⋯⋯⋯⋯⋯⋯⋯115
　　　　六、开发应用 ⋯⋯⋯⋯⋯⋯⋯⋯⋯⋯⋯⋯⋯⋯⋯⋯⋯⋯⋯⋯⋯⋯⋯⋯⋯⋯116
　参考文献 ⋯⋯⋯⋯⋯⋯⋯⋯⋯⋯⋯⋯⋯⋯⋯⋯⋯⋯⋯⋯⋯⋯⋯⋯⋯⋯⋯⋯⋯⋯⋯116

第四章　园艺产品中营养和生物活性物质的影响因子与调控

　第一节　内在影响因子与遗传调控 ⋯⋯⋯⋯⋯⋯⋯⋯⋯⋯⋯⋯⋯⋯⋯⋯⋯⋯⋯120
　　　　一、内在影响因子 ⋯⋯⋯⋯⋯⋯⋯⋯⋯⋯⋯⋯⋯⋯⋯⋯⋯⋯⋯⋯⋯⋯⋯⋯120
　　　　二、遗传调控策略 ⋯⋯⋯⋯⋯⋯⋯⋯⋯⋯⋯⋯⋯⋯⋯⋯⋯⋯⋯⋯⋯⋯⋯⋯122
　第二节　环境影响因子与栽培调控 ⋯⋯⋯⋯⋯⋯⋯⋯⋯⋯⋯⋯⋯⋯⋯⋯⋯⋯⋯125
　　　　一、环境影响因子 ⋯⋯⋯⋯⋯⋯⋯⋯⋯⋯⋯⋯⋯⋯⋯⋯⋯⋯⋯⋯⋯⋯⋯⋯125
　　　　二、栽培调控 ⋯⋯⋯⋯⋯⋯⋯⋯⋯⋯⋯⋯⋯⋯⋯⋯⋯⋯⋯⋯⋯⋯⋯⋯⋯⋯127

第三节　采收与采后处理的影响与调控 ……………………………………………… 131
　　一、采收对园艺产品中营养和生物活性物质的影响与调控………………………… 131
　　二、采后处理对园艺产品中营养和生物活性物质的影响与调控…………………… 132
第四节　园艺产品中功能成分的合成与调控 ……………………………………………… 136
　　一、芥子油苷的生物合成与调控 …………………………………………………… 137
　　二、类胡萝卜素的生物合成与调控 ………………………………………………… 143
参考文献 ……………………………………………………………………………………… 152

第五章　园艺产品的科学食用

第一节　蔬菜的科学搭配与食用 …………………………………………………………… 156
　　一、蔬菜的科学搭配 ………………………………………………………………… 156
　　二、蔬菜的科学食用 ………………………………………………………………… 158
第二节　水果的科学食用 …………………………………………………………………… 161
　　一、水果的营养保健价值 …………………………………………………………… 161
　　二、水果的食用方式 ………………………………………………………………… 163
　　三、水果的科学食用 ………………………………………………………………… 164
第三节　花卉的科学食用 …………………………………………………………………… 165
　　一、花卉的营养保健价值 …………………………………………………………… 165
　　二、花卉的食用方式 ………………………………………………………………… 167
　　三、花卉的科学食用 ………………………………………………………………… 167
参考文献 ……………………………………………………………………………………… 168

第六章　园艺产品营养与功能学研究的技术和方法

第一节　活性物质提取分离方法 …………………………………………………………… 170
　　一、活性物质提取方法 ……………………………………………………………… 170
　　二、活性物质分离与精制方法 ……………………………………………………… 174
　　三、园艺产品有效成分的活性追踪分离方法 ……………………………………… 190
第二节　活性物质结构测定方法 …………………………………………………………… 191
　　一、结构研究的一般程序与方法 …………………………………………………… 191
　　二、波谱技术在活性物质结构分析中的应用 ……………………………………… 193
第三节　其他分析技术的应用 ……………………………………………………………… 201
　　一、非损伤检测技术 ………………………………………………………………… 201
　　二、抗氧化活性分析技术 …………………………………………………………… 203
　　三、营养与功能的普遍测定评价技术 ……………………………………………… 206
　　四、代谢组学技术 …………………………………………………………………… 209
参考文献 ……………………………………………………………………………………… 210

附　录

第一章
绪　论

　　进入 21 世纪以来，随着全球经济的发展和人们生活水平的提高，食品营养、健康、安全成为了人类社会关注的焦点问题，而改善作物的品质，以增进人类的营养和健康也成为了 21 世纪农业最重要的任务。粮食作物为全世界基本的食品安全提供了能量保障，而水果和蔬菜等园艺产品中丰富的营养和生物活性物质则为人类的营养和健康提供了根本的物质保证。中国加入世界贸易组织（WTO）后，精耕细作、历史悠久的园艺产业成为了我国种植业中机遇最多和获益最大的产业，园艺产品的品质和营养价值是影响其国际市场竞争能力的重要因素。除此之外，园艺产业在我国种植业中占据越来越重要的地位。以蔬菜为例，目前蔬菜的产量已经在我国种植业中排第一位，而中国也成为了世界上最大的蔬菜生产国，中国人的年均蔬菜消费量也排世界第一。消费者营养和健康意识的提高以及功能性食品科学的蓬勃发展，使园艺产品中营养和生物活性物质的研究备受关注和重视。在这样的背景下，园艺产品与功能学作为一门独立的学科得到了长足的发展，并在推进新时期园艺产业发展和新型园艺创新人才培养中发挥重要的作用。

第一节　园艺产品的营养价值与特点

　　"民以食为天"，食物是人类有史以来赖以生存、繁衍和发展的根本保证。随着社会的发展，人们的生活水平有了很大的提高，营养成了一个普遍的话题。营养学研究表明，食物为人类提供人体必需的六大类营养物质：碳水化合物（糖类）、脂类、蛋白质与氨基酸、维生素、矿物质和水。除此之外，由于食物中的膳食纤维对维持人体生命和健康有极为重要的作用，一些营养学家甚至建议把膳食纤维（纤维素）称为第七大营养素。人类食物包括动物性食品和植物性食品。动物性食品包括肉类、乳类和蛋类等，是人体蛋白质、脂肪和脂溶性维生素等的主要来源；植物性食品包括谷物类、蔬菜、水果等，其中谷物类是人体热能的主要来源，蔬菜和水果是人体维生素、矿物质和膳食纤维等常规营养物质，以及具有降低疾病风险性的生物活性物质的主要来源。

一、园艺产品概述

　　园艺产品是人类以园艺作物为对象的生产过程中形成的产品。园艺作物通常包括果树、蔬菜和观赏植物，广义的园艺作物还包括茶叶、芳香植物和药用植物等。但是，目前国内外对园艺作物的定义并不一致，例如我国把马铃薯当作粮食作物，而有些国家将其列入园艺作物，鉴于其含有丰富的营养物质和生物活性物质，本书也把马铃薯列为蔬菜。一般而言，粮食作物之外的农作物均可归为园艺作物，其资源十分丰富，种类极其繁多，既有乔木、灌木、藤本，也有一、二年生及多年生草本，还有许多食用菌（如蘑菇、木耳等）和藻类植物（如紫菜、海带等）。据不完全统计，我国常见栽培的园艺作物有蔬菜110多种、果树140多种、观赏植物500多种，有些种类还包含许多变种和品种。

值得注意的是，如果从园艺产业角度考虑，园艺产品作为人类在生产园艺作物过程中形成的产品，广义上包括可食性的产品如水果、蔬菜、茶叶等，也包括可供观赏的观赏植物和提供医药、工业原料的各类园艺作物产品，还包括作为生产资料的种子、苗木，甚至包括非物质的园艺旅游、观光、体验、休闲等文化产品，因而具有产品、体系或过程的属性；狭义的园艺产品主要指可供食用的果品、蔬菜、茶叶及可供观赏的观赏植物，因而不具有体系或过程的属性。本书所描述的园艺产品主要是指作为人类食物的蔬菜、水果、食用花卉和茶叶。

二、园艺产品中的营养物质与功能成分

（一）园艺产品中的营养物质

全球经济的发展和人们生活条件的改善使园艺产品在人类饮食结构中占的比例越来越大。通过对园艺产品的消费，人们享受了园艺产品独特的风味、均衡的营养和健康的功效，提高了生活品质。对园艺产品的营养价值和健康功能认识的逐渐深入，奠定了园艺产品在当今人类饮食中的重要地位。园艺产品种类繁多、色彩丰富，是人体多种营养素，特别是维生素、矿物质和膳食纤维的主要来源，甚至是唯一来源，与人类的日常膳食和健康生活密切相关。蔬菜和水果是人体所需的各种维生素，特别是维生素C和维生素A的前体物质——类胡萝卜素的主要来源。蔬菜和水果中含有丰富的类胡萝卜素，一些深色蔬菜，如菠菜、苋菜、莴苣叶等每100g鲜重中类胡萝卜素含量超过2mg；一些橙黄色的水果，如芒果、杏、枇杷、红橘等每100g鲜重中含有1.5~3mg的类胡萝卜素，这些蔬菜和水果中所含的类胡萝卜素是我们日常膳食中维生素A的重要来源。种类丰富的B族维生素也是人类正常的生长和代谢所必需的，除了动物性食品和谷物，蔬菜也是B族维生素的重要来源。维生素E（又称生育酚）在维持人体正常生育功能、促进发育和延缓衰老上有重要的生理功能，蔬菜也是维生素E的主要来源之一，如甜玉米的胚中含有丰富的维生素E。维生素K参与凝血作用，在菠菜、苜蓿等绿叶蔬菜和野生蔬菜中含量较为丰富，民间常有用藕节和绿叶植物止血的验方。园艺产品中含有人体必需的各种矿质营养，是人体无机盐的重要来源。蔬菜和水果中含有丰富的钾、钙、钠、镁等大量元素及铁、铜、锰、硒等多种微量元素，如蔬菜是人体钾的主要植物来源，豆类蔬菜、薯芋类蔬菜、芥菜类蔬菜、香辛菜、食用菌、藻类、酱菜、豆制品等都含有丰富的钾；此外，蔬菜也是人体铁的主要植物来源，其中尤以绿叶蔬菜含铁量较高。园艺产品中的碳水化合物包括可溶性糖和淀粉，其中可溶性糖主要有果糖、葡萄糖、蔗糖，其次为甘露糖、甘露醇和阿拉伯糖等。水果一般在成熟过程中伴随着淀粉的降解，使可溶性糖含量升高，甜味增加，如香蕉在成熟过程中淀粉由20%降到5%，而可溶性糖由8%增至17%。蔬菜是植物性蛋白的重要来源，特别是豆类蔬菜及其芽菜中含有较多的蛋白质和氨基酸，其中大豆被称为植物蛋白"库"，每100g大豆含蛋白

质35～40g，且大豆蛋白质的氨基酸组成比例与人体所需的氨基酸比例接近，大豆与谷类一起吃，能大大提高蛋白质的利用率。蔬菜和水果中还含有丰富的纤维素、半纤维素、果胶等膳食纤维，它们对人体健康有多重作用，不仅能降解胆固醇，而且能被益生菌利用合成多种维生素、泛酸、谷维素、肌醇、生物素、维生素 K 和烟酸等，并使食物蓬松，增加肠蠕动，发挥防止便秘和降低结肠癌发病率等功效。

总之，园艺产品作为人们每日不可或缺的重要食物，是人体维生素、矿物质、碳水化合物等营养物质和膳食纤维的重要来源，又具有刺激食欲、促进肠道蠕动和帮助消化等多种功能，在维持人体正常生理活动和增进健康上有重要的营养价值，在保障营养均衡和提高生活质量方面是其他食物难以取代的。

（二）园艺产品中的功能成分

进入 21 世纪以来，功能性食品的科学得到迅猛发展，并提出新的营养学目标，即从 20 世纪的防止饥饿、强调安全到 21 世纪的增进健康、减少疾病，对食物的要求也从营养足够过渡到营养最佳，与之相对应，改善作物的品质和安全性，以增进人类的营养和健康，被认为是 21 世纪农业最重要的任务。蔬菜含有丰富的功能成分，其种类丰富，人类每日三餐食用，因而在通过饮食实施疾病的化学预防中发挥着重要作用。功能性食品（功能成分）的概念最早是由日本学者提出的，20 世纪 80 年代初，日本政府资助了"食品功能的系统分析和发展"项目，之后日本教育部又发起"食品的生理学调节功能分析"和"功能性食品的分析和分子设计"等项目，在此基础上，1991 年日本营养学界提出特定保健用食品（food for specified heath use，FOSHU）的概念，这类食品需要满足两个条件：①需要提供证据以说明其终产品对健康有好处或有生理学效果。②以普通食品形式作为普通膳食的一部分进行消费。目前日本市场上批准的 FOSHU 食品大多数含有能促进肠道健康的果低聚糖。之后美国和欧洲等一些国家也相继提出各自的功能性食品的概念，美国在 1993 年提出某些食用特定食品能降低疾病危险性的声称；1997 年美国食品和药品监督管理局（FDA）在其"现代化指令"中提出健康声称；1998 年 FDA 就批准了 11 项食物或其成分与疾病有关的声称。针对美国提出的健康声称，欧盟没有统一发令，各国自行规定管理，如瑞典在 1990 年采用了自己规定的健康声称计划，并于 1996 年重新修订。21 世纪初，在功能性食品的国际会议上，来自各国的食品学家形成共识，提出了功能性食品的统一定义，即如果一种食品除了有适宜的营养作用外，能对人体的一种或几种靶功能有好的调节效果，还可以改善健康状态或减少疾病危险，则该食品可看作是有"功能性"的。在这个国际统一的定义里，明确了植物来源的功能性食品是一类以植物或其生物活性物质为主要有效成分的功能性食品。首先，它是一类食品，具有食品的基本形态；其次，它的主要功能性因子为植物生物活性成分（植物化学物质），只有那些生理功能或健康效果已经得到官方的证实，而且没有毒副作用的植物生物活性物质才有可能用于功能性食品的制造。鉴于目前国内保健品市场鱼龙混杂的现状，我们可以说植物功能性食品是一类功效明确的第三代"保健食品"。我国幅员辽阔，有丰富的园艺植物资源，各种园艺产品中含有丰富的各类植物生物活性物质，如类胡萝卜素、类黄酮、有机硫化合物和低聚糖类等。目前蔬菜产品中的植物生物活性物质已经确定为功能成分的有二烯丙基二硫化物（来源于大蒜）、大豆异黄酮（来源于大豆）、槲皮素（来源于洋葱等）、果低聚糖（来源于菊苣）、芥子油苷（来源于十字花科作物等）和类胡萝卜素（来源于番茄、西瓜等）。根据结构以及结构与活性的相关性，目前可以把园艺产品中的生物活性物质分为酚类化合物、萜类化合物、碳水化合物及磷脂、含氮化合物（生物碱除外）和生物碱类等类别。生物活性物质与营养物质不同，它们不是人体所必需的，但对于调节人体的生理机能、保持人体健康状态有关键性作用，如属于类黄酮化合物的花青素在抗氧化、保护心脏、预防癌症等方面有重要功效。

第二节　园艺产品与人类健康

人类对园艺产品的食用伴随着人类的进化和文明史，其历史可以追溯得比谷物更久远，我国古医书《黄帝内经·素问》就有"五谷为养，五果为助，五畜为益，五菜为充"的记载。我国饮食文化源远流长，园艺产品，特别是蔬菜在国民的饮食中占据着非常重要的地位。同时，在我国药食同源的观点历史悠久，而古代一些养生的书籍中也记载了人类长寿的秘诀及其与饮食的关系，如在《黄帝内经·上古天真论》这样介绍长寿的秘诀：法于阴阳，和于术数，食饮有节，起居有常，不妄作劳，故能形与神俱，而尽终其天年，度百岁乃去。这一观点不仅体现了人与自然和谐的传统东方智慧，而提到的"食饮有节"就意为膳食要合理搭配。充足而均衡的营养是保证人体健康的根本，由饮食结构不合理导致身体处于亚健康状态的情况在当今社会非常常见。随着经济的发展，特别是各种生活方式改变带来的富贵病的发生，人类的膳食结构发生了很大的变化，主要表现为蔬菜和水果在人类食物"金字塔"中占据了越来越重要的地位，而食用花卉也逐渐在人类的身心健康中发挥作用。

蔬菜具有很高的营养价值和药用功效，因其种类丰富、多姿多彩，自古以来就在人类的日常饮食和食疗养生中发挥重要作用，现代营养学关于蔬菜的营养素和功能成分的研究充分证实了蔬菜在人类营养和健康中的功效，并鉴定到一些具有独特营养价值的蔬菜种类，比如野生蔬菜和食用菌等，目前它们已成为餐桌上的新宠。由于不同种类的蔬菜含有不同的营养物质，消费者每天食用蔬菜的种类越多越好，因此每天一荤多素一菌的饮食结构和膳食搭配对人类健康来说是最为合理的。

人类食用水果的历史可以追溯到远古，据考古发掘证明，早在七千年前，人类已经开始采集、收藏、食用野生的果实，随着以后果树的人工栽培，果实作为食品的种类和品种就愈益广泛。在当代人的膳食结构中，虽然从绝对重量上看，水果所占比例较小，但由于水果外形美观，肉质致密，汁液丰富，酸甜适中，芳香可口，富含多种维生素、矿物质、碳水化合物、有机酸和果胶等营养物质以及各种功能成分，能促进消化，增进食欲，降低疾病风险，堪称老幼皆爱的营养佳品，具有其他食物不可替代的作用和地位。

鲜花不仅具有观赏价值，而且还有食用价值，食用花卉在我国已有很久的历史。屈原的《离骚》中"朝饮木兰之坠露兮，夕餐秋菊之落英"，已可见食用花卉之端倪。花卉食品在现代更是常见，被认为是 21 世纪食品消费的新潮流。食用花卉中含有丰富的维生素和氨基酸等对人体健康有益的物质，花粉中优质蛋白质甚至高达 30%以上，含氨基酸 22 种、维生素 15 种，还含有 80 余种生物活性物质。食用花卉的食用方式多种多样，既可直接食用（如烹制菜肴、制作糕点），又可以加工成酒、茶等产品，具有很好的发展前景。

第三节　园艺产品营养与功能学及园艺产业发展

园艺产业作为农业生产的一个重要组成部分，对丰富人类膳食营养和改善人类生存环境具有重要意义，目前园艺产业已发展成为当今社会中现代农业的朝阳产业，在经济社会发展中发挥着不可替代的重要作用。我国作为世界上最大的园艺产品生产国、消费国和国际贸易国，园艺产业已成为我国农业和农村的支柱产业。长期以来，无论从栽培面积还是从总产量来看，我国一直都是世界上当之无愧的园艺生产大国，随着我国加入 WTO，面对风起云涌的国际市场，我国园艺产业成为了一个挑战与机遇并存的新兴产业。在当今社会，园艺产品除了满足消费者对温饱和食品多样化的需求外，还承担起了满足消费者对高质量生活品质追求的使命。通过对园艺产品的消费，消费者不仅要求能够享受园艺产品独特的风味、均衡的营养和健康功能品质，还要求园艺产品能够满足其审美和提高自身生活修养的需求，这也对园艺产业发展提出了新的要求。园艺产品营养与功能学相关研究的发展使园艺养生和园艺疗法等理念在全社会形成一种新的共识，园艺产品逐渐发展成为完善人类食物营养、净化生活环境的必需品，与人们的生活息息相关，与此同时，综合应用各种最新科学技术成果以促进园艺产品安全优质高效生产、流通和消费已成为园艺产业发展的终极目标。

对园艺产品营养和功能学的深入认识和研究基于现代科学的迅猛发展，包括栽培学、育种学、采后生物学、生物化学与分子生物学、食品科学、仪器分析学、人体营养学和临床医学等多学科的发展和交叉汇聚。目前，关于园艺产品营养与功能学的研究已在多个领域取得了重大进展，包括园艺产品的营养价值、营养品质（主要由常规的六大营养素决定）与健康功能品质（由功能成分决定）的形成机理和品质改良等。在功能成分方面，已经明确了蔬菜中的六大类功能成分（芥子油苷、类胡萝卜素、槲皮素、大豆异黄酮、果低聚糖和二烯丙基二硫化物）及其来源，水果和花卉中的功能成分也不断被鉴定和利用。与此同时，维生素 C 等营养物质以及类胡萝卜素等生物活性物质的合成途径及相关基因在番茄等重要园艺作物中被克隆，并应用于基因工程的研究，有效改善了作物中营养物质和生物活性物质的组分和含量。随着分子遗传学和系统生物学等方法的发展和应用，园艺产品中各种营养物质和功能成分生物合成的转录因子和信号分子也相继被鉴定，极大地推进了通过第三代基因工程技术，即预见性代谢工程的方法改善园艺产品的营养与功能的新策略。

我国园艺产业长期以来一直把产量作为优先指标，导致了优质与高产的不对称发展。随着人们生活水平的提高，消费者呼唤优质、营养、健康和安全的园艺产品，园艺产品的营养与生物活性物质逐渐成为关注的焦点。影响园艺产品中营养和生物活性物质含量的因素包含遗传性等内在影响因子，以及园艺作物生长发育过程中的环境因子、栽培措施、采收及采后处理等。因此我们很有必要以采前、采中和采后相结合的全产业链视角，挖掘影响园艺产品中的营养物质和生物活性物质的因子及其有效调控方式，从遗传调控、环境控制、调整栽培，并结合有效的采收和采后处理等途径减少园艺产品中营养与生物活性物质的损失，推进园艺产业的优质高效和可持续发展。

第四节　园艺产品营养与功能学的定位与内容

随着经济的发展和生活水平的提高,人们对当代园艺产品的要求已不再局限于传统园艺学所定义的外观品质和内在品质。因生活方式、饮食习惯的改变而带来的各种营养和健康问题,对园艺产品营养和健康价值的需求已是现代消费的必然趋势,因此,对园艺产品营养和生物活性物质的研究成了当今国内外园艺学研究的热点问题。我国在"十三五"期间,已把农产品的品质放到了种植业中的首要位置,并明确提出了健康功能品质的概念。在这样的形势下,园艺产品营养与功能学应运而生,迅速发展成一门蓬勃发展的新兴学科。立足于利用园艺产品为人类的营养和健康服务,提高园艺产品的经济价值,进一步拓展中国园艺作物的产业链,园艺产品营养与功能学已成为新时期下推动我国园艺产品品质调控与营养改善,促进园艺产业高效、健康、可持续发展的理论基础。

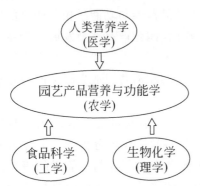

图 1-1　园艺产品营养与功能学的课程定位

园艺产品营养与功能学也是新时期下园艺专业新型人才培养的需要,它突破了一般园艺专业人才培养方案中传统的园艺作物育种、栽培和贮运的"采前-采中-采后"知识模块,适应经济社会发展和复合型人才培养的需求,引入园艺产品品质的理念,吸收生物化学(理学)、食品科学(工学)和人类营养学(医学)等学科的最新进展,实现园艺专业人才培养中的理、工、农、医多学科交叉汇聚(图 1-1)。本课程可以作为大农类学生的专业基础课,是一门理论性及实践性很强的课程。通过对本课程的学习,学生能够了解园艺产品的主要营养价值,以及园艺产品中的主要生物活性物质的生理功能和开发利用前景,为学生将来从事园艺产品品质改良、深加工和国内外贸易打下良好的理论基础。通过以全产业链的视角介绍影响园艺产品中的营养物质和生物活性物质的因子及其有效调控方式,以及园艺产品营养与功能学研究的技术和方法,培养学生的科研思路和创新能力,并为学生将来从事相关领域的理论研究奠定专业基础。

《园艺产品营养与功能学》主要介绍蔬菜、水果、食用花卉和茶叶等园艺产品中主要营养成分和生物活性物质的生理生化特性与开发应用前景,从采前、采中和采后全产业链角度介绍园艺产品中营养物质和生物活性物质的有效调控,以改善园艺作物的品质,特别是营养品质和健康功能品质,提高园艺产品在国际市场的竞争力,并通过功能成分的开发利用,实施产业链的延伸,促进园艺产业的高效、健康和可持续发展;阐述各类园艺产品的营养价值和保健功效,在此基础上指导消费者对园艺产品的科学食用和膳食搭配,倡导通过饮食进行疾病的预防,促进人类健康长寿,享受和谐品质生活。本书分为 6 章,分别介绍了园艺产品的营养物质、生物活性物质、营养和生物活性物质的影响因子与调控、科学食用、园艺产品营养与功能学研究的技术和方法等。通过该课程的学习,希望学生掌握以下知识技能:①了解园艺产品的营养价值;②了解园艺产品中主要生物活性物质的结构特点、生理功能和开发现状;③掌握园艺产品中营养和生物活性物质的影响因子与调控方法;④掌握各类园艺产品科学的食用方法;⑤能运用园艺产品进行日常保健和食疗;⑥掌握园艺产品营养与功能学研究的技术和方法,培养科研创新能力。

参 考 文 献

[1] 曹家树，秦岭. 园艺植物种质资源学[M]. 北京：中国农业出版社，2005.
[2] 吕家龙. 吃菜的科学——蔬菜消费指南[M]. 北京：中国农业出版社，1992.
[3] 马兆成，徐娟. 园艺产品功能成分[M]. 北京：中国农业出版社，2015.
[4] 叶志彪. 园艺产品品质分析[M]. 北京：中国农业出版社，2011.
[5] 朱立新，李光晨. 园艺通论[M]. 4 版. 北京：中国农业大学出版社，2015.

第二章
园艺产品的营养物质

维生素（vitamins）、矿物质（minerals）、碳水化合物（carbohydrates）、蛋白质（proteins）、脂类（lipids）和水被称为食物中人体所需的"六大营养素"，维持着人类的生命和健康。园艺产品是六大营养素的重要来源，其中蔬菜和水果等是维生素和矿物质最主要的来源，因而成为人们每日必不可少的食物，在饮食和膳食搭配中发挥着重要作用。

第一节　维生素

维生素又称维他命，是维持人体正常生理功能所必需的一类微量低分子有机化合物。它并非机体的结构成分，也不提供能量，但能起到调节生理、维护正常生理功能的作用，与机体生长、发育及健康等各种生理代谢功能有关，因此部分维生素既是营养物质又是生物活性物质。如缺乏维生素，会引发人体代谢紊乱，影响其他营养素的吸收和利用，以致发生维生素缺乏病（vitamin deficiency），严重时会导致死亡。园艺产品中含有丰富的维生素，合理地食用可以降低疾病的发生率。

按照溶解性，维生素可分为水溶性维生素（water-soluble vitamin）和脂溶性维生素（lipid-soluble vitamin）两大类，其中水溶性维生素包括 B 族维生素（vitamin B）和维生素 C（vitamin C），脂溶性维生素包括维生素 A（vitamin A）、维生素 D（vitamin D）、维生素 E（vitamin E）及维生素 K（vitamin K）（附表 1）。

一、水溶性维生素

水溶性维生素易溶于水，不易溶于非极性有机溶剂。水溶性维生素经肠道吸收后，通过循环系统运输到机体需要的组织中，多余的部分则随尿液、汗液排出体外，一般无法在体内储存，供给不足时很快就会表现出不良症状。由于水溶性维生素在体内停留时间短，膳食中若非摄入极大的量一般无中毒症状，但若短期大剂量地摄入，也会引起呕吐等不良反应。另外，水溶性维生素在食物清洗过程中可能随水流失，蔬菜类若加工过细、烹调不当或制成罐头食品，水溶性维生素也会被大量破坏。

（一）维生素 C

维生素 C，又称抗坏血酸（ascorbic acid），是所有显示抗坏血酸生物活性化合物的通称，具有强还原性，在体内参与氧化还原反应。园艺产品中含有丰富的维生素 C，是人体所需维生素 C 的主要来源。一般来说，常见的绿色叶菜类和茎菜类蔬菜维生素 C 含量较高，平均每 100g 含有 20～40mg；茄果类的辣椒中维生素 C 含量则更为丰富，平均每 100g 中含有 125～160mg，但不同品种以及不同成熟期辣椒果实中维生素 C 的含量也存在差异。常见水果中维生素 C 含量丰富的有猕猴桃、鲜枣、柑橘等（表 2-1）。近年开发的刺梨、沙棘等野生果类资源中，维生素 C 含量比一般水果高十倍至数十倍。

表 2-1　常见园艺产品中维生素 C 的含量　　　　单位：mg/100g（FW）

蔬菜种类	含量	水果种类	含量
辣椒（青）	242	西印度樱桃	1677
甜椒（黄）	183	番石榴	228
辣椒（红）	144	黑加仑	181
辣根	141	猕猴桃	93
甜椒（红）	128	龙眼	84
羽衣甘蓝	120	柠檬	77
落葵	102	荔枝	71
青花菜	93	橙	71
花椰菜	88	枣	69
苦瓜	88	柿子	66
抱子甘蓝	85	番木瓜	62
甜椒（青）	80	柚子	61
芥菜	70	草莓	59
茎蓝	62	菠萝	48
藕	44	金橘	44

维生素 C 易被氧化成脱氢形式，是一种很强的抗氧化剂，能够保护其他物质免受氧化破坏。缺乏维生素 C 所引起的营养缺乏病称为维生素 C 缺乏病（vitamin C deficiency），主要表现为毛细血管脆性增加而导致皮下组织、关节腔等处出血；还表现为脸色苍白有色斑、皮肤弹性下降、贫血、免疫力低及易感冒等方面。同时，缺乏维生素 C 容易引起细胞间质生成障碍而导致坏血病（scurvy），严重时可致死。维生素 C 的生理功能主要与其抗氧化功能有关，可总结为以下几方面：

（1）清除自由基　维生素 C 是一种重要的自由基清除剂，可分解皮肤中的色素，防止黄褐斑的形成，发挥抗衰老的作用。维生素 C 可以减少自由基对细胞的伤害，防止细胞变异，还可阻断亚硝酸盐和仲胺形成强致癌物亚硝胺，降低患癌症的风险，特别是患口腔癌、食道癌、胃癌及肺癌等癌症的风险。

（2）预防坏血病　血管壁的强度和维生素 C 有很大关系。当体内维生素 C 不足时，微血管失去弹性，很容易破裂，使得血液流到邻近组织。这种情况在皮肤表面发生时产生淤血、紫癜；在体内发生则引起疼痛和关节胀痛；情况严重时在胃、肠道、鼻、肾脏及骨膜下面均有出血现象，甚至导致死亡。

（3）预防贫血　维生素 C 的抗氧化功能可维持铁离子处于易被吸收利用的二价铁形式，促进肠道对铁的吸收，有助于预防缺铁性贫血。同时，维生素 C 还可使叶酸还原为具有活性的四氢叶酸，促进红细胞成熟和增殖，有助于预防巨幼细胞性贫血。

（4）调节胶原蛋白的合成　人体的细胞靠细胞间质黏合起来形成组织（皮肤、血管壁、软骨等），细胞间质的关键成分是胶原蛋白。维生素 C 促进组织中胶原蛋白和组织细胞间质的合成，促进创伤愈合和骨质钙化，保护细胞的活性并阻止有毒物质对细胞的伤害，同时也能够增加皮肤弹性。缺乏维生素 C，胶原蛋白不能正常合成，导致细胞连接障碍，软骨失去弹性易磨损，易患关节炎。

（5）调节免疫力 作为合成胶原蛋白的必要物质，维生素 C 能为人体筑起抵抗外力侵害的防御墙，从而提高气管、支气管抵抗病毒的能力；作为抗氧化剂，维生素 C 可促进机体中抗体的形成，提高白细胞的吞噬功能，增强机体对疾病的抵抗力。此外，维生素 C 可增强中性粒细胞的趋化性和变形能力，提高杀菌能力，从而增强人体免疫力。

（6）保护肝脏 维生素 C 是一种强抗氧化剂，可使氧化型谷胱甘肽还原为还原型谷胱甘肽，从而阻止脂类过氧化物及某些化学物质的毒害作用，通过维持肝脏的解毒能力和细胞的正常代谢，促使毒素排出体外，保护肝脏。

由于维生素 C 在人体内的半衰期（大约 16 天）较长，人体在维生素 C 含量处于饱和状态［即 20mg/kg（体重）］的条件下，食用不含维生素 C 的食物 2 个月后才会出现坏血病的症状，而每天摄入 6.5～10mg 的维生素 C 即可预防坏血病的发生。人体每天摄入维生素 C 的量一般不能超过 1g，短期超量摄入可能会引起腹泻、恶心、皮疹等症状，而长期过量摄取则会导致草酸和尿酸结石。

维生素 C 极不稳定，因此园艺产品中的维生素 C 含量会受到季节、运输条件、货架期、贮藏条件、烹饪方式等多方面因素的影响，如园艺产品暴露于铜离子、铁离子或是微碱条件下，均会使维生素 C 遭到大量破坏，失去生理活性。

（二）B 族维生素

B 族维生素包括维生素 B_1（vitamin B_1）、维生素 B_2（vitamin B_2）、维生素 B_6（vitamin B_6）、烟酸（niacin）、泛酸（pantothenate）、叶酸（folic acid）、维生素 B_{12}（vitamin B_{12}）和生物素（biotin）等，主要存在于动物肝脏、禽蛋、牛奶、豆制品、谷物和胡萝卜等食物中。B 族维生素常作为代谢过程中的辅酶参与体内的一些重要化学过程，如参与蛋白质、糖类、脂肪的代谢，是人体吸收热量和完成各种代谢过程所必需的物质（表 2-2）。其中，维生素 B_1、维生素 B_2 和烟酸最为重要，可氧化葡萄糖直接为人体提供能量，而其他的 B 族维生素主要起到基础代谢中辅酶或中介物的作用。通常，B 族维生素之间必须通过相互合作发挥作用。

表 2-2　B 族维生素的生理功能及缺乏时的临床表现

维生素	生理功能	缺乏时的临床表现	膳食来源
维生素 B_1	碳水化合物及支链氨基酸代谢的辅酶	脚气病、多神经炎、科萨科夫综合征（脑水肿）等	猪肉、内脏、全谷物、豆类等
维生素 B_2	多种氧化还原反应的辅酶	唇干裂、口腔炎、皮肤炎等	乳及乳制品、肉类、深色绿叶蔬菜等
维生素 B_6	氨基酸、糖原、鞘氨醇类代谢的辅酶	鼻唇脂溢性皮炎、周围神经炎等	肉类、蔬菜、全谷物等
烟酸	多种脱氢酶的辅酶	糙皮病，如表现腹泻、皮炎等	肝脏、瘦肉、谷类、豆类等
泛酸	辅酶 A 和磷酸泛酰巯基乙胺的成分，参与脂肪酸代谢	易疲劳、睡眠障碍、协调性差等	动物组织、全谷物、豆类等

维生素	生理功能	缺乏时的临床表现	膳食来源
叶酸	参与蛋白质和核酸的合成	贫血、胎儿先天性畸形等	肝脏、深色绿叶蔬菜、豆类等
维生素 B_{12}	参与核酸与红细胞的合成	恶性贫血	动物性食品如肝脏、乳及乳制品、藻类等
生物素	羧化反应的辅酶	易疲劳、恶心、肌肉痛、皮炎等	肝脏、酵母、蛋黄、大豆粉、谷类等

1. 维生素 B_1

维生素 B_1 是最早被人们提纯的维生素，目前已可人工合成。因其分子中含有硫元素及氨基，故被称为硫胺素（thiamine），或抗神经炎素（aneurin）。维生素 B_1 主要存在于植物种子外皮及胚芽中，在米糠、麦麸、黄豆、酵母和瘦肉等食物中含量丰富；甘薯、菊芋、萝卜和芦笋等蔬菜中也富含维生素 B_1（表 2-3）。

表 2-3 常见蔬菜中维生素 B_1 的含量　　　　单位：mg/100g（FW）

蔬菜	含量	蔬菜	含量	蔬菜	含量
黄豆芽	0.17	芫荽	0.14	抱子甘蓝	0.13
蚕豆芽	0.17	芹菜（叶）	0.17	羽衣甘蓝	0.11
毛豆	0.24	青蒜	0.11	金针菜	0.36
豌豆	0.54	蒜黄	0.12	枸杞子	0.52
豌豆苗	0.15	荠菜	0.14	酸浆	0.15
蚕豆	0.19	金花菜	0.10	树番茄	0.10
甘薯	0.12	黄秋葵	0.12	灰条菜	0.13
菊芋	0.13	枸杞（叶）	0.23	莲子（鲜）	0.17
红萝卜	0.14	香椿	0.21	菱（青）	0.23
绿芦笋	0.23	紫菜	0.44	芡实	0.40
白芦笋	0.11	黑木耳	0.15	蘑菇	0.11
冬寒菜	0.13	青花菜	0.11		

维生素 B_1 作为丙酮酸脱氢酶、丙酮酸脱羧酶、转酮酶、α-酮戊二酸脱氢酶等重要代谢酶的辅酶发挥作用。缺乏维生素 B_1 所引起的营养缺乏病称为维生素 B_1 缺乏病（vitamin B_1 deficiency），主要表现为神经系统、心血管系统及消化系统功能异常的全身性疾病，可分为干性脚气病、湿性脚气病和婴儿脚气病等三种类型，因此维生素 B_1 缺乏病又称脚气病（beriberi）。维生素 B_1 的生理功能可总结为以下几方面：

（1）提供能量　维生素 B_1 在糖代谢中起辅酶作用，是体内供能的关键物质，能够解除肌肉或神经疲劳，维持神经、消化、肌肉以及循环系统的正常活动。缺乏维生素 B_1 时，糖在组织内的氧化会受到影响，进而影响机体的能量供给。

（2）调节神经生理活动　维生素 B_1 在氨基酸代谢中起辅酶作用，与乙酰胆碱合成有关，对神经生理活动有调节作用，能促进神经细胞膜对兴奋的传导作用，防止神经组织的萎缩和退化。缺乏维生素 B_1 会引起脚气病，损害神经系统，产生多发性神经炎。

（3）维持正常食欲　维生素 B_1 可抑制胆碱酯酶活性，与维持食欲、心脏活动、胃肠蠕动和消化液分泌等生理活动有关。缺乏维生素 B_1 使胆碱酯酶活性过高，乙酰胆碱遭到大量破坏，从而使神经传导受到影响，造成胃肠蠕动缓慢、消化液分泌减少以及食欲不振等问题。

（4）保护肝脏　维生素 B_1、维生素 B_2 和维生素 B_6 增强提高彼此的功能，加速分解由酒精所产生的脂肪，避免其囤积在肝脏内，起到保护肝脏的作用。

一般来说，维生素 B_1 缺乏病更容易发生在高糖类膳食及摄入较多抗维生素 B_1 因子（如生鱼中的菌生硫胺素酶）的人群中。缺乏维生素 B_1 会使人的大脑、神经以及心脏等得不到足够的能量。大脑得不到足够的能量，表现为容易疲劳、情绪低落以及记忆力差等；神经得不到足够的能量，表现为坐骨神经、腰部神经以及三叉神经等病变，若长期得不到补充，则发生"脚气病"。由于维生素 B_1 的肾清除率较高，其过量摄入的副作用不大，一般仅表现为昏昏欲睡。

2. 维生素 B_2

维生素 B_2，又称核黄素（riboflavin），存在于所有的活细胞中，主要来源于动物性食物，如动物肝脏、禽类、鱼以及乳和乳制品中。很多绿叶蔬菜和深色蔬菜，如菠菜、芫荽、花椰菜以及芦笋等中也含有较多的维生素 B_2（表 2-4）。在我国，植物性食物提供大部分膳食来源的维生素 B_2。

表 2-4　常见蔬菜中维生素 B_2 的含量　　　　　单位：mg/100g（FW）

蔬菜	含量	蔬菜	含量	蔬菜	含量
黄豆芽	0.11	青花菜	0.1	芥蓝	0.14
蚕豆芽	0.14	羽衣甘蓝	0.13	芥菜	0.14
菜豆	0.12	金针菜	0.14	雪里蕻	0.14
豌豆苗	0.19	朝鲜蓟	0.11	苋菜	0.13
婆罗门参	0.22	枸杞子	0.13	冬寒菜	0.3
绿芦笋	0.15	紫菜薹	0.1	菠菜	0.14
茴香菜	0.14	芹菜（茎）	0.1	蕹菜	0.19
芫荽	0.15	韭菜薹	0.14	芹菜（叶）	0.29
韭菜	0.35	荠菜	0.19	金花菜	0.22
欧芹	0.11	番杏	0.13	香椿	0.13
刺儿菜	0.33	紫苜蓿	0.36	枸杞	0.33
鸭儿芹	0.26	灰条菜	0.29	海带	0.36
松茸	3.09	口蘑	2.53	黑木耳	0.55

在人体内，维生素 B_2 以黄素腺嘌呤二核苷酸（flavin adenine dinucleotide，FAD）、黄素单核苷酸（flavin mononucleotide，FMN）的形式作为辅基与特定蛋白质结合，形成黄素蛋白，参与体内氧化还原反应和能量代谢。缺乏维生素 B_2 所引起的营养缺乏病称为维生素 B_2 缺乏病（vitamin B_2 deficiency），为全身性疾病，主要表现为口腔黏膜炎症和阴囊炎等。维生素 B_2 的生理功能可总结为以下几方面：

（1）提供能量　维生素 B_2 参与体内糖、蛋白质和脂肪的代谢，协助氧气的全身运输过程，使大脑和肌肉保持充足的能量和氧气，同时维持并促进人体生长发育。缺乏维生素 B_2 时会使肌肉无力、倦怠，严重时甚至会导致脑功能失调。

（2）保护皮肤健康　维生素 B_2 能促进皮肤的新陈代谢，维持皮肤毛囊黏膜及皮脂腺的功能。轻微缺乏维生素 B_2 不会引发任何严重疾病，仅导致嘴唇干裂和脱皮、头皮发痒的症状，较严重时会引起口角炎、鼻和脸部的脂溢性皮炎。

（3）抗氧化作用　维生素 B_2 具有抗氧化性，参与体内的抗氧化防御系统和药物代谢过程。

（4）维持正常的视力　维生素 B_2 能保证眼睛视网膜和角膜的正常代谢，维持视力，减轻眼睛的疲劳。缺乏维生素 B_2 时，视力下降，严重时双眼充血。

（5）预防心脏病　维生素 B_2 可分解体内的过氧化脂肪，进而预防动脉硬化及心肌梗死。

此外，维生素 B_2 还具有强化肝功能、调节肾上腺素分泌的作用。维生素 B_2 缺乏病主要是由饮食摄入不充分造成的，且常常是由多种 B 族维生素共同缺乏引起的。另外，由于肠道对维生素 B_2 的吸收有限，过量摄入不会对人体产生毒性。

3. 维生素 B_6

维生素 B_6 是所有呈现吡哆醛生物活性的 3-羟基-2-甲基吡啶衍生物的总称，包括吡哆醛（pyridoxal）、吡哆胺（pyridoxamine）及吡哆醇（pyridoxine）。维生素 B_6 广泛存在于各种动植物食品中，特别是主食中的米糠和谷类等。维生素 B_6 在酵母和白色肉类（如鱼肉）中含量较高，在玉米、花生、豆类、葵花籽、核桃、香蕉、胡萝卜及蛋黄、动物肝脏中也有分布。

维生素 B_6 的磷酸化形式是氨基酸代谢过程的辅酶，如转氨酶、脱羧酶、脱水酶等的辅酶，同时也参与血红素的生物合成、糖原降解等过程。缺乏维生素 B_6 所引起的营养缺乏病称为维生素 B_6 缺乏病（vitamin B_6 deficiency），为全身性疾病，主要表现为小红细胞性贫血、末梢神经炎以及皮炎等。维生素 B_6 的生理功能可总结为以下几方面：

（1）参与蛋白质、脂肪代谢　维生素 B_6 参与氨基酸（如色氨酸和含硫氨基酸）、神经递质、血红素以及类固醇等的代谢，在把食物中的蛋白质转化为人体蛋白质、降低血液中胆固醇含量及提高神经递质水平中起重要作用。维生素 B_6 缺乏可导致发育不良、肌肉萎缩等症状。

（2）预防贫血　维生素 B_6 是制造红细胞的主要物质，如果缺乏维生素 B_6，即使摄入大量的铁，人体仍然会贫血。

（3）缓解糖尿病　维生素 B_6 不足，胰岛素就不能在人体内合成，所以维生素 B_6 是糖尿病患者不可或缺的维生素。

（4）调节免疫力　维生素 B_6 参与抗体形成，能增强胸腺激素的产生，促进淋巴细胞转化，增强血清胸腺淋巴因子的活性，从而增强免疫力。缺乏维生素 B_6 会导致免疫力大幅度下降。

（5）促进核酸的合成，防止组织器官老化　维生素 B_6 的单独缺失不常发生，通常与其他 B 族维生素共同缺失而导致复杂的症状，如出现头屑增多、脱发、口臭、易发炎以及走路协调性差等症状。由于维生素 B_6 在人体内仅停留 8h，需每天补充，长期高剂量摄入则会导致神经中毒。

4. 烟酸

烟酸，又称尼克酸（nicotinic acid），与其酰胺化合物烟酰胺（nicotinamide）合称维生素 PP（prevent pellagra，指其能够预防糙皮病）。烟酸主要来自微生物和动物性食物（如酵母、肉类）和谷物食品（如小麦、荞麦）。

烟酸能降低胆固醇水平，可在一定程度上防止复发性非致命的心肌梗死。同时，烟酸在体内构成烟酰胺腺嘌呤二核苷酸（NAD^+）及烟酰胺腺嘌呤二核苷酸磷酸（$NADP^+$）的辅酶，在生物氧化还原反应中起电子载体或递氢体作用。缺乏烟酸所引起的营养缺乏病称为烟酸缺乏病（niacin deficiency），为全身性的慢性消耗疾病，主要表现为糙皮病（pellagra），如皮肤、口、舌、胃和肠道黏膜被破坏以及精神状态改变导致的失眠。

目前，糙皮病的发生呈地方性，多发生在非洲、中国和印度的贫困地区，主要是由烟酸摄入不足所引起，也可能由维生素 B_2 和维生素 B_6 摄入不足造成。尽管烟酸在临床上被用于降低胆固醇水平，但长期高剂量的摄入会导致肝中毒和皮肤病。

5. 泛酸

泛酸，一般以辅酶 A 的形式存在于各组织中，在肾上腺、肾、大脑、肝和心脏中含量最多。泛酸广泛存在于所有动、植物和微生物组织中，在酵母、麦胚中最为丰富，在蛋、肝脏、谷物、蔬菜和水果等中含量也较多。

泛酸是辅酶 A 和酰基载体蛋白的组成部分，以辅酶 A 的形式参与糖、脂肪和蛋白质的代谢从而释放能量，并通过输送乙酰基团来传递神经脉冲，有益于皮肤神经系统的生长发育；辅酶 A 与乙酸结合的产物是胆固醇及固醇激素合成的前体，因而泛酸是肾上腺合成胆固醇与一些固醇类所必需的，同时泛酸也以酰基载体蛋白的形式在脂肪酸合成时发挥作用。泛酸缺乏时，会出现代谢速度减慢的现象，导致疲劳、肌肉痉挛和消化功能异常等症状。

由于泛酸在食物中广泛分布，且人体内的肠道细菌能经常供应辅酶 A，只有在一些特殊情况下才会发生泛酸缺乏症。而当泛酸缺乏时，一般都伴随着其他营养素的缺失。尚未发现泛酸过量摄入引起的副作用。

6. 叶酸

叶酸，又称蝶酰谷氨酸（pteroylglutamic acid），广泛存在于动物性食物和植物性食物中，尤其在肝脏中含量丰富。园艺产品中的深绿色叶菜类（如小白菜、菜心等）、胡萝卜、豆类等也含有叶酸，但含量较低。叶酸进入人体后被还原成具有生理作用的活性形式四氢叶酸，四氢叶酸作为一碳单位的载体在体内许多重要的生物合成中发挥着重要的作用，是蛋白质和核酸合成的必需因子。叶酸在细胞分裂和繁殖中起重要作用，如果叶酸不足，细胞的再生就会受到阻碍，造成贫血；孕妇缺失叶酸，易造成胎儿的先天性畸形；中老年人缺乏叶酸，会增加患中风、心脏病和阿尔茨海默病的风险。

天然存在的叶酸具有化学不稳定性，在收获、贮藏、烹饪加工等过程中极易失去生化活性，造成营养的大量流失。然而，人工合成的叶酸性质非常稳定，能够保持数月甚至数年的活性。由于此特性，通常使用膳食叶酸当量（dietary folate equivalents，DFE）来计算人体膳食中摄入的叶酸含量，其换算公式为：膳食叶酸当量（DFE，μg）＝天然食物来源叶酸（μg）＋1.7×合成叶酸（μg）。

一般来说，孕妇、节食人群及患有吸收障碍的人群更易出现叶酸缺乏病，尤其是孕妇在备孕期间就应注意补充叶酸。尚未发现天然叶酸过量摄入引起的副作用，但长期大剂量服用人工合成的叶酸有可能干扰其他药物的作用，影响其他营养素的吸收。另外，高剂量摄入叶酸可以缓解贫血的症状，但也因此可能导致恶性贫血（pernicious anaemia，PA）不能被及时发现和诊断，丧失最佳治疗时期。

7. 维生素 B_{12}

维生素 B_{12}，又称钴胺素（cobalamine），或称氰钴胺素（cyanocobalamin），是所有呈现氰钴胺素生物活性的类咕啉的总称。维生素 B_{12} 的辅酶形式是钴胺酰胺，参与核酸与红细胞生成。自然界中的维生素 B_{12} 主要是通过草食动物的瘤胃和结肠中的细菌合成的，因此多存在于动物性的食物中，以肝脏、肉为主，乳制品中亦含少量。在除藻类以外的植物性食品中，维生素 B_{12} 的含量一般为 0 或者很低，理论上均可标识为 "0"。

由于植物不能合成维生素 B_{12}，纯素食主义人群更容易发生维生素 B_{12} 缺乏病（vitamin B_{12}

deficiency），而一般的素食主义人群可通过蛋类、乳及乳制品补充。另外，恶性贫血以及萎缩性胃炎也会造成人体中维生素 B_{12} 的缺乏。恶性贫血会引起人体对维生素 B_{12} 的吸收障碍，也会影响人体对胆汁分泌的维生素 B_{12} 的重吸收功能而打破维生素 B_{12} 的肝肠循环。人体储存的维生素 B_{12} 一般可以维持 3～5 年的正常生理功能，而一旦发生恶性贫血，人体对维生素 B_{12} 的吸收与重吸收障碍就会导致维生素 B_{12} 的负平衡，直到人体将储存的维生素 B_{12} 耗尽，缺素症状急剧显现，甚至威胁生命。尚未发现维生素 B_{12} 过量摄入引起的副作用。

8. 生物素

生物素是一种含硫水溶性维生素，在自然界中存在两种形式：α-生物素和 β-生物素。α-生物素主要存在于蛋黄中，而 β-生物素主要存在于肝脏中。总体而言，生物素以低浓度广泛分布于所有动植物和微生物组织中，在酵母、肝脏与肾脏中含量很高，而在其他食品如鸡蛋、面粉、大米以及马铃薯等中含量较少。

生物素在羧化、脱羧和转羧化反应中起辅酶作用，缺乏时多数表现为皮肤症状，常见体征包括皮炎、肌肉痛、脱发、少年白发以及肤色暗沉等症状；也会表现为中枢神经系统异常，如易疲倦、无力以及发育迟缓等，与缺乏其他 B 族维生素的症状相近。生物素的生理功能可总结为以下几方面：

（1）参与脂肪、糖类的代谢 生物素是哺乳动物 4 种羧化酶的必需辅助因子，在脂类、糖类、氨基酸和能量代谢中起重要作用。

（2）保护皮肤健康 生物素能够促进汗腺、神经组织、骨髓、皮肤及毛发的正常运作和生长，维护皮肤的正常功能，能够有效减轻湿疹，预防白发及脱发。

（3）调节免疫力 生物素对各种免疫细胞正常功能的发挥都是必需的，如抗体产生免疫反应性、免受侵袭、巨噬细胞的功能发挥、T 和 B 淋巴细胞的分化、免疫应答的传导和细胞毒性的 T 细胞响应。因此，生物素缺乏会导致免疫功能失调，免疫力下降。

生鸡蛋的蛋清中含有抗生物素蛋白，因此长期食用生鸡蛋的人群容易发生生物素缺失，普通人群中则极少出现。由于肠道对生物素的吸收有限，过量摄入也不会产生毒性。

二、脂溶性维生素

脂溶性维生素包括维生素 A、维生素 D、维生素 E 和维生素 K 等，它们易溶于非极性有机溶剂，而不易溶于水。脂溶性维生素随脂肪经淋巴系统吸收，摄入后可大量储存于体内。其中，维生素 A 和维生素 D 主要储存于肝脏，维生素 E 主要储存于体内脂肪组织，维生素 K 储存较少。

由于脂溶性维生素可随脂肪为人体吸收并在体内储存，排泄率不高，只有当膳食中较长时间缺少脂溶性维生素时才出现缺乏症状。相反，脂溶性维生素摄取过多则会引起中毒。如维生素 A 摄取过多会有头晕、呕吐、脱发和皮肤瘙痒等中毒症状产生，严重时会引起骨骼和器官的病变；维生素 D 摄取过多会出现便秘、频尿、呕吐、腹泻以及食欲减退等症状，严重时会引起血管钙化、软组织钙化、肾衰竭等，甚至引发尿毒症。

（一）维生素 A

维生素 A 是紫萝酮衍生物的总称，又称为视黄醇（retinol）。维生素 A 是含有 β-白芷酮环的多烯醇，有维生素 A_1 及维生素 A_2 两种，化学结构上维生素 A_2 比维生素 A_1 在 β-白芷酮环的 3,4 位上多一个双键。

人体有两种获取维生素 A 的途径，即从动物性食品中直接获取，或从植物性食品中获取维生素 A 原（provitamin A）——类胡萝卜素（carotenoids）后在体内进行转化。在动物性食品中，维生素 A 主要以视黄酯（retinyl ester）的形式存在于膜结合的细胞脂质和存储脂肪的细胞中。例如，维生素 A_1 主要存在于动物肝脏、血液和眼球的视网膜中，维生素 A_2 主要存在于淡水鱼的肝脏中。除此之外，母乳、蛋黄和全脂奶制品等也含有较多的维生素 A。植物组织中尚未发现维生素 A，但植物中的类胡萝卜素（如 α-胡萝卜素、β-胡萝卜素等）进入人体后可以合成维生素 A（表 2-5）。富含类胡萝卜素的果蔬包括绿叶类蔬菜（如菠菜、苋菜）、黄色蔬菜（如南瓜、胡萝卜）、黄色水果（如芒果、杏）以及番茄、玉米等。

表 2-5　蔬菜和水果中常见的类胡萝卜素

类胡萝卜素	分子结构式	分子式
β-胡萝卜素（β-carotene）		$C_{40}H_{56}$
α-胡萝卜素（α-carotene）		$C_{40}H_{56}$
番茄红素（lycopene）		$C_{40}H_{56}$
叶黄质（xanthophyll）		$C_{40}H_{56}O_2$
玉米黄质（zeaxanthin）		$C_{40}H_{56}O_2$
虾青素（astaxanthin）		$C_{40}H_{52}O_4$

园艺产品中含有丰富的类胡萝卜素，每 100g 黄色和绿色蔬菜（如韭菜、菠菜等）中类胡萝卜素含量超过 2mg，橙色和黄色水果如芒果、杏、枇杷等也含有较多的类胡萝卜素，这些蔬菜和水果中所含的类胡萝卜素是我们日常膳食中重要的维生素 A 来源（表 2-6）。当胆盐缺乏时，类胡萝卜素不能顺利转化为维生素 A，因此，类胡萝卜素不能完全替代维生素 A。

表 2-6　常见蔬菜和水果中维生素 A 原的含量　　　单位：mg/100g（FW）

蔬菜种类	含量	水果种类	含量
辣椒	23.17	杏	3.80
胡萝卜	20.54	甜瓜	1.01
韭菜	20.49	桃	0.65
芫荽	18.97	柿子	0.49

蔬菜种类	含量	水果种类	含量
葱	16.83	枇杷	0.46
马铃薯	7.95	橘子	0.39
番茄	5.17	樱桃	0.38
花椰菜	4.80	百香果	0.38
南瓜	4.67	西柚	0.35
羽衣甘蓝	4.61	香蕉	0.34
菠菜	3.62	木瓜	0.33

维生素 A 是维持人体正常的视觉功能、生长发育及上皮细胞完整性所必需的一类营养素。缺乏维生素 A 所引起的营养缺乏病称为维生素 A 缺乏病（vitamin A deficiency），主要表现为以眼、皮肤状态改变为主的全身性疾病，如眼干燥症（xerophthalmia）、夜盲症（night-blindness）等。由于人体或哺乳动物缺乏维生素 A 时易出现干眼病，维生素 A 又称为抗干眼醇。维生素 A 的生理功能可总结为以下几方面：

（1）维持正常的视觉功能　维生素 A 是合成视觉细胞内感光色素——视紫质的原料，可以调试眼睛适应外界光线强弱的能力，维持正常的视觉反应。

（2）维持上皮结构的完整性　维生素 A 可以调节上皮组织细胞的生长，维持上皮组织的正常形态与功能，防止皮肤黏膜干燥角质化，具有保护皮肤、鼻和咽喉等不易受细菌伤害的作用。缺乏维生素 A 会使上皮细胞的功能减退，导致皮肤弹性下降、干燥粗糙，且易受感染。

（3）维持正常的生长发育　维生素 A 影响着骨骼的发育与机体的正常生长。维生素 A 能使未成熟的细胞转化为骨细胞，从而强壮骨骼，促进生长发育，同时也可维护牙齿和牙床的健康。儿童缺乏维生素 A 会导致生长发育迟缓。

（4）调节免疫力　维生素 A 可促进淋巴细胞对致有丝分裂原的反应，是一种免疫刺激剂，有助于维持免疫系统功能的正常。同时，维生素 A 增强了淋巴细胞膜表面的糖蛋白作用，能加强其与抗原的结合，从而增强对传染病特别是呼吸道感染的抵抗力。缺乏维生素 A，会减弱人体抵抗病原菌的能力。

（5）预防癌症　维生素 A 有一定的抗氧化作用，可以清除自由基，同时维生素 A 有利于上皮细胞的分化、成熟，可以有效预防起源于上皮组织的癌症。

（6）预防贫血　维生素 A 能改善机体对铁的吸收、转运和分布，改善造血功能，对预防缺铁性贫血有一定的作用。

维生素 A 是脂溶性维生素，可随脂肪在体内（尤其是在肝脏中）储存。一般来说，维生素 A 缺乏病更容易发生在以类胡萝卜素为维生素 A 主要来源的人群中。因为人体对摄入动物性食品中的维生素 A 能够达到 90% 的吸收效率，而对于植物性维生素 A 原的吸收效率则随着植物类型及随餐的脂肪含量有较大的差异。为了统一计量膳食中维生素 A 的有效摄入量，通常使用视黄醇活性当量（retinol activity equivalents，RAE）来计算，即人体摄入的包括视黄醇和 β-胡萝卜素在内的具有维生素 A 活性的物质所相当的视黄醇量，换算公式为 RAE（μg）=膳食或补充剂来源全反式视黄醇（μg）+1/2 补充剂纯品全反式 β-胡萝卜素（μg）+1/12 膳食全反式 β-胡萝卜素（μg）+1/24 其他膳食维生素 A 原类胡萝卜素（μg）。人体如长期摄取过多维生素 A 可引起中毒症状，如头晕、呕吐、脱发和皮肤瘙痒等，严重时会引起骨骼异常和肝损伤。

（二）维生素 D

维生素 D 是具有胆钙化固醇（维生素 D$_3$）生物活性的所有类固醇的总称，是一组脂溶性维生素，可以促进钙和磷的吸收与利用，又称为抗佝偻病维生素。维生素 D 在海鱼、动物肝脏、肾脏、蛋黄以及奶油中的含量较高，在鱼肝油中的含量极高，但在瘦肉和奶中的含量较少。维生素 D 在园艺产品中含量极少或不存在，常见作物中维生素 D 的含量见表 2-7，但维生素 D 原在动植物体内都存在。植物中的麦角醇为维生素 D$_2$ 原，经紫外线照射后可转变为维生素 D$_2$。因此，婴幼儿、老年人进行适当的日光浴，有助于保证和改善人体维生素 D 的营养状况。

表 2-7　常见作物中维生素 D 的含量　　　　　　　　　　　单位：IU（FW）

蔬菜	含量	蔬菜	含量
蘑菇	27	马铃薯	12
菠菜	25	玉米	11

注：1IU 维生素 D = 0.025μg 维生素 D。

维生素 D 有 4 种有效成分，其中维生素 D$_2$（麦角钙化固醇）和维生素 D$_3$ 的生理活性最高，二者的生理功能和作用机制完全相同，在体内通过促进钙的吸收进而调节多种生理功能。维生素 D 是维持人体血液中钙和磷离子正常浓度、维持骨骼正常矿化作用及维持正常的神经传导所必需的一类营养素。缺乏维生素 D 所引起的营养缺乏病称为维生素 D 缺乏病（vitamin D deficiency），主要表现为钙、磷代谢障碍引起的全身性骨病，如小儿缺乏维生素 D 和（或）钙会导致佝偻病（rickets），成人缺乏则患骨软化症（osteomalacia）。维生素 D 的生理功能可总结为以下几方面：

（1）维持血液中钙、磷的正常浓度　当血钙浓度降低时，维生素 D 可促进小肠对钙和磷的吸收以及肾小管对钙和磷的重吸收，并促进骨骼对钙和磷的再吸收；当血钙浓度过高时，组织骨骼脱钙，增加钙和磷从尿中的排泄量。

（2）维持骨骼正常生长发育　维生素 D 对骨形成和骨矿化有促进作用，能维持骨骼和牙齿的正常生长，预防和治疗营养性佝偻病。

（3）调节免疫力　维生素 D 对免疫系统起着重要的调节作用，它能促进胸腺皮质细胞向胸腺髓质细胞转化，且对辅助性、诱导性 T 细胞也有直接作用，增强机体免疫力。

（4）调节胶原蛋白的生成　维生素 D 对骨胶原和蛋白聚糖合成有重要作用。

人体离不开维生素 D，但过量服用会导致人体中毒，出现呕吐恶心、心律不齐、血压升高的症状，甚至死于肾衰竭。因此，仅需补充少量维生素 D 即可满足人体需要。

（三）维生素 E

维生素 E 又称为生育酚（tocopherol），是一组脂溶性维生素，包括 α-、β-、γ-、δ-生育酚和 α-、β-、γ-、δ-三烯生育酚 8 种。维生素 E 不仅是重要的营养物质，而且是重要的生物活性物质，在生物体的抗氧化防御体系中起着非常重要的作用，在预防慢性疾病方面具有相当突出的功能，这是其他维生素类所无法比拟的。不同的维生素 E 均具有抗氧化活性，其中以 α-生育酚效力最高。维生素 E 主要存在于各种油料种子及植物油中，在植物油（如麦胚油、葵花油、花生油和玉米油）中含量丰富，在绿叶蔬菜、豆类和谷类中含量也较高，而在肉类、鱼类、动物脂肪以及多种水果和蔬菜中含量较少（表2-8）。

表2-8 常见蔬菜和水果中维生素E的含量 单位：mg/100g

蔬菜种类	含量	水果种类	含量
番茄	12	杏	4
芹菜	6	橄榄	4
胡萝卜	6	牛油果	3
海草	5	猕猴桃	1
辣椒	4	蓝莓	1
菠菜	4	蔓越莓	1
芋芳	3	黑莓	1
萝卜	3	芒果	1
花椰菜	3	红醋栗	1
芫荽	3	覆盆子	1

维生素E是酚类化合物，是有效的抗氧化剂，可保护其他易被氧化的物质（如维生素A及不饱和脂肪酸等）不被氧化。维生素E的生理功能可总结为以下几方面：

（1）抗氧化作用 维生素E能高效清除体内自由基，对抗生物膜的脂质过氧化反应，从而维持细胞膜的完整性和机体的正常功能。同时，维生素E能够消除脂褐质，起到滋润皮肤、清除色斑、延缓衰老的效果。维生素E能阻断胃肠道中亚硝胺的产生，有效预防癌症。

（2）预防贫血 低密度脂蛋白附着在血管壁上会导致血管硬化，尤其是动脉硬化，使血细胞破裂而造成溶血。维生素E可降低血液中低密度脂蛋白的浓度，净化血液，保护血管。维生素E长期摄入不足，可导致人体中红细胞数量减少、脆性增加、寿命缩短，导致贫血。

（3）维持正常的生育功能 维生素E对于动物生育是必需的，它能够促进性激素分泌，促进雄性动物产生有活力的精子。维生素E缺乏时可使雄性动物精子的形成被严重抑制，雌性动物孕育异常。

（4）调节免疫力 维生素E能参与抗体的形成，抑制肿瘤细胞的生长和增殖，维持正常的免疫功能，并对神经系统和骨骼肌具有保护作用。

（5）保护肝脏 维生素E能保护呼吸道不受香烟、空气中的污染物等有害物质的侵害，并可清除蓄积在肝脏中的过氧化脂质，减轻肝脏负担，提高肝脏功能，增强肝的解毒能力。当维生素E不足时，人体不能解除漂白剂、杀虫剂、化肥及其他环境污染的毒性，使肝脏受损。同时，维生素E还能够预防心脏冠状动脉硬化和血栓的发生。

为了统一计量膳食中维生素E的有效摄入量，通常使用α-生育酚当量（α-tocopherol equivalent，α-TE）来计算人体摄入的包括α-、β-、γ-生育酚等8种维生素E含量，其换算公式为：α-TE（mg）=$1\times\alpha$-生育酚（mg）+$0.5\times\beta$-生育酚（mg）+$0.1\times\gamma$-生育酚（mg）+$0.02\times\delta$-生育酚（mg）+$0.3\times$三烯生育酚（mg）。

由于维生素E天然存在于食用植物和动物产品中，且常会被添加到植物油及其他加工食物中，日常饮食一般能满足人体对维生素E的需要，很少出现维生素E缺乏的情况。但维生素E缺乏在低体重的早产儿、脂蛋白缺乏症和脂肪吸收障碍的患者中可能出现，其症状为肌无力、头皮发干、头发分叉、视网膜退化、溶血性贫血、蜡样质色素积聚、小脑共济失调以及神经退行性病变等。另外，过量摄入维生素E的毒性较低，一般仅在服用非常高剂量

（如>1000mg/d）的维生素 E 补充剂时才会产生不利的助氧化剂效果，包括产生腹痛、腹泻、乳房胀大以及头晕恶心的症状，严重的会导致血栓性静脉炎、心绞痛等病症。

（四）维生素 K

维生素 K 包括维生素 K_1（叶绿醌，phylloquinone）、维生素 K_2（甲萘醌，menaquinone）和维生素 K_3（menadione）。其中，维生素 K_1 是天然的脂溶性维生素，主要来源为深绿色蔬菜等（表 2-9），在植物油中也有广泛分布；维生素 K_2 也是脂溶性维生素，由动物肠道内细菌合成，主要来源为动物性食物，尤其是动物肝脏；而维生素 K_3 则指人工合成的水溶性维生素 K。

表 2-9　常见园艺产品中维生素 K 的含量　　　　　　　　　单位：mg/100g

蔬菜种类	含量	水果种类	含量
欧芹	1640	猕猴桃	40
苋菜	1140	牛油果	21
甜菜	882	黑莓	20
羽衣甘蓝	817	蓝莓	19
水芹	542	石榴	16
芥菜	497	葡萄	15
菠菜	483	醋栗	11
菊苣	298	桑葚	8
芜菁	251	覆盆子	8
豆瓣菜	250	李子	6

维生素 K 具有控制血液凝结的功能，是 4 种凝血蛋白（凝血酶原、转变加速因子前体、抗血友病因子和司徒因子）在肝内合成必不可少的物质。缺乏维生素 K 所引起的营养缺乏病称为维生素 K 缺乏病（vitamin K deficiency），主要表现为以出血为特征的全身性疾病，新生儿及婴儿可表现为迟发性维生素 K 缺乏病。维生素 K 的生理功能可总结为以下几方面：

（1）维持正常的凝血功能　维生素 K 又称为凝血维生素，能够维持人体正常的凝血功能，阻止出血。一旦维生素 K 的吸收和利用出现障碍，将影响一系列凝血因子生成，出现牙龈渗血、皮下青紫等症状，严重时会危及生命。

（2）参与机体的氧化还原反应　维生素 K 参加电子传递与氧化磷酸化过程，保证体内磷酸根的转移与高能磷酸化合物的正常代谢。

（3）维持肠道蠕动和分泌功能　缺乏维生素 K 时平滑肌张力及收缩能力减弱。

（4）调节钙吸收和钙沉淀　维生素 K_2 能够通过与体内特定蛋白的结合而将其激活，使其能够与游离钙离子结合。激活后的特定蛋白能够有效地将钙离子移送至骨骼部位沉积，提高骨质密度，改善骨质疏松，从而也切断了钙离子在其他部位的异常沉积和破坏作用。缺乏维生素 K_2 会导致钙离子异位沉积，加大动脉硬化、骨质增生发生的概率。

维生素 K 缺乏病在婴儿中较常发生，常表现为出血症状，一般需通过口服维生素 K 补充剂加以预防。成人极少发生维生素 K 缺乏病，通常仅当维生素 K 的吸收功能受到损害时才会发生。

三、维生素的参考摄入量

维生素属于微量营养素（micronutrient），在人体内含量极微，人体对其需要量也相对较少，常以 mg 或μg 计量。然而大多数维生素不能在体内合成或合成数量不足，不能充分满足机体需要，必须从食物中摄取。膳食中如缺乏维生素，就会引起人体代谢紊乱，影响其他营养素的顺利吸收和利用，以致发生维生素缺乏症，严重的甚至会导致死亡。世界卫生组织报告指出，135 种人类常见疾病中就有 106 种与维生素摄取不足有关，如缺乏维生素 A 会出现夜盲症；缺乏维生素 D 可患佝偻病；缺乏维生素 B_1 可得脚气病；缺乏维生素 B_{12} 可患恶性贫血；缺乏维生素 C 可患坏血病。在摄取维生素的时候，应注意主要从食物摄取，而不能过分依赖维生素补充剂。同时，应注意综合并有重点地摄入，而不是盲目与单纯地补充。

膳食指南是政府部门或学术团体为了引导国民合理饮食以维持健康，根据营养科学原则和百姓健康需要，结合当地食物生产供应情况及人群生活实践给予的饮食建议。卫生部疾控局发布的《中国居民膳食指南（2016）》指出，新鲜蔬菜水果、大豆及豆制品是平衡膳食的重要组成成分，是维生素的重要来源。其中，谷薯杂豆类食物是维生素 B 族元素的重要来源。因此，在食物多样的膳食基础上要多吃蔬果、大豆，并坚持以谷类为主。附表 2 列出了中国居民膳食中维生素的推荐摄入量（recommended nutrient intake，RNI）或适宜摄入量（adequate intake，AI）。

除了标准摄入量以外，特殊人群对某种特定维生素的摄取也有不同的要求，如经常在日光灯下工作的人员需要补充更多的维生素 A；抽烟人群与居住在受污染环境内的人群及易感冒者，与常人相比需要摄入更多的维生素 C；接触阳光较少者，处于生长发育期的人群需要补充更多维生素 D；孕妇在孕产期需要注意补充叶酸、维生素 B_6、维生素 B_{12}、维生素 C 和维生素 D。由于我国膳食以植物性食物为主，所以中国人严重缺乏维生素 A、维生素 B_1、维生素 B_2、维生素 B_6 和维生素 C，而不缺维生素 B_{12}、维生素 K、泛酸和烟酸。同时，我国由于使用植物油（豆油、麻油）的量是全世界最高的，所以维生素 E 的摄入量比西方国家高出许多，不需要额外补充；而以西餐为主食的人群则需要补充维生素 E。

第二节　矿物质

矿物质，又称无机盐，是人体内无机物的总称，是人体生长发育、日常活动及维持体内正常生理功能所必需的元素，也是各种激素、维生素及核酸的重要组成部分，大部分矿物质还是许多酶系统的活化剂或辅助因子。人体自身并不能产生矿物质，需要从食物中获得，如果摄取量不足，会引发缺乏症，导致各种疾病。园艺产品是矿物质的重要来源，从园艺产品中获得人体所需的矿物质，对于维持人体的健康来说是简单又必要的途径。

按照化学元素在人体内分布的含量多少，可以将人体必需的矿物质分为大量元素和微量元素。

一、大量元素

通常将含量大于人体体重 0.01% 的元素，每人每日需要量在 100mg 以上的元素称为大量元素，包括钙、磷、镁、钠、钾、硫等。

（一）钙

钙是人体的生命之源，是人体中含量最丰富的矿物质。人体中的钙有99%沉积在骨骼和牙齿中，促进其生长和发育，维持其形态和硬度；另外1%则存在于血液和软组织细胞中，调节其生理功能。在园艺产品中，豆制品和蔬菜等都是钙含量丰富的食物，但是蔬菜如菠菜中含有较多的草酸、植酸和磷酸，均可与钙形成难溶的盐类，影响机体对钙的吸收。常见的钙含量丰富的蔬菜有荠菜、菠菜、灰菜和芹菜等，水果有橘子、柠檬和桑葚等，食用菌、藻类和野生蔬菜中钙含量也较高（表2-10）。

表2-10 部分常见园艺产品中钙的含量　　　　单位：mg/100g（FW）

蔬菜种类	含量	蔬菜种类	含量	水果种类	含量
灰菜	309	海带	118	橘子	70
荠菜	420	紫菜	343	柠檬	61
菠菜	103	银耳	380	桑葚	39
苋菜	200	雪里蕻	235	榴莲	34
芹菜	245	黑木耳	357	黑莓	29
羽衣甘蓝	120	小白菜	141		
萝卜	100	豆瓣菜	120		
大豆	100	芋头	129		

在各类无机盐中，钙对人体的重要性首屈一指。它是维持生命不可或缺的角色，且无法用其他任何物质代替。人体中缺乏钙容易产生骨质疏松、血液无法凝固、肌肉缺乏力量等症状。钙元素的作用可总结为以下几个方面：

（1）构成骨骼和牙齿的重要成分　人体内的钙质成分有99%变成了骨骼和牙齿的成分，摄入充足的钙质能够提高机体骨质密度，维持健康的骨骼和牙齿。如果血液中的钙质减少，储藏在骨骼中的钙质会释放到血液中或肌肉里，致使骨骼疏松脆弱，骨骼持续钙质不足，会得骨骼软化症或骨质疏松症。

（2）调节情绪的重要元素　钙是脑神经元代谢不可或缺的重要物质，充足的钙能抑制脑神经的异常兴奋，使人保持镇静，若机体中钙含量不足会使人烦躁、情绪不稳定。

（3）维持正常的生命活动　钙元素对于细胞的黏着、细胞膜功能的维持也很重要，能够保证细胞膜顺利地把营养物质运输到细胞内。此外，钙能激活淋巴液中的免疫细胞，增强人体免疫力，并能够激活人体内的脂肪酶、淀粉酶等多种消化酶。钙摄入不足会导致消化不良和食欲降低。

在正常条件下，成年人每克头发中含有的钙含量为900～3200μg，低于900μg为缺钙；儿童每克头发中正常的含钙量为500～2000μg，含量低于250μg为严重缺钙，含量在350μg左右为中度缺钙，含量在450μg左右为一般性缺钙。对于一般性缺钙，通过调整饮食结构，多食豆类等含钙量丰富的蔬菜进行改善。值得注意的一点是，有活性的维生素D能够促进肠道对钙的吸收，因此为了让钙质更好地被人体吸收，需要活性维生素D的存在。

（二）磷

磷元素是人体内含量较多的元素之一，含量仅次于钙。85%的磷元素都集中在骨骼和牙齿中，其余分布在血液和各种器官中，包括心、肾、脑和肌肉。磷是机体最为重要的元素之一，因为它是所有细胞中核糖核酸、脱氧核糖核酸的构成元素之一，在生物体的遗传代谢、生长发育以及能量供应等方面不可或缺。磷元素同时是构成细胞膜的元素之一，磷脂是细胞膜上的主要脂类组成成分，与膜的通透性相关。在园艺产品中，以豆类、菌类、藻类及野生蔬菜中磷的含量较高，水果中磷元素含量较高的为番石榴和猕猴桃等。蘑菇、核桃及绿叶蔬菜等都是磷的良好来源（表2-11）。

表 2-11 部分常见园艺产品中磷的含量 单位：mg/100g（FW）

蔬菜种类	含量	水果种类	含量
口蘑	1620	番石榴	40
松茸	300	猕猴桃	40
蚕豆芽	382	榴莲	39
蚕豆	123	桑葚	38
慈姑	260	菠萝蜜	36
大豆	194	石榴	36
扁豆	173	树莓	29
蘑菇	120	香蕉	22
		橘子	23

目前所知的磷元素最重要的功能是与钙元素配合构成骨质，在骨骼中，钙与磷的比例约为2:1，钙与磷相互配合，共同维持骨骼和牙齿的健康和强壮。此外，磷的功能还体现在以下方面：

（1）提供能量 磷元素自身无法为人体提供能量，但是磷是人体"发电机"——三磷酸腺苷（ATP）的原料之一，通过三磷酸腺苷的水解，为细胞活动提供能量，保持机体的生命活动。

（2）细胞间的通讯 磷元素在细胞间的通讯中发挥一定的作用，它能促进人体功能的协调，如肌肉收缩，将脑中的神经递质传到人体中以及分泌激素等。人体获得充足的磷元素可以提高体能，有利于消除疲劳。

目前关于磷的摄入量是成人每天0.74g，而幼儿由于处于发育期，每天需要钙和磷元素各1g以上。磷元素在维持机体的健康和稳定中发挥重要的作用，如果磷的摄入和吸收不足，会出现低磷血症，引起红细胞、白细胞、血小板的异常，引发软骨病、关节疼以及精神不济等症状。但磷元素摄入也不可过度，过量摄入可能导致高磷血症，使血液中血钙降低导致骨质疏松。饮用碳酸饮料过多的儿童，有60%会因缺钙而影响发育，这是因为碳酸饮料中含磷量过高，过量饮用导致体内钙与磷比例失调，从而影响发育。

（三）钾

钾在人体中含量较高，是除了钙和磷之外的第三大矿物质元素。钾元素控制细胞内液的液体含量，钠元素控制细胞外液的液体含量，因此这两种矿物质相互配合来平衡体内的体液含量。钾离子是细胞中最主要的阳离子，是身体重要的电解质，如果身体缺乏钾，心肌的运动力、心脏节律性、肌肉的兴奋性和神经的传导力下降。正常人体内约含钾175g，其中98%贮存在细胞液内。钾元素的来源很广，许多食品中都含有钾，其中蔬菜是人体钾的主要植物来源，豆类蔬菜及其制品、薯芋类蔬菜、芥菜类蔬菜、香辛菜、食用菌、藻类、酱菜等都有丰富的钾。水果中番石榴、香蕉等含有较高的钾，茶叶中也富含钾元素（每100g茶水中钾的平均含量分别为：绿茶10.7mg，红茶24.1mg）（表2-12）。

表 2-12　部分常见园艺产品中钾的含量　　　　单位：mg/100g（FW）

蔬菜种类	含量	水果种类	含量
紫菜	1640	罗望子	628
南瓜	800	番石榴	417
慈姑	922	香蕉	358
山药	816	猕猴桃	332
大豆	756	柿子	310
水芹	606	菠萝蜜	303
芋头	591	荔枝	278
菠菜	558	龙眼	266
洋葱	147	枇杷	266

　　人体处于离子平衡的状态时细胞内钾高钠低，细胞外钠高钾低。在缺钾的情况下，细胞内的钠过多会导致平衡失序，细胞会受到刺激而过度反应。如果这个反应发生在血管的平滑肌，会导致血压上升引发高血压症状。90%的高血压患者属于本态性高血压（essential hypertension），是遗传性疾病，这种人的体质是钠容易进入细胞内，钾却容易流失于细胞外，所以无法将细胞内过剩的钠排除。因此高血压患者应适当多食用富含钾的食物。

（四）镁

　　镁是地壳金属中含量排名第五位的活泼金属，也是植物合成叶绿素所必需的元素。对于人体来说，镁同样是一种重要的矿物质元素，它是人体内 300 多种酶的重要组成部分，可帮助释放能量，促使人体蛋白质的形成和肌肉的收缩，帮助维持正常的神经和肌肉活动。镁在人体的含量较低，镁与钙需均衡摄取，两者在体内的比例最好维持在（1:2）～（1:3）之间。在园艺产品中，紫菜含镁量最高，每 100g 紫菜中含镁 460mg，被喻为"镁元素的宝库"。其余富含镁的食物有豆类及其制品，如黄豆、黑豆、蚕豆、豌豆、豇豆和豆腐等；以及蔬菜，如冬菜、苋菜、辣椒和蘑菇等（表 2-13）。

表 2-13　部分常见园艺产品中镁的含量　　　　单位：mg/100g（FW）

蔬菜种类	含量	水果种类	含量
紫菜	460	洛神葵	51
冬菇	120	菠萝蜜	37
蘑菇	140	大蕉	37
干辣椒	220	榴莲	30
枸杞	92	猕猴桃	30
牛蒡	130	香蕉	27
芥菜	64	面包果	25
青豆芽	78	树莓	22
大豆	65.7	番石榴	22

　　镁元素对人体的循环器官有重大影响，具有防止细胞内钙量增多的作用，镁缺乏时，体内钙浓度会升高，容易引发心肌梗死、脑中风等病症。另一方面钙与镁都是抗压矿物质，这两种矿物质摄取足够且均衡的情况下，人容易拥有安定的情绪。体内约有 60% 的镁储存在骨骼和牙齿里，体内的镁不足时，储存于骨骼中的镁会释放出来，补充其不足。同时，镁可以

缓和肌肉疼痛，使肌肉收缩恢复正常，抑制精神亢奋，消除紧张情绪，帮助入眠。除上述作用外，镁还可以帮助体内的酶素起作用，促进体内的代谢作用。很多情况下，镁起着间接的作用，但却是不可或缺的物质。

（五）钠

人体需要较多的钠以保持新陈代谢的正常运转、电解质的平衡，并维持血压的稳定。正常成人体内钠的总量一般为每千克体重含 1g 左右，其中 44%在细胞外液，9%在细胞内液，47%存在于骨骼之中。从细胞分裂开始，钠就参与细胞的生理过程，氯化钠是人体最基本的电解质。钠对于人体的作用主要体现在两个方面：

（1）维持血压平衡　钠调节细胞外液的含量，构成细胞外液的渗透压。细胞外液中钠浓度的持续变化对血压有很大的影响，如果摄入的钠过多，钾过少，钠钾比值偏高，血压就会升高。

（2）影响肌肉运动、心血管的功能及能量代谢　当体内钠不足时，能量的生成和利用较差，以至于神经肌肉传导迟钝，导致肌无力、神志模糊甚至昏迷，出现心血功能受抑制的症状。

人体在缺钠时会导致低钠血症，具体表现为倦怠、淡漠、无神，严重时还会恶心、呕吐、血压急剧下降。缺钠的原因有很多，如高温下作业、大量运动而出汗较多、肾功能异常以及大面积烧伤等。缺钠的情况下人体失水会导致其他代谢紊乱，但钠摄入量过多也不利于人体健康。体内水量的恒定主要靠钠的调节，钠多则水量增加，摄入过量的食盐会引发水肿。钠过多还会影响中枢神经，影响人的情绪，使人容易激动、烦躁不安甚至昏迷。在新鲜的蔬菜和水果中钠的含量很低，但在藻类中钠的含量较高，如每克海藻中含有钠 872mg。人可以通过对蔬菜的加工，如加入适量的食用盐来补充体内所需的钠。

（六）硫

硫在人体中含量很少，却是人体所必需的元素，维持着人体新陈代谢的正常进行。与其他矿物质元素不同，硫并不是以离子形式存在，而是包含在组成人体蛋白质的氨基酸中。在身体的各种组织，特别是皮肤、结缔组织和头发中，硫的含量大约可达 5%。在人的肝脏、肾脏、心脏等部位存在的硫蛋白中含有镉、锌、铜等金属成分，称为金属硫蛋白。由于硫元素独特的化学性质，金属硫蛋白对重金属具有解毒作用，如对镉、铅的解毒作用，也可以作为某些金属如铜、锌的储存仓库。金属硫蛋白还有运输和代谢功能，能够消除自由基，并起应激反应。此外，硫元素是一种美容元素，有助于维护皮肤、头发及指甲的健康和光泽度，是美容保养必需的矿物质。硫多含于气味浓烈的蔬菜中，如洋葱、大蒜以及包心菜等。此外，木瓜也是硫元素的良好来源。皮肤和指甲出现疾患往往源于含硫氨基酸摄入的不足。如果发现有硫缺乏的表现，可通过饮食进行适当补充。

二、微量元素

微量元素通常是指每人每日需要量在 100mg 以下的元素。微量元素在人体健康中起基础性作用，主要生理功能是在各种酶系统中起催化作用，以激素或维生素的必需成分或辅助因子的形式而发挥作用，以及形成具有特殊功能的金属蛋白等。到目前为止，得到公认的人和哺乳动物必需的微量元素有 14 种，包括铁、铜、锌、锰、铬、钼、钴、钒、镍、锡、氟、碘、硒和硅。本部分主要对园艺产品中含量较高且对人体健康最为重要的六种微量矿物质元素（铁、锌、铜、锰、硒和碘）进行介绍。

（一）铁

铁是人体最重要的矿物质元素之一，存在于人体所有的细胞内，各组织、器官包括各内分泌腺都含有铁，参与氧的运输，影响免疫系统。人体内的铁元素按功能可分为必需铁和非必需铁，其中必需铁占铁总量的 70%，存在于血红蛋白、肌红蛋白、血红素酶类、辅助因子和运输铁中，85% 的必需铁分布在血红蛋白中；非必需铁以铁蛋白和含铁血红素的形式存在于肝、脾和骨髓内。铁蛋白具有调节肠道铁吸收的功能，还可防止原子铁对组织和细胞产生毒性作用，此外还有调节粒细胞和巨噬细胞的作用，在感染时参与免疫活动。不同的人群对铁的需求不同，儿童、孕妇、哺乳期的女性、青春期及成年女性对铁的需求量较高。许多蔬菜和水果都含有大量的铁，特别是樱桃、猕猴桃、柑橘和辣椒等产品制成的蔬果汁，不但含铁量高，还含有丰富的维生素 C，能促进人体对铁的吸收和利用（表 2-14）。

表 2-14　部分常见园艺产品中铁的含量　　　　单位：mg/100g（FW）

蔬菜种类	含量	水果种类	含量
海带	150	杏	6
黑木耳	185	柿子	3
紫菜	33.2	桑葚	2
榆钱	22	金橘	1
金针菜	16.5	柑橘	1
海藻	9	草莓	1
蚕豆芽	8.2	黑莓	1
荠菜	6.3		
豌豆苗	7.5		
大豆	6.4		

铁元素存在于全身的各个角落，如果人体摄取铁元素不足会导致贫血，出现心悸、气喘、食欲不振以及常感疲倦等症状，同时免疫力会降低，还会引发口角炎等症状。因此在饮食中应注意对铁元素的摄入。根据我国不同年龄段对铁的需求量，45 岁以上的人群，无论男性女性，每天的铁摄入量应不少于 12mg，以补充人体流失的铁，预防和延缓老年人耳鸣、耳聋的发生。女性要注意经常补铁，尤其在生理期前后。中老年人常食用含铁食物，如海带、紫菜、黑木耳、绿叶蔬菜和豆制品等，能够提高氧浓度，纠正内耳缺氧状态，改善内耳血液循环，可防止贫血、疲劳及听力下降和耳聋，维持听力正常。

（二）锌

锌元素集中存在于肌肉、骨骼、皮肤、肾脏、肝脏、胰腺及男性的前列腺中，是每个细胞都需要的重要矿物质。锌对于人体的作用可总结为以下三点：

（1）生理调节功能　缺锌时，核酸和蛋白质的合成出现障碍，生长激素合成和分泌减少。青少年时期如果体内没有足够的锌元素，会产生身材矮小、胸部干瘪、第二性征发育不良的"性幼病"。

（2）护肤作用　锌在人体皮肤中的含量约占人体锌总量的 20%，能调节皮肤和黏膜的分泌、排泄等多种功能。缺锌时容易发生皮脂腺失调、皮脂外溢、面部产生皮疹甚至囊肿等症状。

（3）强化酶素作用　人体内存在几千种酶素，这些酶素跟各种代谢作用息息相关。锌是酶素活化不可欠缺的矿物质，这些酶素的活化与蛋白质合成、免疫系统和胰岛素等激素分泌相关。

锌是促进人体生长最关键的物质之一，但人体自身不能合成，需从饮食中摄取。牛肉、猪肉和鸡蛋中含有丰富的锌，豆科植物中也有较高的锌含量。新鲜蔬菜中金针菜含锌量最高，每 100g 为 3.99mg；蚕豆、大豆、豌豆、蒜薹、芥蓝以及芹菜叶等每 100g 含锌量在 1mg 以上，豇豆、豌豆苗、菜心、小油菜、菠菜以及苦菜等每 100g 含锌量在 0.8mg 左右。水果中含锌量较低，含锌量较高的黑莓和桃子中每 100g 只含有 1mg 的锌元素。相比于肉类中的锌来说，植物中的锌不易吸收。

（三）铜

铜是人体内必需的矿物质，在人体的新陈代谢过程中发挥着重要的作用。铜是形成胶原的必要物质，胶原则是构成骨骼、皮肤和结缔组织的基本蛋白质。铜是人体 30 种酶的活性成分，对酶的催化有重要的活性作用。铜还参与一些激素的重要生命活动，能够维持血管的弹性，改善动脉壁营养，有助于预防动脉粥样硬化。铜是神经递质的成分，若铜元素摄入不足，会导致神经系统失调，大脑系统会发生障碍。铜元素缺乏将使脑细胞中的色素氧化酶减少，活力下降，从而使记忆衰退、思维紊乱、反应迟钝，甚至运动失常。

为满足新陈代谢和生长发育的需要，人体需要吸收一定数量的铜。铜元素缺乏的首要症状为贫血，其次还会发生腹泻和卷发综合征。但铜若过量，对人体的健康也是不利的，主要症状为胆汁排泄铜的功能紊乱，导致组织中铜驻留，引起肝脏损害。铜在新鲜的蔬菜和水果中含量较低，在蘑菇和海藻等藻类蔬菜中有少量存在。

（四）锰

锰是人体必需的微量元素之一，成人体内一般含有 12～20mg 的锰。锰元素遍布人体全身，主要储藏于肝、胰、肾中，其次为脑、肺、前列腺、心和脾等器官。锰对人体的作用可以总结为以下几点：

（1）激活体内的酶　锰具有激活体内多糖聚合酶和半乳糖转移酶的作用，这两种酶是细胞内合成硫酸软骨素所必需的酶，而硫酸软骨素则是组成骨骼、肌腱、皮肤和眼角的重要成分。

（2）增强内分泌功能　维持甲状腺的正常功能，促进性激素的合成。

（3）调节神经反应能力　促进脑功能的正常发挥。

一般来说，机体不易发生锰缺乏症，但当食物中锰摄入不足，食物中钙、磷和铁成分过多干扰机体对锰的吸收，或消化道疾病使锰吸收发生障碍时，会造成机体内锰缺乏，从而导致一系列疾病的产生，如骨骼发育障碍、抗衰老作用减弱、生殖系统紊乱、大脑发育异常以及内分泌功能失调等。锰缺乏时主要可通过食物摄取来补充。孕妇、乳母和儿童应适当多食富含锰的食物，以增加锰的吸收，有利于智力发育，防止多动症的发生。在园艺产品中，绿叶蔬菜含锰较多，但含草酸也较多，往往会影响人体对锰的吸收。蘑菇、番薯等蔬菜含锰量也较多（表 2-15）。

表 2-15　部分常见园艺产品中锰的含量　　　单位：mg/100g（FW）

蔬菜种类	含量	水果种类	含量
白菜	3.12	菠萝	2
扁豆	3.31	葡萄	1
萝卜缨	5.62	树莓	1
大豆	2.31	黑莓	1
胡萝卜	1.43	香蕉	1
萝卜	1.26		

（五）硒

硒作为一种人体必需的微量元素，几乎存在于每个细胞内，尤其在肾、肝、脾、胰和睾丸中最为丰富。硒具有以下重要的生理功能：

（1）酶的成分　硒是一种抗氧化酶的成分，能消除损害脱氧核糖核酸的游离基。

（2）参与酶的催化反应　硒蛋白（selenoprotein）作为哺乳动物酶系统的基本成分，促使正常代谢过程中产生的有毒过氧化物的分解，防止其堆积，进而保护细胞中重要的膜结构不受侵害。

（3）增强机体免疫力　硒能促进淋巴细胞产生抗体，使血液中免疫球蛋白水平增高或维持正常，增强机体对疫苗或其他抗原产生抗体的能力。

（4）拮抗有毒物质　硒在人和动物体内能保护组织免于有毒物质的侵害，对机体中的有毒金属元素起拮抗作用。

硒元素摄入过多、过少都不利于健康。在硒元素缺乏时会引起克山病、大骨节病等地方病，容易出现精神萎靡不振、精子活力下降及易患感冒等症状，而在摄入过量的情况下会引起中毒，中毒症状包括神经质、抑郁、恶心和呕吐，头发、指甲脱落等。硒的来源很广，大蒜、蘑菇、海蜇等都是富硒的食物，水果含硒量较低（表 2-16）。

表 2-16　部分常见园艺产品中硒的含量　　　单位：μg/100g（FW）

蔬菜种类	含量	水果种类	含量
蘑菇	26	葡萄柚	1
大蒜	14	橘子	1
青花菜	3	草莓	1
芦笋	2	杨桃	1
豌豆	2	番石榴	1

（六）碘

碘元素作为一种较活泼的非金属元素，在人体的含量非常低，但是对人体的全面健康非常关键。和其他矿物质元素多元化的作用不同，目前确定的碘的作用只有一个，就是保护甲状腺和制造甲状腺素。人体中约 70% 的碘存储在甲状腺中，甲状腺控制人体全面的新陈代谢，对人体的发育至关重要。一旦人体缺乏碘，甲状腺素的合成就会受到影响，使得甲状腺组织产生代偿性增生，喉部出现结节状隆起，这就是俗称为"大脖子病"的甲状腺肿。成人碘的每日摄取量是 150μg。目前通过食物中加入加碘盐可以达到或超过这个量，因此如果没有特殊需要不必额外服用碘补充剂。如果没有食用加碘盐，身体缺碘，就会出现疲倦、皮肤干燥、血脂升高、喉咙嘶哑以及智力下降等问题。在食物中，海产品如海带、紫菜等含碘量较高，而蔬菜水果中含碘量则较低（表 2-17）。

表 2-17　部分常见园艺产品中碘的含量　　　　　单位：μg/100g（FW）

蔬菜种类	含量	蔬菜种类	含量
海带	24000	白菜	140
紫菜	1800	芹菜（叶）	121
发菜	1180	菠菜	88

三、矿物质的参考摄入量

矿物质对人体诸多生理、代谢过程均起到重要的调节作用，世界卫生组织报告指出，人类常见疾病中有多种疾病与矿物质摄取不足有关。人体自身不能合成矿物质，主要从食物中摄取，而不是依靠补充剂，其中蔬菜水果等园艺产品是重要的矿物质来源之一（附表 3）。

第三节　碳水化合物

碳水化合物是指具有多羟基醛或多羟基酮结构的一类化合物，又称为糖类。碳水化合物主要通过绿色植物光合作用而产生，是植物常见的能量贮藏形式，存在于植物器官如果实、块茎、根部以及种子中。除了作为能量来源，部分碳水化合物具有多种生理活性。

根据在胃肠中的可消化性，食物中的碳水化合物分为可消化吸收的碳水化合物和不可消化吸收的碳水化合物。可消化吸收的碳水化合物是主要的热能营养素，为机体提供 50%～60% 能量，如多糖（主要是淀粉）、双糖和单糖。不可消化吸收的碳水化合物，如低聚糖、纤维素、半纤维素和果胶等，称为膳食纤维，对人体健康有重要的意义，其中，具有生物活性的功能性低聚糖包括：水苏糖、棉子糖、异麦芽酮糖、乳酮糖、低聚果糖、低聚木糖、低聚半乳糖、低聚异麦芽糖、低聚异麦芽酮糖、低聚龙胆糖、大豆低聚糖和低聚壳聚糖等。

碳水化合物最传统的分类方法是根据其聚合度，即单糖单位的数量和结构来进行分类，可分为单糖、二糖、低聚糖和多糖四类。其中单糖根据碳原子的数目又分为丙糖、丁糖、戊糖、己糖、庚糖以及衍生糖，如糖醇。

一、单糖

植物中广泛存在的单糖有丁糖（如赤藓糖）、戊糖（如核糖、核酮糖、木糖、木酮糖和阿拉伯糖等）、庚糖（如景天庚酮糖、葡萄庚酮糖和半乳庚酮糖）。绝大部分植物中的单糖以己糖特别是葡萄糖和果糖为主，还有少量的半乳糖和鼠李糖，也可检测到微量的戊糖如木糖和核酮糖等（图 2-1）。此外，有些植株含有较高含量的糖醇。

（一）己糖

葡萄糖（glucose）和果糖（fructose）是植物中最主要的单糖（monosaccharides），与蔗糖（sucrose）一起组成了植物中最常见的可溶性糖。按照糖积累的类型及特点，可以把植物

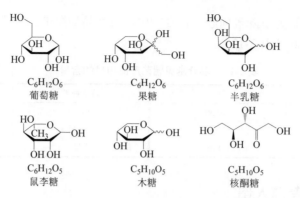

C₆H₁₂O₆ → $C_6H_{12}O_6$

葡萄糖　　　　果糖　　　　半乳糖

$C_6H_{12}O_6$ 葡萄糖　　$C_6H_{12}O_6$ 果糖　　$C_6H_{12}O_6$ 半乳糖

$C_6H_{12}O_5$ 鼠李糖　　$C_5H_{10}O_5$ 木糖　　$C_5H_{10}O_5$ 核酮糖

图 2-1　植物中 6 种单糖的结构式和分子式

的库器官分为以下三种：①淀粉积累型，如猕猴桃、香蕉、芒果、马铃薯、番薯和南瓜等；②中间型，该库器官前中期积累淀粉，后期淀粉含量下降，可溶性糖含量上升，如苹果、桃、梨等；③可溶性糖直接积累型，如柑橘、草莓、葡萄、荔枝和龙眼等水果。尽管部分水果果实发育过程中积累淀粉，但在成熟过程中淀粉往往降解为可溶性糖。园艺产品中水果含有丰富的可溶性碳水化合物，但不同种类的水果中葡萄糖、果糖、蔗糖和总糖的含量有很大的差别，如表 2-18 所示，鲜食水果中的总糖含量介于 0.9～18.1g/100g（FW），其中，葡萄以及一些热带水果如香蕉和芒果的总糖含量较高，分别为 18.1g/100g（FW）、15.6g/100g（FW）和 14.8g/100g（FW），而番茄、柠檬和鳄梨的总糖含量则小于 3g/100g（FW）。

植物中的甜度除与糖总量有关之外，还取决于糖分组成。在常见的 3 种可溶性糖中，果糖的甜度最高，约为蔗糖的 1.8 倍，葡萄糖的 3 倍。不同水果中葡萄糖和果糖占总可溶性糖的比例往往也有很大的差异（表 2-18）。根据果肉积累的糖分类型可分为蔗糖积累型、中间型和己糖积累型。葡萄的可溶性糖基本上都是己糖即葡萄糖和果糖，检测不到蔗糖，樱桃、猕猴桃、石榴和杨桃等水果中己糖占的比例也很高，这些水果属于己糖积累型水果；芒果、杏、油桃、毛桃和树菠萝等水果的可溶性糖则以蔗糖为主，蔗糖的含量常常是己糖的数倍，这类水果属于蔗糖积累型水果。由于蔗糖是植物韧皮部的光合产物运输的主要形式，而水果中的葡萄糖和果糖的主要来源是蔗糖的水解，大部分水果中葡萄糖和果糖的含量大致相当，然而以山梨醇（sorbitol）为主要运输形式的水果如苹果和梨，由于山梨醇代谢的产物是果糖，这类水果中果糖的含量明显高于葡萄糖。

表 2-18　常见鲜食水果中主要可溶性糖和总糖的含量　　　　单位：g/100g（FW）

种类	葡萄糖	果糖	蔗糖	总糖	种类	葡萄糖	果糖	蔗糖	总糖
葡萄	6.5	7.6	—	18.1	毛桃	1.2	1.3	5.6	8.7
香蕉	4.2	2.7	6.5	15.6	油桃	1.2	—	6.2	8.5
芒果	0.7	2.9	9.9	14.8	树菠萝	1.4	1.4	5.4	8.4
甜樱桃	8.1	6.2	0.2	14.6	李	2.7	1.8	3.0	7.5
苹果	2.3	7.6	3.3	13.3	杨桃	3.1	3.2	0.8	7.1
菠萝	2.9	2.1	3.1	11.9	无花果	3.7	2.8	0.4	6.9
猕猴桃	5.0	4.3	1.1	10.5	葡萄柚	1.3	1.2	3.4	6.2
梨	1.9	6.4	1.8	10.5	番石榴	1.2	1.9	1.0	6.0
石榴	5.0	4.7	0.4	10.1	番木瓜	1.4	2.7	1.8	5.9
杏	1.6	0.7	5.2	9.3	草莓	2.2	2.5	1.0	5.8
甜橙	2.2	2.5	4.2	9.2	番茄	1.1	1.4	—	2.8
西瓜	1.6	3.3	3.6	9.0	柠檬	1.0	0.8	0.6	2.5
甜瓜	1.2	1.8	5.4	8.7	鳄梨	0.5	0.2	0.1	0.9

葡萄糖和果糖是园艺植物特别是水果中广泛存在的糖类，能为人体提供一定的热量，是机体组织重要生命物质的构成原料，可调节血糖，并有抗生酮作用。人体能直接吸收葡萄糖，含葡萄糖高的果实是消化能力弱者的理想营养果品，而对于果糖含量较高的水果，一次进食太多则容易出现"低血糖"症。医学界使用 GI（glycemic index）反映食物引起人体血糖升高程度的指标，在同等条件下，如果将食用葡萄糖后所产生的血糖升高指数当作 100 的话，那么食用果糖后，人体的血糖升高指数仅为 23，甚至有的能低至 19，而蔗糖则高达 65，因此果糖以及相关制品被广泛应用于糖尿病患者。

（二）糖醇

单糖的醛基或酮基都很容易被还原为醇基。山梨醇、甘露醇（mannitol）和木糖醇（xylitol）是植物中较为广泛存在的糖醇类化合物（图 2-2）。蔷薇科的苹果、樱桃、桃、枇杷和梨等树中，叶片光合产物以山梨醇为主要形态，通过韧皮部运输进入果实，在成熟果实中含量约为 1%。甘露醇是植物中另一类常见的多元醇，柿饼表面的白色粉末就是甘露醇，最早在南瓜、蘑菇、洋葱和藻类等植物中发现，目前至少在 70 个科的高等植物中检测到甘露醇。在旱芹叶片中甘露醇含量占可溶性碳水化合物的 60% 以上，甘露醇占叶片碳同化物输出量的 10%～60%。木糖醇是一种五碳糖醇，是木糖代谢的中间产物，一般含量极低，广泛存在于果品、蔬菜和谷类等食物中。

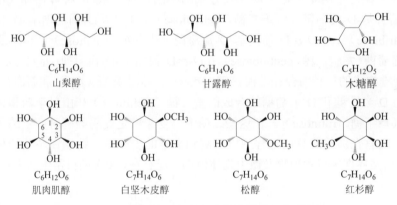

图 2-2　常见糖醇和环多醇的结构式和分子式

植物中还广泛存在环状的多元醇，即肌醇及其衍生物。肌醇在化学上可看作是环己烷的多元烃基衍生物，理论上有 9 种可能的异构体，通常在自然界中发现的有 4 种，分别是肌肉肌醇（myo-inositol）、D-chiro-inositol、L-chiro-inositol 和鲨肌醇（scyllo-inositol），其中自然界最常见的是肌肉肌醇。肌醇类作为微量成分在植物中广泛存在。此外，植物中还广泛存在肌醇的甲基化衍生物，即肌醇甲醚，目前检测到的主要有松醇（pinitol）、白坚木皮醇（quebrachitol）和红杉醇（sequoyitol）（图 2-2）。松醇首先在松树中检测获得，至少分布在包括豆科在内的 13 个科的被子植物中，每克干重大豆叶片中的松醇含量可达 30mg。1889 年法国科学家最早从白坚木（也称白雀木）的树皮提取液中分离得到一种肌醇物质，命名为白坚木皮醇（也称白雀木醇）。目前至少在 11 个科的植物中检测到白坚木皮醇，其中在无患子科植物中含量高，叶片中的含量甚至高于蔗糖，荔枝、龙眼、红毛丹的果肉中白坚木皮醇的含量为每千克鲜重 1.6～6.3g。红杉醇则较为少见，仅在裸子植物的杉科中发现。

糖醇对人体血糖值上升无影响，且能为糖尿病人提供一定热量，所以可作为糖尿病人获取热量的营养性甜味剂。目前市面上很多糖尿病患者的专用食品都添加有糖醇类化合物。一些糖醇还具有生理活性，如甘露醇进入体内能提高血浆渗透压，使组织脱水，可降低颅内压和眼内压，并可防治早期急性肾功能不全。肌醇与胆碱结合形成卵磷脂，可代谢脂肪和胆固醇，有预防动脉硬化的作用；可帮助清除肝脏的脂肪，用于辅助治疗肝硬化、肝炎和脂肪肝等疾病；也可供给脑细胞营养，有镇静安神的作用；还能促进毛发健康生长，防止脱发。肌醇甲醚因具有独特的手性结构受到生物、药物和医学界的广泛关注，众多研究者用具有旋光性的天然产物为原料，简单方便地合成无毒、无害而有特效的手性药物，用于治疗癌症、阿尔茨海默病早期、糖尿病和艾滋病等疾病。肌醇甲醚本身因具有清除氧自由基的特殊功效，也可作为治疗、保健的药物。

二、二糖

蔗糖是园艺植物中最主要的二糖，由一分子葡萄糖的半缩醛羟基与一分子果糖的半缩醛羟基缩合脱水而成。一般园艺植物的非贮藏器官（如菜叶、菜薹等）含有的可溶性碳水化合物以蔗糖为主，而贮藏器官中的可溶性碳水化合物则为蔗糖、葡萄糖和果糖，不同的植物种类甚至同一种类的不同品种蔗糖含量有明显差异。

两分子葡萄糖由于两个单糖之间连接方式的不同，可形成 8 种异构体（图 2-3），如 4-O-β-D-葡萄苷基-D-葡萄糖（纤维二糖，cellobiose）、3-O-β-D 葡萄糖基-D 葡萄糖（昆布二糖，laminaribiose）、4-O-α-D-葡糖基-D-葡萄糖（麦芽糖，maltose）、6-O-β-D-吡喃葡糖（苷）基-D-葡萄糖（龙胆二糖, gentiobiose）、6-O-α-D-葡糖基-D-葡萄糖（异麦芽糖, isomaltose）以及 1-1 糖苷键构成的三种海藻糖即海藻糖（α,α）、异海藻糖（β,β）和新海藻糖（α,β）。此外，还有由 D-半乳糖和 D-葡萄糖结合成的蜜二糖（melibiose）和由鼠李糖和葡萄糖结合成的芸香二糖（芦丁糖，rutinose）。在这些二糖中，麦芽糖是淀粉降解时产生的中间产物，淀粉积累型的库器官在淀粉降解的过程中可检测到少量的麦芽糖，特别在萌芽的种子中含量较高。海藻糖在自然界许多可食植物及微生物体内都广泛存在，如人们日常生活中食用的蘑菇类、

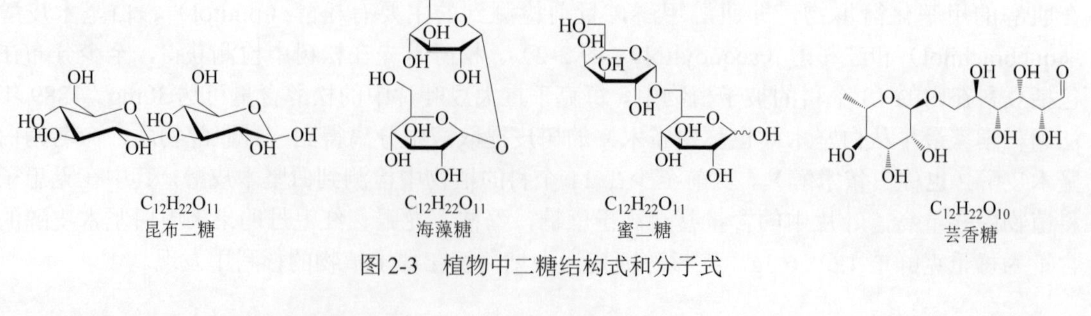

$C_{12}H_{22}O_{11}$ 麦芽糖　　$C_{12}H_{22}O_{11}$ 异麦芽糖　　$C_{12}H_{22}O_{11}$ 纤维二糖　　$C_{12}H_{22}O_{11}$ 龙胆二糖

$C_{12}H_{22}O_{11}$ 昆布二糖　　$C_{12}H_{22}O_{11}$ 海藻糖　　$C_{12}H_{22}O_{11}$ 蜜二糖　　$C_{12}H_{22}O_{10}$ 芸香糖

图 2-3　植物中二糖结构式和分子式

海藻类和豆类中都有含量较高的海藻糖。蜜二糖在植物界也有分布，例如锦葵。昆布二糖和龙胆二糖是海带多糖和茯苓多糖等的结构单位，而纤维二糖则是组成纤维的结构单位，自然界罕见其游离态存在。

三、多糖

（一）膳食纤维

食物中的膳食纤维（dietary fiber）主要来源于植物源食品，是不为人体所消化的植物多糖，最常见的有纤维素（cellulose）、半纤维素（hemicellulose）和果胶（pectin）。人们对膳食纤维给予了极大的关注，并认识到膳食纤维对人体健康的不可或缺性，故把此类物质称为"第七大营养素"。膳食纤维的生理功能主要包括控制体重、促进排便、促消化、预防肠癌发生、降低胆固醇以及降低血糖等等。

纤维素是植物中含量最为丰富的有机化合物，是由葡萄糖以 β-1,4 糖苷键组成的大分子多糖，聚合度一般介于 7000～15000 之间，是植物细胞壁的主要成分。半纤维素是由几种不同类型的单糖构成的异质多聚体，这些单糖是五碳糖和六碳糖，包括木糖、阿拉伯糖和半乳糖等。半纤维素木聚糖在木质组织中占总量的 50%，它结合在纤维素微纤维的表面，这些纤维构成了坚硬的细胞相互连接的网络。果胶的主要成分是 α-1,4 聚半乳糖醛酸，含有数百至约1000 个脱水半乳糖醛酸残基，其相应的平均相对分子质量为 50000～150000。在适宜条件下其溶液能形成凝胶和部分发生甲氧基化（甲酯化），果胶残留的羧基单元以游离酸的形式存在或形成铵、钾、钠和钙等盐。天然果胶类物质以原果胶、果胶和果胶酸的形态广泛存在于植物的果实、根、茎和叶中，是细胞壁的一种组成成分，与纤维素相伴存在，构成相邻细胞中间层黏结物，使植物组织细胞紧紧黏结在一起。果胶、纤维素、半纤维素和木质素结合在一起组成细胞壁，它们的结合方式和结合紧密程度对园艺产品的质地影响很大，与口感和化渣性等感官品质密切相关。

不同园艺产品膳食纤维的含量有很大的差异（表 2-19）。豌豆、西芹和秋葵的膳食纤维含量在 3% 以上，而番茄、南瓜和黄瓜则小于 1%；水果中膳食纤维含量高的有鳄梨、番石榴和蓝莓，含量大于 5%，而李子、桃、荔枝和葡萄则相对较低，含量小于 1.5%。

表 2-19　常见园艺产品中膳食纤维的含量　　　　单位：g/100g（FW）

蔬菜种类	含量	水果种类	含量
豌豆	5.1	鳄梨	6.7
西芹	3.3	番石榴	5.4
秋葵	3.2	蓝莓	5.3
芦笋	2.8	梨	3.3
花椰菜	2.5	猕猴桃	3.0
菠菜	2.2	无花果	2.9
马铃薯	2.2	香蕉	2.6
羽衣甘蓝	2.0	苹果	2.4
韭菜	1.8	甜橙	2.4
洋葱	1.7	番荔枝	2.3
青椒	1.7	甜樱桃	2.1

蔬菜种类	含量	水果种类	含量
芹菜	1.6	杏	2.0
萝卜	1.6	葡萄柚	1.6
小白菜	1.0	李子	1.4
番茄	0.7	桃	1.3
南瓜	0.5	荔枝	1.3
黄瓜	0.5	葡萄	0.9

（二）淀粉

淀粉（starch）是由葡萄糖分子聚合而成的，有直链淀粉和支链淀粉两类，前者为无分支的螺旋结构，后者以 24～30 个葡萄糖残基通过 α-1,4 糖苷键首尾相连而成，在支链处为 α-1,6 糖苷键。淀粉是植物中最普遍的非结构性碳水化合物贮藏形式，主要贮存在种子和块茎中，部分果实中也有较高含量的淀粉。不同的园艺产品器官淀粉含量的差异很大。最常见的淀粉植物是木薯、马铃薯和番薯，淀粉含量占其鲜重的 10%～30%，根茎类产品器官如芋头、山药、葛根、百合、土茯苓和慈姑等也含有较丰富的淀粉。果实产品器官以板栗的淀粉含量最高，可达鲜重的 25%～40%。水果中以煮食蕉和面包果的淀粉积累量最高，且果实发育后期降解较少，可作为主食食用。淀粉积累型的呼吸跃变型水果，如香蕉、猕猴桃、芒果、番荔枝和树菠萝等，在果实发育过程中往往含有较高的淀粉含量，但在果实后熟过程中淀粉转化为可溶性糖。其他园艺产品，如鲜食水果和叶菜类中淀粉含量较低，所以淀粉不是这类产品营养的主要构成成分。

淀粉是人类赖以生存的营养物质，是主要的热能营养素。一般认为淀粉经过酶的消化作用在小肠中全部消化吸收，然而这种观点随着抗性淀粉（resistant starch）的发现而受到挑战。抗性淀粉又称抗酶解淀粉，是一种难以消化的淀粉，在小肠中不能被酶解，其生理功效与膳食纤维类似。抗性淀粉存在于淀粉含量高的园艺植物中，如马铃薯、生豌豆和绿香蕉等。

四、有机酸

有机酸（organic acid）是指一些具有酸性的有机化合物。有机酸代谢是植物的一项独有特征，植物能在液泡中积累有机酸，且有些植物中可大量积累，例如，柠檬果汁中有机酸含量在 4%以上。除果实以外，很多植物的叶甚至是花瓣也可以积累有机酸，如景天科植物的叶子和锦葵科木槿属植物的花。

有机酸是水果风味的重要组成部分，果实中有机酸的形态有游离态、与碱结合形成的盐和酯等，但只有游离态的有机酸能与糖一起影响糖酸比的大小，进而影响果品的风味。不同的园艺植物中有机酸组分与含量的差异使它们各具独特的风味。依据碳骨架的来源情况，可将有机酸分成三大类：①脂肪族羧酸，按分子中所含羧基个数又可分为一羧酸如甲酸、乙酸、乙醇酸、乙醛酸、丙酮酸和乳酸等，二羧酸如草酸、苹果酸、丙二酸、琥珀酸、戊二酸、己二酸、富马酸、草酰乙酸、α-酮戊二酸、酒石酸和柠苹酸等，三羧酸如柠檬酸、顺乌头酸和异柠檬酸等。②糖衍生的有机酸，如葡萄糖醛酸、半乳糖醛酸。③酚酸类物质（含苯环羧酸），如奎尼酸、莽草酸、绿原酸和水杨酸等。水果和蔬菜中游离有机酸主要是二羧酸与三羧酸，包括苹果酸、柠檬酸、酒石酸、柠苹酸和草酸等，此外还有一些酚酸，如奎宁酸（表 2-20）。

表 2-20　园艺植物中主要有机酸的分子式与结构式

中文名称	英文名称	分子式	结构式	以该有机酸为主的园艺植物
苹果酸	malic acid	$C_4H_6O_5$		苹果、枇杷、樱桃、桃、李、香蕉、黑桑、杨桃、荔枝、龙眼、辣椒、青瓜
柠檬酸	citric acid	$C_6H_8O_7$		柑橘、菠萝、芒果、西番莲、草莓、黑穗醋栗、石榴、树莓、无花果、猕猴桃、番茄、姜、洋葱、叶菜类、玫瑰茄
酒石酸	tartaric acid	$C_4H_6O_6$		葡萄、酸角、甜角
草酸	oxalic acid	$C_2H_2O_4$		杨桃、辣椒、叶菜类
柠苹酸	citramalic acid	$C_4H_6O_6$		火龙果
奎宁酸	quinic acid	$C_7H_{12}O_6$		苹果、桃、越橘

此外，部分有机酸具有一定的生理功能。苹果酸可在肠中与胆酸结合，阻碍肠内胆酸重新被吸收，从而促进血中的胆固醇向胆酸转化，起到降低胆固醇的效果。柠檬酸利于人体的血液循环，并促进体内钙、磷物质的消化吸收。酒石酸有很好的抗氧化性，具有防衰老的作用。酚酸类物质如奎宁酸、绿原酸等是重要的生物活性物质，具有抗菌、抗病毒、提高白细胞数量、保肝利胆、抗肿瘤、降血压、降血脂、清除自由基和兴奋中枢神经系统等作用。

第四节　蛋白质与氨基酸

蛋白质是人体首要的必需营养素，与 DNA、RNA、多糖和脂类并称为细胞与组织中五大类生物大分子物质，参与人体所有重要器官的组成，并且在个体生长发育过程中起着不可替代的作用。人体内的蛋白质始终处于不断分解又不断合成的动态平衡之中，借以实现组织蛋白的不断更新与修复。

一、蛋白质的概况

生物体内绝大部分蛋白质是由 20 种具有不同侧链的氨基酸组成的。对人类而言，根据是否能在体内合成，可把 20 种氨基酸分为必需氨基酸（essential amino acids）和非必需氨基酸（nonessential amino acid）。必需氨基酸是指人体自身不能合成或合成速度不能满足机体需要，只能由食物蛋白质提供的氨基酸。必需氨基酸共 8 种，分别是异亮氨酸、亮氨酸、赖氨酸、色氨酸、蛋氨酸、苏氨酸、缬氨酸和苯丙氨酸。此外，组氨酸为婴儿所必需，因此婴儿的必需氨基酸为 9 种。非必需氨基酸是人体可以通过自身合成或从其他氨基酸转化而来，不一定必须从食物中摄取的氨基酸，包括丙氨酸、精氨酸、天冬氨酸、半胱氨酸、谷氨酸、甘氨酸、谷氨酰胺、组氨酸、丝氨酸、酪氨酸、脯氨酸等。

营养学上根据所含氨基酸的种类和数量不同，又将食物蛋白质分为完全蛋白质（complete protein）、半完全蛋白质（semi-complete protein）和不完全蛋白质（incomplete protein）三类。完全蛋白质是指食物所含的必需氨基酸种类齐全、数量充足、彼此比例恰当的一类蛋白质，如酪蛋白、卵黄蛋白、大豆蛋白和谷蛋白等。半完全蛋白质是指食物所含氨基酸虽然种类齐全，但其中某些氨基酸的数量不能满足人体需要的一类蛋白质，如小麦和大麦中的面筋蛋白。不完全蛋白质是指不能提供人体所需的全部必需氨基酸的一类蛋白质，如玉米中的玉米胶蛋白、肉皮中的胶质蛋白和豌豆中的豆球蛋白等。

二、蛋白质的功能

蛋白质是一切生命活动的物质基础，其主要功能为以下几个方面：

（1）构成组织、酶和某些激素　蛋白质是构成组织细胞的主要材料，人的大脑、神经、皮肤、肌肉、内脏、血液，甚至指甲、头发都以蛋白质为主要成分。对于身体的生长发育、衰老组织的更新、损伤后组织的新生修补等人体的生理过程，蛋白质都是重要的参与者。

（2）增强机体抵抗力，构成抗体　机体抵抗力的强弱，取决于抵抗疾病的抗体数量。

（3）调节渗透压　正常人血浆与组织液之间的水不停地交换，但却保持着平衡。这有赖于血浆中电解质总量和胶体蛋白质的浓度。在组织液与血浆的电解质浓度相等时，两者间水分的分布就取决于血浆中白蛋白的浓度。若膳食中长期缺乏蛋白质，血浆蛋白的含量降低，血液内的水分便过多地渗入到周围组织，造成营养不良性水肿。

（4）供给热能　虽然蛋白质在体内的主要功能并非供给热能，但是陈旧的或已经破损的组织细胞中的蛋白质会不断分解以释放能量。另外，有些从食物中摄入的蛋白质不是人体所需或者数量过多，也将被氧化分解而释放能量。氨基酸脱氨基作用后所留下的碳骨架可用于供给能量或形成葡萄糖和酮体。

（5）提供氮源　氨基酸除了合成蛋白质之外，还是体内各种含氮物质的来源，如嘌呤、嘧啶等。

与鱼肉禽类等富含蛋白质的动物性食物相比，果蔬中蛋白质含量普遍较低。蛋白质含量相对较高的果蔬种类有桑葚（干）、黄花菜、黑笋（干）、毛豆和发芽豆等（表 2-21）。

表 2-21　常见园艺产品中蛋白质的含量　　　　　　单位：mg/100g

蔬菜种类	含量	水果种类	含量
黄花菜	19.4	桑葚（干）	21.1
黑笋（干）	17.6	椰子	4.0
毛豆	13.1	枣（干）	3.2
发芽豆	12.4	榴莲	2.6
蚕豆（鲜）	8.8	鳄梨	2.0
甜椒（脱水）	7.6	番荔枝	1.62
豌豆（带荚）	7.4	无花果	1.5
洋葱（紫皮，脱水）	6.9	石榴	1.4

蔬菜种类	含量	水果种类	含量
黄豆芽	4.5	香蕉	1.4
大蒜	4.5	柠檬	1.1
青花菜	4.1	火龙果	1.1
豌豆苗	4.0	草莓	1.0
冬寒菜	3.9	金橘	1.0
油菜薹	3.2	杏	0.9
豇豆	2.9	蜜桃	0.9
芋头	2.9	沙棘	0.9
荠菜	2.9	猕猴桃	0.8
芥蓝	2.8	油桃	0.8
菠菜	2.6	柚子	0.8
韭菜	2.4	橙	0.8
绿豆芽	2.1	枇杷	0.8
花椰菜	2.1	蓝莓	0.74
四季豆	2.0	血橙	0.71

三、蛋白质营养价值的决定因素

由于蛋白质营养价值主要取决于氨基酸的组成，为保证人体的合理营养，一方面要满足必需氨基酸的量，另一方面还需注意食物蛋白质中各种必需氨基酸之间的比例。理论上评价食物蛋白质营养价值的高低，需要评估其所含必需氨基酸的种类、数量及比例是否与人体所需要的必需氨基酸相接近。

一般来说，动物蛋白质所含的必需氨基酸的种类、数量和比例，与人体所需氨基酸较匹配。而植物蛋白质的匹配程度则差一些，但有些植物中也有完全蛋白质，如豆类蛋白质的氨基酸组成和人体蛋白质接近，因此有较高的营养价值。此外，葵花子、杏仁、栗、荞麦、芝麻、花生、马铃薯及绿色蔬菜中均含有完全蛋白质。蛋白质的营养价值和利用程度是由蛋白质中含量最低的氨基酸来决定的。例如，人体组织蛋白质每100g含有苯丙氨酸1g、蛋氨酸1g和亮氨酸1g，这三种氨基酸组成比为1:1:1。如果某种食物蛋白质每100g含有苯丙氨酸1g、蛋氨酸1g，而亮氨酸只有0.5g，即这三种氨基酸组成比为1:1:0.5，人体只能按1:1:1的比例利用苯丙氨酸0.5g、蛋氨酸0.5g和亮氨酸0.5g，也就是说这种蛋白质仅有60%的部分被利用。

四、氨基酸

（一）必需氨基酸

1. 异亮氨酸

异亮氨酸（isoleucine）是一种人类和动物饮食中不可缺少的氨基酸，对体内许多生物化学反应都很重要，它经常被用于治疗烧伤，并被用作健美者的营养补充剂。异亮氨酸的最佳食物来源为鸡蛋、坚果、肉类、鱼和奶制品等高蛋白食品。果蔬类食品富含异亮氨酸的包括桑葚（干）、黑笋（干）、大豆、发芽豆和甜椒（脱水）等（表2-22）。

表 2-22　常见园艺产品中异亮氨酸的含量　　　　单位：mg/100g

蔬菜种类	含量	水果种类	含量
黑笋（干）	603	桑葚（干）	707
大豆	584	枣（干）	74
发芽豆	397	鳄梨	71
甜椒（脱水）	304	沙棘	43
豌豆（带荚）	271	香蕉	42
豌豆苗	200	杨梅	41
黄豆芽	191	枇杷	38
洋葱（白皮，脱水）	160	樱桃	32
苋菜	156	猕猴桃	26
大蒜（紫皮）	123	桂圆	26
荠菜	115	草莓	24
豇豆	101	桃	22
菠菜	100	荔枝	22
油菜薹	91	金橘	21
韭菜	88	柚子	19
青蒜	88	西瓜	18
韭菜花	88	橙	17
绿豆芽	85	芒果	16
竹笋	78	菠萝	15
花椰菜	77	苹果	14
芋头	75	柿	14
藕	44	木瓜	14
胡萝卜	38	梨	12
甘蓝	37	葡萄	11
茄子	32	海棠果	6

　　异亮氨酸能增强人体耐力，帮助恢复和修复肌肉组织，促进伤口凝血，还可通过调节血糖保持能量水平稳定。异亮氨酸在体内的主要功能是提高能量水平，并在强体力活动后帮助身体恢复，因此对专业运动员和健美者特别重要。缺乏异亮氨酸会产生类似低血糖的症状，如头疼、头晕、疲劳、抑郁和易怒等。肝脏和肾脏功能受损的人在补充异亮氨酸时需遵医嘱，因为大量摄入这种氨基酸会加重这些疾病。

2. 亮氨酸

　　亮氨酸（leucine）可以帮助人体吸收多种不同的营养元素，可作为营养补充剂，也可以作为一种食品添加剂，增加食品的口味。亮氨酸的食物来源有糙米、豆类、肉类、坚果、大豆粉和全麦等所有富含蛋白质的食物。富含亮氨酸的果蔬种类主要包括桑葚（干）、黑笋（干）、大豆、发芽豆、豌豆（带荚）和甜椒（脱水）等（表2-23）。

表 2-23　常见园艺产品中亮氨酸的含量　　　　单位：mg/100g

蔬菜种类	含量	水果种类	含量
黑笋（干）	1093	桑葚（干）	1421
大豆	1089	鳄梨	123
发芽豆	652	枣（干）	87

蔬菜种类	含量	水果种类	含量
豌豆（带荚）	492	香蕉	86
甜椒（脱水）	444	杨梅	66
豌豆苗	328	沙棘	61
苋菜	263	樱桃	47
洋葱（白皮，脱水）	262	枇杷	46
黄豆芽	248	草莓	45
大蒜（紫皮）	214	桂圆	45
荠菜	201	桃	36
菠菜	182	荔枝	34
豇豆	175	金橘	32
芋头	171	猕猴桃	30
韭菜	158	柚子	29
韭菜花	158	橙	26
油菜薹	157	蜜橘	26
青蒜	151	芒果	26
竹笋	126	苹果	24
花椰菜	112	菠萝	23
绿豆芽	111	柿	21
藕	65	木瓜	20
甘蓝	51	西瓜	18
胡萝卜	50	葡萄	15
茄子	47	梨	14
番茄	20	海棠果	7

亮氨酸是增加肌肉块和锻炼后帮助肌肉恢复的三种必需氨基酸之一，它还可以调节血糖并提供能量供应身体。亮氨酸在临床上被用于帮助身体恢复，并且还能影响脑功能。对于亮氨酸的主要生理功能可总结如下：

（1）构建蛋白质 亮氨酸、异亮氨酸和缬氨酸是构建肌肉需要的必需氨基酸，它们也叫作支链氨基酸。亮氨酸是肌肉中数量第四多的氨基酸，与其他支链氨基酸一起构成大约三分之一的肌肉蛋白。支链氨基酸给肌肉新陈代谢提供燃料，并通过刺激蛋白质合成增加氨基酸再利用以及减少压力条件下的蛋白质分解，并支持肌肉在紧张锻炼时的氧化代谢，保护肌肉免受压力损害。因此它们为健美、举重和其他项目的运动员提供了更可靠更安全的类固醇替代品。

（2）调节血糖 人体使用葡萄糖作为能量，增加葡萄糖浓度能防止身体在高强度运动时把肌肉当作能量来源。许多氨基酸能产生葡萄糖，但亮氨酸是唯一一种能在禁食期间替代葡萄糖的氨基酸。亮氨酸调节血糖的效果比异亮氨酸和缬氨酸更好，因为后两者转换成葡萄糖的速度较慢。

（3）医学应用 压力状态会降低支链氨基酸水平，例如手术、创伤、肝硬化、感染、发烧、饥饿和营养不良都会给身体造成压力，使蛋白质更快分解，支链氨基酸能防止或逆转这种影响。静脉注射含有支链氨基酸的溶液能帮助病人术后康复，促进骨骼、皮肤和肌肉的恢复。在肌肉疾病方面，支链氨基酸可用于缓减肌肉消瘦症状。最新报告称，亮氨酸能防止伴随衰老过程的肌肉流失。此外，宇航员也用它们来帮助抵御太空旅行对身体的影响。

（4）脑功能　支链氨基酸是神经肽的成分，是从大脑到身体细胞之间的生物化学信使，并且与内啡肽和脑啡肽一样，是一种产生镇静和止痛效果的神经递质。

3. 赖氨酸

赖氨酸（lysine）是8种必需氨基酸之一，对身体的正常生长和发育至关重要。赖氨酸含量较高的常见食品包括鱼、牛肉和家禽等大多数肉类，以及奶酪和牛奶等乳制品。赖氨酸的最佳植物食品来源包括豆类及其制品、坚果等。富含赖氨酸的果蔬种类主要包括桑葚（干）、大豆、黑笋（干）、发芽豆、豌豆（带荚）和甜椒（脱水）等（表2-24）。

表 2-24　常见园艺产品中赖氨酸的含量　　　　单位：mg/100g

蔬菜种类	含量	水果种类	含量
大豆	811	桑葚（干）	895
黑笋（干）	748	椰子	148
发芽豆	630	无花果（干）	125
豌豆（带荚）	490	葡萄干	97
甜椒（脱水）	340	鳄梨	94
豌豆苗	276	杨梅	65
大蒜（紫皮）	224	沙棘	64
苋菜	193	香蕉	60
黄豆芽	189	枣（干）	58
油菜薹	153	枇杷	44
豇豆	147	桂圆	37
菠菜	147	芒果	36
韭菜	120	金橘	34
韭菜花	120	荔枝	33
洋葱（白皮，脱水）	262	草莓	31
荠菜	116	柚子	30
花椰菜	114	樱桃	29
竹笋	113	橙	28
大葱	100	蜜橘	28
蒜苗	97	李	26
绿豆芽	85	桃	25
芋头	85	柿	20
苦瓜	70	猕猴桃	16
藕	65	葡萄	13
甘蓝	52	梨	12
胡萝卜	47	苹果	10
茄子	44	木瓜	9
番茄	23	菠萝	2

作为一种蛋白质构建模块，人体需要用赖氨酸生产肉（毒）碱，这是一种用于将脂肪酸转变为能量的物质。它还帮助钙吸收和形成胶原蛋白，是对肌肉和骨骼健康非常重要的元素。赖氨酸的主要生理功能如下：

① 通过增加胶原蛋白形成促进皮肤健康，促进身体正常生长和发育；

② 支持酶、抗体和激素等其他蛋白质的产生；

③ 通过增加钙吸收，减少骨质流失导致的骨质疏松，增强骨骼健康；

④ 帮助将脂肪酸转变成能量，有助于减肥；

⑤ 帮助降低不利健康的胆固醇水平，预防心脏病；

⑥ 可用于治疗单纯疱疹、唇疱疹、带状疱疹、生殖器疣和生殖器疱疹等人类乳头状瘤病毒（HPV）导致的感染症状；

⑦ 能减轻偏头痛和其他类型的疼痛与炎症；

⑧ 与维生素 C 等其他营养素一起摄入，能减轻与心脏病有关的胸疼（心绞痛）；

⑨ 与精氨酸等氨基酸一起摄入，能帮助构建肌肉。

若赖氨酸不足会出现恶心、疲劳、头晕、贫血和食欲不振等症状，饮食缺乏赖氨酸还会导致一些与生殖系统有关的疾病。目前还发现肾结石、甲状腺激素分泌水平低、哮喘、慢性病毒感染以及生长发育异常等健康问题与赖氨酸缺乏有关。

4. 色氨酸

色氨酸（tryptophan）是重要的神经递质五羟色胺的前体，被视为重要的营养补充剂，也被用作具有助眠效果的保健品。色氨酸能够影响脑中五羟色胺的水平，被认为可以影响情绪，适当服用有助于缓解抑郁症状。当血浆中色氨酸下降到正常值的 60% 时会引起情绪变化。然而，人们对色氨酸的敏感性也不一样，有家族或个人抑郁症史的人或正遭受慢性应激的人可能对通过饮食引起的色氨酸变化更为敏感，而健康的年轻人可能不太容易受到色氨酸变化的影响。

适当补充色氨酸对人体是有益的，富含色氨酸的食物包括火鸡、巧克力、家禽、牛奶、燕麦、各种坚果、豆类、葵花籽、乳制品、鸡蛋、糙米和海鲜等。果蔬类食物中色氨酸含量明显低于异亮氨酸、亮氨酸以及赖氨酸，富含色氨酸的果蔬种类主要包括桑葚（干）、大豆、大蒜（紫皮）、发芽豆、甜椒（脱水）和洋葱（白皮，脱水）等（表 2-25）。

表 2-25　常见园艺产品中色氨酸的含量　　　　　　　单位：mg/100g

蔬菜种类	含量	水果种类	含量
大豆	135	桑葚（干）	159
大蒜（紫皮）	123	鳄梨	21
发芽豆	120	梨	18
甜椒（脱水）	100	沙棘	18
洋葱（白皮，脱水）	98	猕猴桃	14
豌豆（带荚）	90	枣（干）	10
黄豆芽	56	樱桃	9
豌豆苗	52	草莓	9
茄子	47	葡萄	8
荠菜	45	椰子	8
油菜薹	44	苹果	7
芋头	42	蜜桃	7
竹笋	36	香蕉	6
花椰菜	36	柚子	5
菠菜	36	荔枝	5
苋菜	35	杨梅	4

蔬菜种类	含量	水果种类	含量
毛笋	30	西瓜	4
豇豆	29	蒲桃	4
韭菜	28	橄榄	4
韭菜花	28	橙	3
藕	26	蜜橘	3
绿豆芽	22	金橘	3
苦瓜	13	枇杷	2
南瓜	10	菠萝	2
胡萝卜	10	李	2
番茄	5	余甘子	2

5. 蛋氨酸

蛋氨酸（methionine），也叫甲硫氨酸，可以帮助分解脂肪，参与组成血红蛋白、组织与血清；蛋氨酸是一种含硫氨基酸，也是一种强效的抗氧化剂，可以破坏自由基，有助于保护人体免受毒性物质的侵害；蛋氨酸也有助于降低精神分裂症患者血液中的组胺水平；与胆碱、叶酸合用可以预防肿瘤；还可以促进雌激素的分泌，对口服避孕药的女性有益。这种氨基酸的其他作用还包括确保肝脏、肾脏、膀胱和动脉健康，以及维护指甲、皮肤和头发健康等。此外，它对肌肉生长也非常重要。蛋氨酸的食物来源有豆类、鱼类、蛋类、肉类、大蒜、洋葱和酸奶等。果蔬类食物中蛋氨酸的含量也明显低于异亮氨酸、亮氨酸以及赖氨酸含量，富含蛋氨酸的果蔬种类主要包括桑葚（干）、黑笋（干）、甜椒（脱水）、大豆、洋葱（白皮，脱水）和大蒜（紫皮）等（表2-26）。

表2-26　常见园艺产品中蛋氨酸的含量　　　　　单位：mg/100g

蔬菜种类	含量	水果种类	含量
黑笋（干）	126	桑葚（干）	324
甜椒（脱水）	122	柚子	45
大豆	106	枣（干）	44
洋葱（白皮，脱水）	102	鳄梨	37
大蒜（紫皮）	63	香蕉	37
豌豆苗	53	无花果（干）	25
豌豆（带荚）	46	杨梅	16
藕	39	梨	14
黄豆芽	36	桂圆	12
绿豆芽	33	沙棘	10
花椰菜	30	葡萄	9
豇豆	28	草莓	8
芥菜	28	金橘	8
蒜苗	22	蜜桃	6
毛笋	22	苹果	6
韭菜花	21	猕猴桃	6
韭菜	21	橙	6
胡萝卜	19	蜜橘	6

蔬菜种类	含量	水果种类	含量
芋头	19	荔枝	5
菠菜	18	柑橘	5
芦笋	15	枇杷	4
黄瓜	11	西瓜	4
白萝卜	11	余甘子	4
甘蓝	10	李	2
苦瓜	9	柿	2
茄子	7	甜瓜	2
番茄	6	蒲桃	1

6. 苏氨酸

苏氨酸（threonine）的主要作用是维持身体蛋白质平衡，促进人体正常生长。此外，它还具有以下生理功能：

① 与苏氨酸和半胱氨酸、赖氨酸、丙氨酸、天冬氨酸一起组成增强免疫力的营养素，有助于生长发育以及加强胸腺的活力；

② 苏氨酸可作为一种抗脂肪物质，对脂肪肝的预防也有辅助作用。人体内苏氨酸不足时，会使肝脏形成大量脂肪，并最终导致肝功能衰竭；

③ 苏氨酸能够促进人体对蛋白质的吸收利用，促进人体内抗体的生成，增强人体免疫系统功能。免疫力低下如易感冒、蛋白质吸收不良等人群可经常补充；

④ 苏氨酸是牙釉质蛋白、弹性蛋白、胶原质构成所必需的物质。

苏氨酸的食物来源包括乳制品、肉类、谷物和蔬菜等。富含苏氨酸的蔬菜种类主要包括黑笋（干）、桑葚（干）、大豆、甜椒（脱水）、发芽豆、豌豆（带荚）和豌豆苗等（表2-27），除桑葚（干）外，大部分水果中苏氨酸含量低于蔬菜。事实上，只要保持均衡的饮食，就不太可能缺乏这种氨基酸。然而，严格的素食主义者应该考虑采取适当的补充措施，因为肉类是目前为止苏氨酸最好的食物来源，而谷物中苏氨酸的含量较低。

表 2-27　常见园艺产品中苏氨酸的含量　　　　单位：mg/100g

蔬菜种类	含量	水果种类	含量
黑笋（干）	804	桑葚（干）	682
大豆	525	椰子	136
甜椒（脱水）	411	无花果（干）	103
发芽豆	351	桂圆	98
豌豆（带荚）	278	荔枝	95
豌豆苗	206	鳄梨	66
洋葱（白皮，脱水）	153	枣（干）	57
黄豆芽	141	香蕉	49
大蒜（紫皮）	126	柚子	48
苋菜	123	沙棘	42
荠菜	119	杨梅	34
菠菜	114	樱桃	29
豇豆	106	草莓	27

蔬菜种类	含量	水果种类	含量
油菜薹	104	桃	26
芋头	92	枇杷	26
花椰菜	84	猕猴桃	24
韭菜花	82	菠萝	22
韭菜	82	蜜桃	20
芥菜	81	芒果	20
苦瓜	68	李	19
蒜苗	67	金橘	19
绿豆芽	64	葡萄	18
毛笋	64	柿	16
藕	59	橙	15
大葱	58	蜜橘	15
辣椒（青、尖）	51	梨	14
甘蓝	39	西瓜	13
茭白	39	柑橘	13
芦笋	36	甜瓜	12
胡萝卜	34	苹果	11
茄子	29	木瓜	11
番茄	20	余甘子	9

7. 缬氨酸

缬氨酸（valine）是一种支链氨基酸，它的主要生理功能是：

① 刺激中枢神经系统，是适当精神运作所需要的；

② 产生能量，把多余的能量储存在血糖里，用于肌肉的组成，有助于蛋白质代谢；

③ 缬氨酸与其他两种高浓度氨基酸（异亮氨酸和亮氨酸）一起具有协同促进肌肉构成、修复受伤组织的功能。

缬氨酸的天然食物来源包括肉类、乳制品、香菇、花生和大豆等。富含缬氨酸的果蔬种类主要包括桑葚（干）、大豆、黑笋（干）、甜椒（脱水）、发芽豆、豌豆（带荚）、豌豆苗和苋菜等（表2-28）。尽管大多数人都可以从饮食中获得足够量的缬氨酸，但是缬氨酸缺乏症的案例也屡见不鲜。槭糖尿病就是无法代谢亮氨酸、异亮氨酸和缬氨酸而造成的疾病。此外，缺乏缬氨酸可能会影响覆盖神经的髓鞘，并引起神经系统病变。

表 2-28 常见园艺产品中缬氨酸的含量 　　　　单位：mg/100g

蔬菜种类	含量	水果种类	含量
大豆	601	桑葚（干）	942
黑笋（干）	540	椰子	195
甜椒（脱水）	482	无花果（干）	133
发芽豆	464	鳄梨	97
豌豆（带荚）	386	枣（干）	88
豌豆苗	239	香蕉	72
苋菜	228	沙棘	59
洋葱（白皮，脱水）	225	桂圆	47

蔬菜种类	含量	水果种类	含量
黄豆芽	199	杨梅	46
大蒜（紫皮）	177	柚子	41
荠菜	146	猕猴桃	34
油菜薹	133	樱桃	31
芥菜	130	荔枝	31
豇豆	127	草莓	29
绿豆芽	127	桃	26
菠菜	120	金橘	26
花椰菜	115	苹果	21
芋头	112	李	21
竹笋	106	梨	20
毛笋	90	蜜桃	20
韭菜花	82	橙	20
韭菜	82	蜜橘	20
大葱	77	芒果	20
蒜苗	72	西瓜	20
辣椒（青、尖）	58	葡萄	19
藕	57	柑橘	18
苦瓜	56	木瓜	17
茄子	55	柿	16
胡萝卜	54	甜瓜	14
甘蓝	53	余甘子	11
芹菜	50	菠萝	5

重体力劳动者、低蛋白质饮食者以及健美运动员可以考虑服用缬氨酸补充剂。尽管缬氨酸有单独成分的补充剂，但最好与异亮氨酸和亮氨酸一起服用，选择混合型缬氨酸补充剂更方便。应该注意的是，过量摄入缬氨酸会导致皮肤敏感，甚至产生幻觉。此外，饮食中含有太多缬氨酸还可能增加体内氨的数量，对肝、肾功能造成破坏性影响。因此，未经医生同意，肝或肾功能受损的人不应该服用缬氨酸补充品，否则有可能加剧病情。

8. 苯丙氨酸

苯丙氨酸（phenylalanine）是一种必需氨基酸，也是一种神经递质，是人工甜味剂阿斯巴甜的组成成分。它的主要生理功能是：

① 在体内被转变为去甲肾上腺素和多巴胺，可以促进觉醒、保持活力；

② 使大脑产生脑内啡，有助于减轻疼痛；

③ 参与消除肾及膀胱功能的损耗，可改善甲状腺激素和毛发、皮肤的黑色素水平；

④ 缓减饥饿，提高性欲，消除抑郁情绪，改善记忆及提高思维敏捷度。苯丙氨酸的最佳天然来源有大豆制品、奶酪、杏仁、花生、利马豆、南瓜子和芝麻等富含蛋白质的食物。富含苯丙氨酸的果蔬种类主要包括桑葚（干）、大豆、黑笋（干）、发芽豆、甜椒（脱水）、豌豆（带荚）、洋葱（白皮，脱水）、黄豆芽和苋菜等（表2-29）。

表 2-29　常见园艺产品中苯丙氨酸的含量　　　　单位：mg/100g

蔬菜种类	含量	水果种类	含量
大豆	593	桑葚（干）	797
黑笋（干）	513	椰子	180
发芽豆	417	无花果（干）	111
甜椒（脱水）	398	枣（干）	92
豌豆（带荚）	279	鳄梨	68
洋葱（白皮，脱水）	273	沙棘	50
黄豆芽	191	香蕉	46
苋菜	182	杨梅	40
豌豆苗	152	樱桃	31
大蒜（紫皮）	145	桃	25
荠菜	112	草莓	22
绿豆芽	110	桂圆	22
菠菜	108	金橘	21
芋头	108	葡萄	20
豇豆	106	芒果	20
芥菜	95	枇杷	20
韭菜花	94	木瓜	19
韭菜	94	猕猴桃	18
竹笋	79	荔枝	18
油菜薹	76	柚子	17
花椰菜	73	橙	17
大葱	73	蜜橘	17
毛笋	67	蜜桃	15
蒜苗	62	柑橘	15
苦瓜	60	梨	14
茄子	52	柿	14
辣椒（青、尖）	50	西瓜	14
茭白	48	李	12
甘蓝	35	苹果	11
藕	33	甜瓜	11
胡萝卜	29	余甘子	8
芦笋	24	海棠果	7
番茄	20	白金瓜	7

（二）非必需氨基酸

丙氨酸（alanine）是一种可以帮助身体把葡萄糖转变为能量的非必需氨基酸。在身体运动时丙氨酸还具有帮助肝脏排除毒素的作用，但体内丙氨酸太多就有导致慢性疲劳的可能。很多食品包含不同数量的丙氨酸，鱼、红肉、猪肉、鸡蛋和家禽是丙氨酸很好的食物来源。此外，鳄梨也是深受人们喜爱的丙氨酸来源之一。

精氨酸（arginine）对细胞分裂、免疫系统功能、伤口愈合和释放激素非常重要。它帮助激活大脑中的生长激素，并有维持高精子数量的作用。坚果、糙米、葡萄干和巧克力等食品中包含精氨酸。

天冬氨酸（asparagine）有帮助神经系统维持适当情绪的作用，还有助于预防对声音和触觉的过度敏感。体内天冬氨酸含量过低会导致大脑受损，并引起神经系统和肝脏问题。天冬氨酸的饮食来源包括海鲜、家禽、鸡蛋、牛肉、乳制品和奶酪等。很多植物也包含天冬氨酸，如芦笋、马铃薯、小麦、燕麦、豆类以及坚果等。人体自身合成加上饮食摄入，通常可以获得足量的天冬氨酸。

半胱氨酸（cysteine）有助于保持指甲、皮肤和头发健康。含有半胱氨酸的植物食品包括花椰菜、燕麦、洋葱和大蒜等。

谷氨酸（glutamate）有助于保持大脑健康，促进脱氧核糖核酸（DNA）和核糖核酸（RNA）形成；谷氨酸也有助于维护记忆力、保护心理功能和减轻疲劳。其食物来源包括乳制品、家禽和肉类食品等。

甘氨酸（glycine）的主要作用是帮助创建肌肉组织，并把血糖转换成能量。此外，它还有保护中枢神经系统和消化系统健康等重要作用。甘氨酸的食物来源包括鱼类、肉类、豆类、牛奶和奶酪等高蛋白质食物。

谷氨酰胺（glutamine）是一种存在于血液中的氨基酸。这种氨基酸的作用包括摆脱体内过剩的氨，建立免疫系统，保持大脑健康和加强消化功能。它也被用于促进伤口愈合，保护胃肠道，防止肌肉质量损失，抑制食欲以及癌症康复等。大多数人可以从食物中获得足量的谷氨酰胺，其食物来源包括奶制品、豆腐、鸡蛋、肉类、豆类和花生等。

组氨酸（histidine）也是非必需氨基酸的一种，是婴儿生长发育所必需的。它释放组胺抗击过敏反应，并合成红细胞和白细胞。大米、鱼和肉类食品中含有组氨酸。

丝氨酸（serine）的作用包括帮助身体形成生产细胞需要的磷脂，它还参与脂肪和脂肪酸代谢，肌肉形成和维持健康的免疫系统等。此外，用于形成大脑以及保护覆盖神经髓鞘的蛋白质也包含丝氨酸。没有丝氨酸，髓鞘就会受损，并导致大脑和神经末梢之间信息传递的效率不佳，最终造成心理功能短路。丝氨酸的天然食物来源包括肉类、大豆食品、乳制品、麦麸和花生等。

酪氨酸（tyrosine）具有调节情绪、刺激神经系统的作用，还有助于加快身体新陈代谢，治疗慢性疲劳等疾病。人体需要足够的酪氨酸生产许多重要的大脑化学物质，以便于帮助调节食欲、疼痛敏感性和人体对压力的反应。正常的甲状腺、垂体和肾上腺功能也需要酪氨酸。酪氨酸水平低可能导致甲状腺功能衰退、低血压、慢性疲劳以及新陈代谢缓慢等问题。人体中苯丙氨酸可以转化为酪氨酸，因此可以从某些食品中获得苯丙氨酸从而间接补充酪氨酸，如杏仁、鳄梨、香蕉、奶制品和豆类等。

脯氨酸（proline）是身体生产胶原蛋白和软骨所需的氨基酸。它有助于保持肌肉和关节灵活，并有防止因暴露在紫外线下或正常老化而导致的皮肤下垂和起皱的作用。脯氨酸最好的天然食物来源包括肉类、奶制品和鸡蛋等。

五、蛋白质的参考摄入量

世界各个国家的蛋白质参考摄入量不尽相同，甚至差别较大，都是建立在本国的人体代谢实验基础之上并参考 FAO、WHO、联合国大学（UNU）数值提出的。根据《中国居民膳食营养素参考摄入量表（DRIs）2000 版》中对 18～45 岁人群的蛋白质摄入建议（男性体重参考值为 63kg，女性体重参考值为 53kg），极轻劳动者每日摄入量为：男性 70g，女性 65g；轻劳动者：男性 80g，女性 70g；中劳动者：男性 90g，女性 80g；重劳动者：男性 100g，女性 90g。根据最新的《中国居民营养与慢性病状况报告（2020 年）》，我国居民膳食能量和宏量营养素摄入充足，优质蛋白摄入不断增加，成人平均身高继续增长，青少年儿童生长发育水平持续改善，6 岁以下儿童生长迟缓率、低体重率均已实现 2020 年国家规划目标，特别是农村儿童生长迟缓问题已经得到根本改善。

第五节　脂　类

植物中的脂肪酸（fatty acids）主要以结合态形式存在，如脂肪和磷脂。这些脂类化合物是生物膜的重要组成成分，在高等植物叶中的含量约为 7%（干基）。很多植物籽或果实中也存在大量脂类化合物，主要作为植物发芽的一种贮藏能量。植物籽油，如橄榄油、棕榈油、椰子油、大豆油、向日葵籽油、菜籽油及花生油已被广泛开发，用作食用油脂。与动物油脂不同，植物油脂富含不饱和脂肪酸，且其中至少一种不饱和脂肪酸是人体必需的营养素。

脂类化合物通常分三类，即中性甘油酯、极性的磷脂以及含糖的糖脂类，每一类中因其存在的脂肪酸残基不同，结构都会有所差异。

一、中性甘油酯

中性甘油酯通常指由甘油和脂肪酸（包括饱和脂肪酸和不饱和脂肪酸）经酯化所生成的酯类。根据分子所含脂肪酸分子的数目可分为甘油一酸酯 $C_3H_5(OH)_2(OCOR)$、甘油二酸酯 $C_3H_5(OH)(OCOR)_2$ 和甘油三酸酯 $C_3H_5(OCOR)_3$，其中最重要的是甘油三酸酯（甘油三酯）。高碳数脂肪酸（俗称高级脂肪酸）的甘油酯是天然油脂的主要成分。如果甘油分子中的三个位点存在同一种脂肪酸，那该甘油酯就是较简单的化合物，不过植物中更多的是混合甘油酯，即甘油的三个位点存在不同的脂肪酸（图 2-4）。

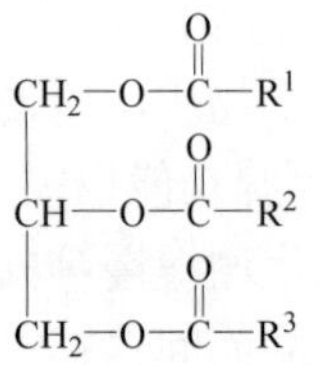

图 2-4　植物中混合甘油三酯的结构式
R^1、R^2 和 R^3 表示不同的基团

脂肪酸的不同是中性甘油酯结构差异的主要原因。脂肪酸是指一端含有一个羧基的脂肪族碳氢链，根据碳链长度的不同又可将其分为：短链脂肪酸，其碳链上的碳原子数小于 6，也称作挥发性脂肪酸；中链脂肪酸，其碳链上碳原子数为 6～12，主要有辛酸（C8）和癸酸（C10）；长链脂肪酸，其碳链上碳原子数大于 12。食物所含的大多是长链脂肪酸，最常见的是 C16 或 C18 的脂肪酸。脂肪酸根据碳氢链饱和与不饱和的不同可分为 3 类，即：饱和脂肪酸，碳氢上没有不饱和键；单不饱和脂肪酸，其碳氢链有一个不饱和键；多不饱和脂肪酸，其碳氢链有两个或两个以上不饱和键。

C16 或 C18 不饱和脂肪酸广泛分布于叶子和籽油中，常见的不饱和脂肪酸见图 2-5。油酸（C18:1）的含量在不同的植物油中变化较大，茶油中可高达 83%，花生油中达 54%，橄榄油中达 55%～83%，而椰子油中则只有 5%～6%。双不饱和键的亚油酸（C18:2）经常伴随油酸存在，在有些植物油中含量较高，占红花籽油的总脂肪酸的 76%～83%，占核桃油、棉籽油、向日葵种子油和芝麻油的总脂肪酸的 40%～60%，占花生油、橄榄油的总脂肪酸的 25% 左右。亚麻酸（C18:3）即全顺式 9，12，15 十八碳三烯酸，在一般的植物中含量较少，亚麻籽油是世界上 α-亚麻酸含量最高的植物油，含量为 51%～65%，此外，白苏籽、紫苏籽、火麻仁、核桃、蚕蛹和深海鱼等食物中含较丰富的 α-亚麻酸及其衍生物。

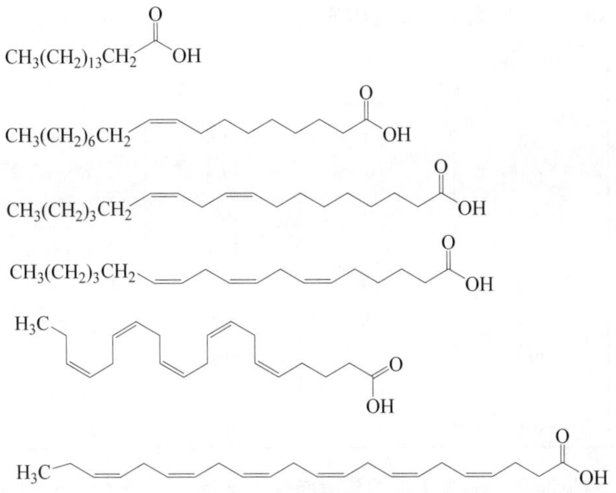

(a) 棕榈酸

(b) 油酸

(c) 亚油酸

(d) 亚麻酸

(e) 二十碳五烯酸

(f) 二十二碳六烯酸

图 2-5 常见不饱和脂肪酸的结构式

在营养学中把脂肪酸分为非必需脂肪酸和必需脂肪酸。非必需脂肪酸是机体可以自行合成，不必依靠食物供应的脂肪酸，它包括饱和脂肪酸和一些单不饱和脂肪酸。而必需脂肪酸为人体健康和生命所必需，但机体自己不能合成，必须依赖食物供应，它们都是不饱和脂肪酸。必需脂肪酸不仅是营养所必需的，而且与儿童生长发育和健康成长有关，更有降血脂、防治冠心病等作用，且与智力发育、记忆等生理功能有一定关系。必需脂肪酸又分成α-亚麻酸类（omega-3）和亚油酸类（omega-6）两个家族。omega-3 和 omega-6 不饱和脂肪酸因其分子中距羧基最远端的双键分别在倒数第 3 和第 6 个碳原子上而得名。omega-6 不饱和脂肪酸的双键数目（2～4 个）少于同样长度的 omega-3 不饱和脂肪酸的双键数目（3～6 个）。

坚果含有丰富的油脂，澳洲坚果、美国山核桃、核桃和榛子的油脂含量可达 60%以上。不同种类的坚果中不饱和脂肪酸的比例有较大差异，澳洲坚果、美国山核桃、榛子、扁桃等以单不饱和脂肪酸为主，而核桃则以多不饱和脂肪酸为主；大部分坚果以 omega-6 多不饱和脂肪酸为主，也有一定含量的 omega-3；不同坚果 omega-3 的比例有较大差异，其中以美国山核桃 omega-3 的比例最高（表 2-30）。其他的园艺作物油脂含量较坚果低，不同水果两种不饱和脂肪酸的含量有较大的差异（表 2-31）。植物的种子如大豆、玉米、蚕豆和豌豆含有较丰富的不饱和脂肪酸，其中每 100g 鲜重的大豆中 omega-3 和 omega-6 的含量分别达 376mg 和 2823mg。蔬菜中羽衣甘蓝含有的两种不饱和脂肪酸的含量最高，分别为 180mg 和 138mg，大蒜、姜、菊苣、豇豆、胡萝卜、韭菜和菠菜不饱和脂肪酸的含量也较高，马铃薯、秋葵和洋葱等的含量则较低；在果实中以鳄梨的不饱和脂肪酸含量最高，每 100g 鲜重 omega-3 和 omega-6 含量分别达 110mg 和 1689mg，油橄榄、鹅莓、番石榴、金橘、无花果和草莓的含量也较高，而苹果、葡萄、甜樱桃、芒果、菠萝和葡萄柚等的含量则较低。

园艺产品中的一些多不饱和脂肪酸不仅是重要的营养物质，还具有诸多生理功能。其中，最为突出的是 omega-3 系多不饱和脂肪酸。omega-3 脂肪酸家族成员主要为α-亚麻酸、二十碳五烯酸（EPA，俗称脑白金）和二十二碳六烯酸（DHA，俗称脑黄金）。α-亚麻酸进入人体后，在脱氢酶和碳链延长酶的催化下，转化成 EPA 和 DHA 才会被吸收。omega-3 脂肪酸能促进甘油三酯的降低，有益心脏健康，有益于心血管类疾病、类风湿关节炎、抑郁和其他疾病的治疗。

表 2-30　常见坚果中油脂各组分的含量　　　　　　单位：g/100g（FW）

种类	总脂肪	饱和脂肪	单不饱和	多不饱和	Omega-3	Omega-6
澳洲坚果	75.8	12.1	58.9	1.5	0.206	1.296
美国山核桃	72	6.2	40.8	21.6	0.986	20.630
核桃	65.2	6.1	8.9	47.2	0.908	38.092
榛子	60.7	4.5	45.7	7.9	0.087	7.832
扁桃（大杏仁）	49.4	3.7	30.9	12.1	0.006	12.065
阿月浑子	44.4	5.4	23.3	13.5	0.254	13.200
腰果	43.8	7.8	23.8	7.8	0.062	7.782
椰子	35.5	29.7	1.4	0.4	—	0.366
银杏（白果）	1.7	0.3	0.6	0.6	0.021	0.578
板栗	1.1	0.2	0.6	0.3	0.028	0.258

表 2-31　常见园艺产品中多不饱和脂肪酸的含量　　　　单位：mg/100g（FW）

蔬菜种类	Omega-3	Omega-6	水果种类	Omega-3	Omega-6
大豆	376	2823	鳄梨	110	1689
玉米	16	542	油橄榄	41	544
蚕豆	30	312	鹅莓	46	271
豌豆	30	152	番石榴	112	288
大蒜	20	229	金橘	47	124
羽衣甘蓝	180	138	无花果	—	144
姜	34	120	草莓	65	90
花椰菜	129	39	桃子	2	84
菊苣	19	112	枇杷	13	77
豇豆	60	87	杏	—	77
胡萝卜	2	115	荔枝	65	67
韭菜	99	67	树菠萝	24	63
菠菜	138	26	香蕉	26	47
番茄	4	80	苹果	9	43
青椒	8	54	葡萄	11	37
小白菜	55	42	甜樱桃	26	27
马铃薯	10	32	芒果	37	14
秋葵	1	26	菠萝	17	23
洋葱	4	13	葡萄柚	5	19
南瓜	2	3	甜橙	7	18

二、磷脂

磷脂（phospholipid），也称磷脂类、磷脂质，是指含有磷酸的脂类，属于复合脂。磷脂是组成生物膜的主要成分，分为甘油磷脂与鞘磷脂两大类，分别由甘油和鞘氨醇构成。磷脂为两性分子，一端为亲水的含氮或磷的头，另一端为疏水（亲油）的长烃基链。因此，磷脂分子亲水端相互靠近，疏水端相互靠近，常与蛋白质、糖脂、胆固醇等其他分子共同构成脂双分子层，即细胞膜的结构。

磷酸甘油酯（phosphoglycerides）主链为甘油-3-磷酸，甘油分子中的另外两个羟基都被脂肪酸所酯化，磷酸基团又可被各种结构不同的小分子化合物酯化后形成各种磷酸甘油酯。

常见的磷脂类有磷脂酰胆碱（卵磷脂）、磷脂酰乙醇胺（脑磷脂）、磷脂酰丝氨酸、二磷脂酰甘油（心磷脂）及磷脂酰肌醇等（图 2-6）。

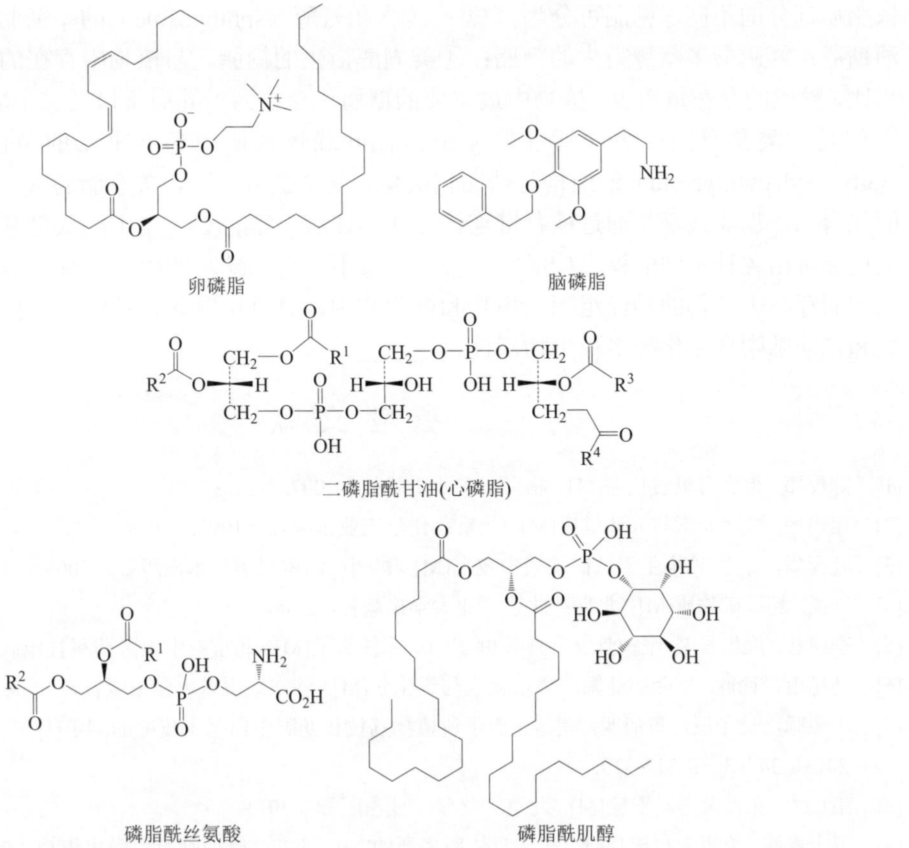

卵磷脂

脑磷脂

二磷脂酰甘油(心磷脂)

磷脂酰丝氨酸

磷脂酰肌醇

图 2-6　常见磷脂的结构式

磷酸甘油酯是生物膜的组成成分，因此生物都含有一定的磷脂。植物中磷脂主要存在于油料种子中，毛油中磷脂含量以大豆毛油含量最高，所以大豆磷脂是最重要的植物磷脂来源。大豆、玉米、菜籽、花生、葵花籽、核桃、澳洲坚果和杏仁等作物种子中含有较丰富的卵磷脂和脑磷脂，其中对大豆磷脂组分的研究较多，除了卵磷脂和脑磷脂外还有一定含量的磷脂酰丝氨酸和磷脂酰甘油。

鞘磷脂（sphingomyelin）是一种由神经酰胺的 C-1 羟基上连接了磷酸胆碱（或磷酸乙醇胺）构成的鞘脂。以软脂酸及丝氨酸为原料先合成鞘氨醇后，再与脂酰 CoA 和磷酸胆碱合成。鞘磷脂存在于大多数哺乳动物细胞的质膜内，是髓鞘的主要成分。高等动物组织中鞘磷脂的含量较丰富，而植物组织中则很少检测到。

磷脂是生命的基础物质，在人体各部位和各器官中有着相应的功能。概括来讲，磷脂的基本功能是：增强脑力，安定神经，平衡内分泌，提高免疫力和再生力，解毒利尿，清洁血液，健美肌肤，保持年轻以及延缓衰老。其中生理活性最突出的是卵磷脂，其最引人注目的功能是作为胆碱以及花生四烯的供给源，可从大豆中提取获得。早在 20 世纪 70 年代初，就出现大豆磷脂的医药产品，用于治疗粥样动脉硬化、高血压及高胆固醇血症等。

三、糖脂

糖脂是指含有糖基配体的脂类化合物。糖脂是一类两亲性分子，在生物体内广泛存在。依脂质部分的不同，糖脂可分为 4 类：①含鞘氨醇（sphingosine）的鞘糖脂；②含油脂的甘油糖脂；③磷酸多萜醇衍生的糖脂；④类固醇衍生的糖脂。与植物中存在的大量磷脂化合物相比，糖脂的存在量较少。植物中最主要的糖脂化合物为半乳糖基以及二半乳糖基二甘油酯，它们是一类具有高度表面活性的分子，在叶绿体代谢中起着重要的角色。糖基酰甘油（glycosylacylglycerid）的结构与磷脂相类似，是主链为甘油，含有脂肪酸，但不含磷及胆碱的化合物，糖类残基是通过糖苷键连接在 1,2-甘油二酯的 C-3 位上构成糖基甘油酯分子。这类糖脂可由各种不同的糖类构成它的极性头，不仅二酰基油脂，也有 1-酰基的同类物。甘油糖脂存在于动物的神经组织、植物和微生物中，具有抗氧化、抗病毒、抗菌、抗肿瘤、抗炎和抗动脉粥样硬化等多种生物活性。

参 考 文 献

[1] 陈俊伟. 果实有机酸代谢[M]. 北京：农业出版社，2007.

[2] 迟锡增. 微量元素与人体健康[M]. 北京：化学工业出版社，1997.

[3] 杜冠华，李学军.维生素及矿物质白皮书[M]. 郑州：河南科学技术出版社，2003.

[4] 李晶. 超级矿物质[M]. 北京：北京工业大学出版社，2006.

[5] 李树壮. 维生素 K_2 维护骨骼和血管健康的革命性贡献[M]. 北京：中国医药科技出版社，2013.

[6] 马昆山，徐欣. 生命的能源：微量元素与维生素[M]. 济南：山东大学出版社，2008.

[7] 王惠聪，吴子辰，黄旭明，等. 无患子科植物荔枝和龙眼中白坚木皮醇的测定[J]. 华南农业大学学报，2013，34（3）：315-319.

[8] 王仁才. 果蔬营养与健康[M]. 北京：化学工业出版社，2013.

[9] 五十岚修. 维生素与矿物质——你身体所需要的[M]. 西安：陕西师范大学出版社，2007.

[10] 杨克敌. 微量元素与健康[M]. 北京：科学出版社，2003.

[11] 杨晓光，杨丽琛. 营养素参考摄入量国内研究进展[C]//中国营养学研究发展报告研讨会论文集，2015.

[12] 中国营养学会. 中国居民膳食指南（2016）[M]. 北京：人民卫生出版社，2016.

[13] Rennie E A，Turgeon R. A comprehensive picture of phloem loading strategies[J].Proc Natl Acad Sci USA，2009，106（33）：14162-14167.

[14] Verde Méndez C M，Rodríguez Rodríguez E M，Díaz Romero C，et al.Vitamin C and organic acid contents in Spanish "Gazpacho" soup related to the vegetables used for its elaboration process[J].CyTA -Journal of Food，2011，9（1）：71-76.

[15] World Health Organization. Vitamin and mineral requirements in human nutrition[M]. Second edition. Bangkok：report of a joint FAO/WHO expert consultation，2004.

第三章
园艺产品中的生物活性物质

园艺产品中含有大量的生物活性物质，这些物质不仅在植物本身的防御和生理调节中发挥功能，而且在增进人类的健康和降低疾病风险上起关键性作用。随着人们健康意识的不断提高，对植物来源的诸多生物活性物质的重要性的认识也不断深入。迄今为止，已有大量流行病学研究表明，摄食水果和蔬菜可降低癌症和心血管疾病等慢性病的发生率；同时，通过对膳食来源的诸多植物化学组分进行功能分析，也发现一些生物活性物质具有改善人类健康的功效。本章在对植物来源的生物活性物质进行分类概述的基础上，重点对园艺植物来源的目前已经明确的一些生物活性物质进行介绍，主要介绍其结构和种类、理化性质、在园艺产品中的分布及含量、生理功能、安全性及可能的副作用和开发应用等方面。

第一节　植物生物活性物质的种类

植物中生物活性物质的数量繁多，以酚类化合物为例，已经鉴定了6000多种，其中属于类黄酮的就达2000多种。目前，根据生物活性物质的结构及其与功能的相关性，可以把植物来源的生物活性物质主要分为以下五类：酚类化合物、萜类化合物、碳水化合物及磷脂、含氮化合物（生物碱除外）和生物碱类。

一、酚类化合物

（一）概述

酚类化合物（phenolic compounds）是指芳香烃苯环上的氢原子被羟基取代所生成的化合物，是一大类植物次生代谢产物，广泛分布于所有可食用植物中，如每日饮食的果蔬、谷物、茶和咖啡等，并且多分布于植物接受阳光较多的部位。植物酚类物质来源于莽草酸途径、醋酸-丙二酸途径或两者的结合，通常分为类黄酮（flavonoids）和非类黄酮（non-flavonoids）。非类黄酮包括酚醇、酚酸和衍生物［如羟基苯甲酸（hydroxybenzoic）和羟基苯丙酸（hydroxycinnamic）及其酯类］、芪类（stilbenes）和木脂素（lignans）。类黄酮又可分为黄烷类（flavanes）、黄酮（flavones）、黄酮醇（flavonols）、黄烷酮类（flavanones，如二氢黄酮）、黄烷酮醇类（flavanonols）或二氢黄酮醇（dihydroflavonols）、花色苷类（anthocyanins）、异黄酮类（isoflavones）和查尔酮（chalcones）化合物（图 3-1）。其他酚类群体还有天然醌类（quinones）（如苯醌、萘醌和蒽醌类）、氧杂蒽酮（xanthones）、橙酮（aurones）、木质素（lignins）和褐藻多酚（phlorotannins）等。

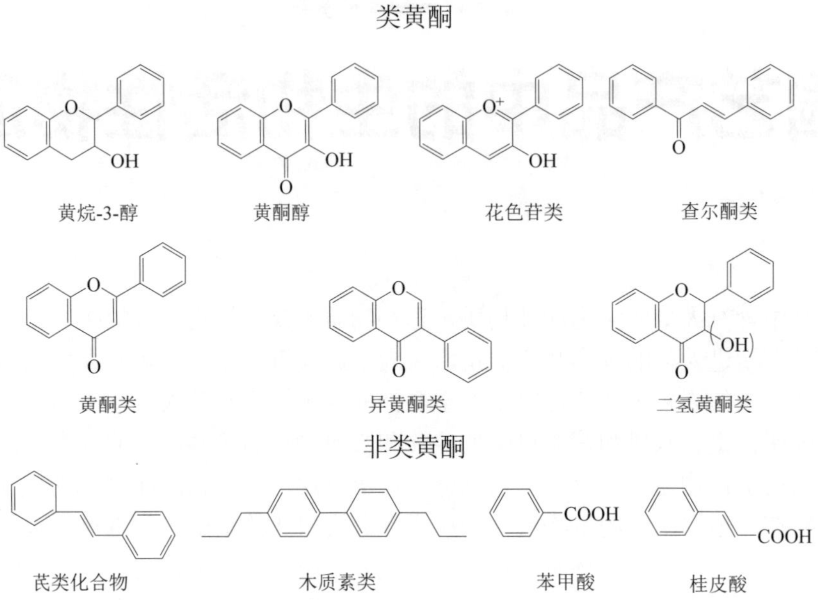

图 3-1   主要酚类化合物的基本结构

自然状态下，酚类化合物可能以自由形式存在，也可能是糖基化、异戊烯基化或酰基化衍生物。在植物组织和食物中，酚酸常与葡萄糖或奎尼酸等多元醇结合，而大多数类黄酮（除了主要以苷元形式存在的黄烷-3-醇）、木脂素和芪类通常以糖苷形式存在。一些酚类化合物也以聚合结构存在，如鞣质，它可分为两类：缩合鞣质和可水解鞣质，其中，缩合鞣质（也称为原花青素）是一种黄烷-3-醇单元的聚合物；可水解鞣质是由多元醇与至少一个没食子酸（没食子单宁）或一个六羟基联苯甲酸（鞣花单宁）连接而成。此外，在食品和饮料加工、贮藏过程中形成的一些酚类衍生物，由于其结构以及对食品中酚类化合物的感官和功能特性的贡献，也可以作为新的酚类类别，如黑茶中的黄烷醇衍生物茶红素和茶黄素；或花色苷衍生色素，如红酒或果酱等水果衍生产品中形成的吡喃花色苷和黄烷醇-花色苷缩合色素。

（二）生理功能

酚类化合物广泛存在于高等植物中，在植物对生物和非生物胁迫的自然抗性中发挥重要作用，有助于维持植物的结构完整性、防御紫外线和植物细胞信号的内部调节；可作为趋化因子，是植物与昆虫和微生物沟通的化学调节剂；也可作为植物抗毒素，抵御病原菌和草食动物。许多植物性食品和衍生产品中富含酚类化合物，它们是这些产品的感官和健康属性的重要贡献者。

最初，人们观察到黄酮类和黄酮醇类的摄入与冠心病发生风险的降低有关，进一步研究发现，其他慢性病发病风险的降低与不同酚类（特别是不同的类黄酮和木脂素）的摄入也有关联。近年来，越来越多的流行病学研究指出，类黄酮和其他酚类化合物的膳食摄入量与多种退行性疾病的发病率和死亡率之间存在负相关联，这类化合物因此得到了人们的广泛关注。科学界开展了大量涉及心血管疾病、Ⅱ型糖尿病、某些类型的癌症，以及认知能力下降和神经退行性疾病如阿尔茨海默病和帕金森病等的研究。

如今，酚类化合物被认为在一定程度上是富含水果和蔬菜的饮食产生健康保护作用的原因。尽管如此，流行病学研究提供的证据仍不足以证明酚类的摄入对健康有无可争议的积极影响，特别是在长期饮食摄入方面。现有的关于酚类化合物的生物活性和作用的信息大多来自体外、间接体内和动物研究，而直接在人体中获得的数据仍然稀缺，人体干预研究也通常受限于人数较少的短期试验，且常使用补充多酚制剂或纯化合物的方式。事实上，评估膳食多酚的影响是很难的，而且结论可能会有偏差，因为多酚的来源（水果和蔬菜）也富含其他被认为对健康有益的成分，如维生素、矿物质、膳食纤维和抗氧化剂。一方面，缺乏适当的对照群体、对食品和饮料中植物化学成分的认识不足，是流行病学和人体干预研究中常见的局限性。因此，为了评估多酚在预防人类疾病方面的明确作用，需要进行具有适当对照的长期、随机、可控的饮食干预试验。另一方面，关于年龄、遗传或肠道菌群对多酚的生物利用度的影响，目前还缺乏足够的认识。此外，多酚的生物有效性高度依赖于食品基质和食品制备方式，如多酚可以结合到膳食纤维（如半纤维素）上，降低其在上消化道摄入后吸收的有效性，从而增加到达结肠的比例，然后在细菌的作用下被释放。为了明确决定酚类在体内活性的化合物和代谢物，以及帮助定义酚类摄入的适当的生物标记物，需要对以上所有方面开展进一步的研究。

二、萜类化合物

（一）概述

萜类化合物（terpenoids）是一类在自然界广泛存在、种类繁多、骨架庞杂且具有多种生物活性的重要的天然化合物。该类化合物以异戊二烯单元为基本骨架，通式为 $(C_5H_8)_n$。根据化合物中含有异戊二烯单元的个数分为单萜（C_{10}）、倍半萜（C_{15}）、二萜（C_{20}）、二倍半萜（C_{25}）、三萜（C_{30}）、四萜（C_{40}）和多萜（C 原子数大于 40）。各类化合物再根据结构中有无碳环和碳环的数量进一步分为链状萜、单环萜、双萜、三环萜等。萜类多数是含氧衍生物，所以萜类化合物又可分为醇、醛、酮、羧酸、酯及苷等。

萜类化合物在植物界分布较为广泛，据不完全统计，种类已超过了 22000 种，主要分布于裸子植物、被子植物及海洋生物中，藻类、菌类、地衣类、苔藓类和蕨类植物中也有存在。单萜和倍半萜是构成挥发油的主要成分，是香料和医疗工业的重要原料，其中，单萜主要存在于唇形科、伞形科、菊科和松科等植物的腺体、油室等分泌组织内；倍半萜集中分布于木兰目、芸香目和菊目中，是萜类化合物中种类最多的一类。此外，二萜是形成树脂的主要成分，多分布于五加科、马兜铃科、菊科、橄榄科、杜鹃花科、豆科和唇形科；二倍半萜分布在羊齿植物、植物病原菌、海洋生物海绵、地衣和昆虫分泌物中，是萜类家族中发现较晚、种类最少的一员。三萜是构成植物皂苷、树脂的重要物质，在石竹科、五加科、豆科、七叶树科、远志科、桔梗科、玄参科等植物中分布最为普遍，许多重要的中草药如人参、柴胡和黄芪等均含有此类化合物。四萜主要是一些脂溶性色素，一般为红色、橙色或黄色结晶（表 3-1）。

表 3-1　几种萜类的代表性物质

种类	代表性物质
单萜	月桂烯、香茅醇、柠檬醛、薄荷醇、d-柠檬烯、α-蒎烯、龙脑
倍半萜	吉马酮、青蒿素
二萜	紫杉醇、穿心莲内酯、雷公藤甲素、甜菊苷
二倍半萜	呋喃海绵素-3、蛇孢假壳素 A
三萜	角鲨烯、葫芦苦素、柠檬苦素、雷公藤红素
四萜	类胡萝卜素

（二）生理功能

萜类化合物具有广泛的生物活性和重要的药用价值，在防癌抗癌、抗衰老、抗炎症和增强人体免疫力等方面具有显著功效，受到国内外学者的广泛关注。

1. 抗肿瘤活性

萜类物质可以抑制多种肿瘤细胞的迁移和黏附，有效减少肿瘤的转移；可以通过调控 p53 抑癌基因、核转录因子 kappa-B（nuclear factor kappa-B，NF-κB），以及信号传导及转录激活因子（signal transducer and activator of transcription，STAT）等多种细胞信号通路，发挥抗肿瘤活性；可以通过诱导细胞凋亡、抑制肿瘤细胞增殖、调控肿瘤细胞周期、促进肿瘤细胞自噬，以及抑制微管形成等达到抑制肿瘤活性的目的。五环三萜类化合物桦木酸可以降低基质金属蛋白酶（MMPs）的表达并增加 MMPs 抑制剂（TIMP-2）的表达，显著抑制结直肠癌细胞的迁移和侵袭，从而起到抗肿瘤作用。木香烃内酯能在子宫内膜癌 11Z 细胞株中通过抑制 NF-κB 激活，进而抑制癌细胞增殖。

2. 抗炎作用

炎症反应的产生多通过机体内几个重要的信号通路诱导与炎症相关的基因转录而发生，常见的炎症信号通路有 NF-κB、丝裂原活化蛋白激酶（mitogen-activated protein kinase，MAPK）和 STAT 等，萜类化合物能够通过以上通路实现抗炎作用。从广藿香（Pogostemon cablin）油中分离得到的一种三环倍半萜（β-patchoulene，β-PAE）能呈剂量依赖性地抑制二甲苯诱导的小鼠耳肿胀、角叉菜胶诱导的小鼠足肿胀及醋酸诱导的血管通透性。进一步研究发现，β-PAE 的抗炎机制可能是通过抑制 NF-κB 通路的激活及抗氧化作用，调节促炎性因子产生而实现。此外，萜类物质还通过作用于炎症介质，以及炎症相关诱导酶而发挥抗炎功效。

3. 调节神经系统

萜类物质在神经系统调节中也发挥着重要作用，主要通过调控效果信号通路、神经炎性反应来实现。神经退行性疾病的发展也与炎性介质的产生及神经炎性反应密切相关。神经炎症过程一旦被激活，就会产生大量有神经毒性的物质，包括 ROS、NO、细胞因子和其他炎症介质，促进神经退行性疾病的发展。羽扇豆醇可通过激活 P38-MAPK 和 JNK 通路，发挥对脂多糖诱导的神经炎症的保护作用，具有治疗各种神经炎症疾病的潜在功效。

4. 保肝护肝活性

萜类物质能够通过调控相关信号通路、减缓肝脏脂质过氧化和调节相关酶活来保护肝脏。

NF-κB 信号通路在免疫和炎症的多种细胞因子的快速诱导方面发挥重要功能。在 toll 样受体（toll-like receptor，TLR）信号通路相关元件中，白细胞介素-1 受体相关激酶（IL-1 receptor-associated kinasc，IRAK）在抗病原反应、炎症和自身免疫性疾病中起着重要作用，而 IRAK 的结构域对于通过 NF-κB 介导的炎性信号是必要的。羽扇豆醇可通过抑制 IRAK 介导的 TLR4 信号通路来抑制炎性细胞因子，减轻 D-半乳糖胺/脂多糖诱导的大鼠肝损伤，提高大鼠的存活率。

5. 抗糖尿病作用

萜类物质对糖尿病及其并发症有一定的治疗作用，主要作用机制有：调节胰岛素信号通路、激活过氧化物酶体增殖物激活受体γ（peroxisome proliferators activated receptor γ，PPARγ）活性、改善胰岛功能、促进葡萄糖的利用、抑制 α-葡萄糖苷酶活性等。萜类物质具有显著的抗 II 型糖尿病的作用，能够明显降低 II 型糖尿病患者的血糖、血脂水平，升高血清胰岛素水平，提高胰岛素敏感指数，其作用机理可能是通过激活 PPARγ，增加 PPARγ蛋白表达，从而发挥功效。

6. 抗衰老作用

植物精油具有抗氧化与清除自由基、调节机体免疫、调控神经退行性疾病、防治心脑血管疾病、防治骨关节炎及抗癌等多种功效，目前已在食品、临床护理、医药保健、日化产品等领域应用。

此外，萜类化合物还具有抗菌活性。植物精油能降解细菌细胞壁，破坏细胞膜蛋白质结构，导致细胞质凝聚，减弱质子运动力，从而杀灭细菌，其中植物精油萜类化学结构中羰基官能团的存在能增强植物精油的抗菌活性。

三、碳水化合物及磷脂

碳水化合物以及磷脂（phospholipids）化合物是植物常见的能量贮藏形式，可从果实、块茎、根以及种子等植物器官中大量获得。作为能量贮藏的碳水化合物（糖类）主要为低聚糖或多糖，而糖醇类的代谢不经过胰岛素，但也可以为机体提供一些能量。基于脂肪酸的磷脂是坚果以及种子的一种能量贮藏形式；磷脂化合物也是细胞的构成单元，如作为膜的组成单元。脂肪酸经脱羧反应形成长链的烃类化合物，是构成植物表层蜡质的主要成分。

（一）糖类

1. 概述

糖类（saccharides）是四大类生物大分子之一，是地球上数量最多的一类有机化合物，广泛存在于生物界，特别是植物界。糖类物质按干重计占植物的 85%~90%，占细菌的 10%~30%，占动物的小于 2%。现代分子水平的生物学研究显示，糖已不仅仅是生物体的结构材料（如纤维素、半纤维素、果胶、壳聚糖等）、能量储备形式（如淀粉等）及可转变为其他生物物质（如氨基酸、核苷酸、脂肪酸等），而且还是高密度的信息载体，是细胞识别（包括免疫保护、代谢调控、癌变、衰老等）的信息分子。

糖类是多羟基醛或多羟基酮及其衍生物、聚合物的总称，因多数具有 $C_x(H_2O)_y$ 的通式，故习惯上又称为碳水化合物。根据是否能水解和水解后生成单糖的数目，糖类化合物可分为单糖、低聚糖和多糖三类。

（1）单糖　单糖是糖类物质的最小单位，也是构成糖类及其衍生物的基本单位，迄今为止已发现的天然单糖有 200 多种，常见的有 10 余种。大多数单糖在生物体内呈结合状态，仅葡萄糖和果糖等少数单糖以游离状态存在。根据分子中所含的碳原子数目，单糖可分为丙糖（三碳糖）、丁糖（四碳糖）、戊糖（五碳糖）、己糖（六碳糖）、庚糖（七碳糖）及辛糖（八碳糖）等，其中以戊糖、己糖为数最多、最重要。根据构造，单糖又可分为醛糖和酮糖，多羟基醛称为醛糖，多羟基酮称为酮糖。

单糖分子结构中部分基团发生增减变化形成的化合物称为单糖衍生物。常见的单糖衍生物有糖磷酸、脱氧糖、氨基糖和糖醛酸。

（2）低聚糖　低聚糖又称寡糖，是由 2～9 个相同或不同的单糖，通过糖苷键连接而形成的直链或含分支链的糖类化合物。按单糖聚合数量，低聚糖可分为二糖、三糖、四糖直至九糖。自然界中低聚糖多数由 2～4 个单糖组成，且主要是双糖和三糖，其中以双糖分布最普遍。近年来发现小麦、洋葱、香蕉、菊苣、芦笋、牛蒡、大蒜、香葱等植物中含有丰富的棉子糖（raffinose）、龙胆三糖（gentianose）、帕拉金糖（palatinose）等。

根据是否存在游离的醛基或酮基，又可将低聚糖分为还原糖和非还原糖。有游离的半缩醛羟基或半缩酮羟基，可部分转化为开链结构的，即具有游离醛基或酮基的糖称为还原糖，如槐糖、芸香糖等；如果单糖都以半缩醛羟基或半缩酮羟基脱水缩合，分子中不再有游离的半缩醛羟基或半缩酮羟基，形成的低聚糖就没有还原性，称为非还原糖，如蔗糖、棉子糖等。低聚糖的结构中除了常见的单糖外，还常插入糖的衍生物，如糖醛酸、糖醇、氨基糖等。近年来园艺植物中常见的低聚糖有蔗糖、麦芽糖（maltose）、纤维二糖（cellobiose）、海藻糖（trehalose）、新橙皮糖（neohesperidose）、棉子糖、水苏糖（stachyose）和环糊精（cyclodextrin）等。

（3）多糖　多糖是由 10 个或 10 个以上单糖通过苷键连接缩合而成的直糖链或支糖链的聚糖化合物，为非还原糖。多糖在园艺植物中分布极广，有的是构成植物骨架结构的组成成分，如纤维素；有的是作为植物贮藏的养分，如淀粉。多糖通常由 80～100 个单糖组成，多的可达数千，甚至上万，由于分子量较大，一般难溶于水，无甜味，也无还原性。多糖类化合物种类繁多，分类方法也不相同。一般根据组成多糖的单糖种类数，分为均多糖（homopolysaccharides）和杂多糖（heteropolysaccharides）。

① 均多糖。又称同多糖，由同一种单糖通过糖苷键聚合而成的多糖。因聚合的单糖不同，又可分为葡聚糖（多聚葡萄糖）、果聚糖（多聚果糖）、半乳聚糖（多聚半乳糖）等。园艺植物中常见的均多糖有淀粉、纤维素、菌类多糖（bacterial polysaccharides）、菊糖（inulin）和果胶等。

② 杂多糖。两种或两种以上不同单糖分子通过苷键连接聚合而成的多糖。根据聚合单糖的数量又可分为二杂多糖、三杂多糖、四杂多糖等。自然界存在的杂多糖通常只含有两种不同的单糖，并且大都与脂类或蛋白质结合，构成结构十分复杂的糖脂和糖蛋白。园艺植物中常见的杂多糖主要有半纤维素、树胶（gum）和黏液质（mucilage）等。

（4）糖苷类　糖苷（glycosides）是糖在生物体内存在的主要形式，是由糖或糖的衍生物（如糖醛酸、氨基糖）通过糖端碳原子上的羟基与非糖类物质上羟基或羧基的氢原子脱水缩合形成的具有缩醛（酮）结构的一类化合物，又称配糖体。其中，非糖类物质称为苷元（genin）

或配基（aglycone），苷元或配基部分也是糖的，称为二糖、三糖、多糖等。

糖苷中的苷元与糖之间形成的化学键称为苷键，苷元上形成苷键以连接糖的原子称为苷键原子，也称为苷原子。糖苷键可以通过氧（O）、硫（S）、氮（N）、碳（C）等原子彼此连接起来，它们的糖苷分别简称为氧苷、硫苷、氮苷和碳苷，或简称为 O-苷、S-苷、N-苷或 C-苷。氧苷为糖苷中最常见的苷类，根据苷元成苷官能团的不同，又可分为醇苷、酚苷、氰苷、酯苷和吲哚苷等。硫苷（glucosinolate，GLS）为硫代葡萄糖苷的简称，又名芥子油苷，具体内容将在本章第五节详细阐述。氮苷是生物化学领域中十分重要的物质，如组成核酸的腺苷（adenosine）、鸟苷（guanosne）、胞苷（cytidine）和尿苷（uridine）等。氮苷的苷元可以是生物碱、胺类或含氮甾体等，这类化合物多具有较强的生物活性，有的也是甾体激素的原料。

2. 生理功能

园艺植物中的低聚糖、多糖及其糖苷等化合物在增加机体免疫功能、抗菌消炎、抗肿瘤等方面，以及在心血管系统、呼吸系统、消化系统、神经系统等中具有不同的生物活性。

（1）免疫调节　多糖对机体免疫力系统具有多方位调节作用，主要机制有：①促进免疫器官生长。活性多糖可促进机体免疫器官的生长发育，并可部分恢复环磷酰胺引起的免疫器官抑制作用，提高胸腺和脾脏等脏器指数，进而增强机体免疫功能。②激活免疫细胞，如巨噬细胞、T 淋巴细胞、B 淋巴细胞、自然杀伤细胞等。③促进细胞因子如白细胞介素（interleukin，IL）、集落刺激因子（colony stimulating factor，CSF）、干扰素（interferon，IFN）、肿瘤坏死因子（tumor necrosis factor，TNF）、转化生长因子-β家族（transforming growth factor-β family，TGF-β family）、生长因子（growth factor，GF）和趋化因子家族（chemokine family）等的生成。④活化补体系统以及体液免疫作用。

（2）抗氧化与抗衰老　芥子油苷的降解产物萝卜硫素能通过激活依赖核因子 E2 相关因子 2（nuclear factor erythroid 2-related factor 2，Nrf 2）基因的抗氧化酶的活性来保护胃黏膜在感染幽门螺旋杆菌后的氧化损伤，达到保护胃黏膜作用，降低了胃溃疡的发病率。Nrf 2 是 nuclear factor erythroid 2-related factor 2 基因编码的一个转录因子，正常状态下，Nrf 2 与 Kelch 样环氧氯丙烷相关蛋白 1（Kelch-like ECH-associated protein1，Keap-1）结合为复合物，关联在细胞质的肌动蛋白微丝；然而，当 Keap-1 检测到可能威胁细胞完整性的应激源如来源于青花菜的萝卜硫素时，复合物的活化导致 Nrf 2 与 Keap-1 分离，然后移动到细胞核中，激活数百个与细胞防御进程相关的基因启动子区域的抗氧化响应元件（antioxidant response element，ARE），从而调控氧化还原平衡、炎症、脱毒以及抗菌等细胞防御过程中相关基因的表达。

多糖能从整体上提高机体免疫功能，从一定程度延缓衰老，防治老年病。天冬多糖为半乳葡聚糖，能清除自由基及抗脂质过氧化活性。黄精多糖在动物实验中能显著地延长果蝇寿命，促进老龄大鼠学习和记忆能力，明显地改善老龄大鼠与衰老相关的生化指标，如提高血浆 SOD 酶活性、降低肝脏脂褐质含量、降低脑组织 B 型单胺氧化酶活性等，与对照药相比，疗效相同而不良反应小。

（3）抗肿瘤与抗癌　抗肿瘤是多糖的重要生物学活性，多糖在体内外实验中均表现出良好的抑瘤效果，且毒副作用小。目前，对多糖抗肿瘤的研究已成为生物医药领域的热点。多糖抗肿瘤作用主要有两种方式：一种是通过提高宿主免疫功能间接抑制或杀灭肿瘤细胞；另一种是直接作用于肿瘤细胞，通过影响肿瘤细胞膜生化特性、抗自由基功能，诱导肿瘤细胞分化和凋亡，以及影响肿瘤细胞超微结构而发挥直接抗肿瘤作用。多糖作为广谱免疫促进剂具有抗癌剂的作用，它最大的优点是不良反应少，对正常细胞的影响很小；并且多糖与化疗药物有协同作用，还可防御化疗药物的骨髓抑制等不良反应。目前已应用于临床的作为抗癌剂的有香菇多糖、裂褶多糖、茯苓多糖和云芝糖肽等。

（4）降血糖作用　以多糖作为活性物质的天然药物，具有多途径、多靶点、多向性、毒副作用小的药理优点，能够通过多种机制、多环节作用于糖尿病。多糖通过保护胰岛β细胞，增加胰岛细胞数量；促进胰岛素分泌或释放；增加胰岛素敏感性，改善胰岛素抵抗性；改善糖代谢等途径，起到降血糖的作用。研究较多的中药多糖有黄芪多糖、苦瓜多糖、茶多糖和桑叶多糖等。

（5）抗病毒　多糖对多种病毒，如艾滋病毒、流感病毒、囊状胃炎病毒、劳斯肉瘤病毒、反转录病毒、鸟肉瘤病毒、脊髓灰质炎病毒、心肌炎病毒和单纯疱疹病毒等，有良好的抑制作用。多糖类悬浮在体液中，可引诱吸附病原体，阻止病原体与健康细胞结合，起到抗病毒作用。香菇多糖对水疱性口炎病毒引起的小鼠脑炎有显著的治疗和预防作用，对阿拉伯耳氏病毒和腺病毒12型有较强的抑制作用，其抗病毒作用与诱生干扰素和提高自然杀伤细胞活性有关。甘草多糖对多种病毒均有明显抑制作用，它具有直接灭活上述病毒的功能。带有肽残基的云芝多糖，也具有明显的抗病毒作用，已经制成药物用于临床治疗慢性肝炎。

（二）脂肪酸及磷脂等脂质

1. 概况

植物中的脂肪酸主要以结合态形式存在，如脂肪或磷脂等脂质。脂类化合物是生物膜的重要组成成分，同时也存在于植物种子或果实中，作为植物发芽的一种贮藏能量。植物脂类的特点是富含不饱和脂肪酸，并常常作为人体必需的营养素。脂类化合物通常分三类，即中性甘油酯、极性的磷脂以及含糖的糖脂类，每一类中存在的脂肪酸残基不同，结构也会有所差异。

2. 生理功能

早在20世纪，脂肪酸及脂质的营养就引起世人的关注，其中，最为突出的就是卵磷脂和一些ω3系多不饱和脂肪酸。早在20世纪70年代初，就出现了大豆卵磷脂的医药品，用于治疗动脉粥样硬化症、高血压症及高胆固醇血症等。卵磷脂最引人注目的功能就是作为胆碱以及花生四烯酸的供给源，这使得它在婴幼儿及老年食品中具有很好的应用前景。目前，我国有关卵磷脂的保健食品已有相当的市场规模。

植物中的ω-3系脂肪酸，主要有二十碳五烯酸（即eicosapentaenoic，EPA）、α-亚麻酸以及γ-亚麻酸。二十碳五烯酸在一些红藻中含量较高，而α-亚麻酸以及γ-亚麻酸则广泛存在于植物油中，特别是亚麻籽油及樱草油（primrose oil）。大量流行病学及生物化学研究显示，ω-3系多不饱和脂肪酸不仅对心血管疾病有较好的预防效果，而且对肾疾病、风湿性关节炎以及皮肤病也有相当的防治效果。此外，长链ω-3系脂肪酸对很多常见的癌症（如乳腺癌、结肠癌及前列腺癌等）具有一定的预防效果，已明确的防癌机制包括肿瘤纤维转化的抑制、细胞生长的抑制、促进细胞凋亡以及抗血管增长作用等。可见，该类脂肪酸在预防诸多慢性疾病方面具有重要的作用。

除ω-3系脂肪酸之外，一些植物中也存在ω-6系脂肪酸，如花生四烯酸（arachidonic acid,

AA），主要存在于一些藻、藓及蕨类植物中，在高等植物中几乎检测不到。在一些藓类植物中，花生四烯酸几乎占总脂肪酸的 34%。该长链脂肪酸是体内很多脂肪酸的代谢中间产物，也是白细胞三烯（leukotrienes）以及前列腺素（prostaglandins）的生物合成的前体物质。对于老年人，该脂肪酸是一种"不好"的脂肪酸，可能会诱导心血管疾病。但是，该物质是婴幼儿发育必不可少的物质，在婴幼儿食品中有较好的应用前景。因此，该脂肪酸可作为一种特殊营养素用于婴幼儿的食品，但尚不能把它列为功能性因子。

　　油酸是一种单不饱和脂肪酸，广泛存在于植物油脂，其最主要的来源是橄榄油（65%～86%），其次分别为花生油（约 55%）和向日葵籽油（约 20%）。采用油酸替代膳食中的饱和脂肪酸或多价不饱和脂肪酸，不仅可降低低密度脂蛋白胆固醇（对高密度脂蛋白胆固醇没有影响），而且比多价不饱和脂肪酸更耐氧化。日本厚生省提倡膳食油脂的摄取比例要适当，并且推荐饱和脂肪酸:单不饱和脂肪酸（油酸）:多不饱和脂肪酸的比例为 1:1.5:1。

四、含氮化合物（生物碱除外）

　　尽管只有 2%的植物干物质由氮元素组成，与碳（约 40%）相比要低很多，但是植物中仍然存在大量不同的含氮有机物质，保守估计约有 1.5 万种，其中生物碱一类就有 1 万多种。氮出现于植物中的最初有机形式是谷氨酸盐，蛋白质氨基酸则是通过大量代谢途径形成的，总共有 20 种。所有其他含氮植物物质，如胺、生物碱、生氰糖苷（cyanogenic glycosides）、卟啉（porphyrins）、嘌呤、嘧啶、细胞分裂素（cytokinins）以及多肽和蛋白质等的合成过程都会涉及这 20 种蛋白质氨基酸。本部分仅介绍除生物碱之外的主要含氮化合物。

（一）非蛋白质氨基酸

1. 概述

　　非蛋白质氨基酸是指除组成蛋白质的 20 种常见氨基酸以外的含有氨基和羧基的化合物，多以游离或小肽的形式存在于生物体的各种组织或细胞中。现据统计已知分子结构的非蛋白氨基酸达 400 多种，其中在植物中发现 240 多种，在动物中发现 50 多种，其余多存在于微生物中。这些天然产物大都具有芳香或杂环的结构，存在于各种细胞或组织中，有的呈游离状，有的呈结合状，但并不存在于蛋白质中，它们大多数是蛋白质中存在的 α-氨基酸的衍生物，也发现有 β-、γ- 或 δ 氨基酸，有些非蛋白氨基酸存在于 D-构型中，如细菌细胞壁中存在 D-谷氨酸和 D-丙氨酸。

　　非蛋白氨基酸在生物体内的种类多样，命名方式不一，有的按其化学结构来命名，有的按其来源命名，如来源于刀豆，故名刀豆氨基酸；来源于茶叶，故名茶氨酸等。现在一般认为非蛋白氨基酸是植物的次生代谢物质，尤为典型的有野豌豆中的 β 氰基丙氨酸、西瓜中的瓜氨酸（citrulline）、刀豆中的刀豆氨酸（canavanine）以及大蒜鳞茎中的蒜氨酸（alliin）等。

2. 生理功能

　　许多非蛋白氨基酸在体内能合成多种含氮物质，包括氨基酸以及激素、维生素、辅酶、生物碱、色素、抗生素、神经递质等生物活性物质，从而发挥其各自的生物学作用。植物中非蛋白氨基酸有着储存氮和运输氮的作用。ATP 虽然在提供能量和接收能量方面起重要作用，但它只是能量的携带者和传递者，并不是能量的储存者。而非蛋白氨基酸磷酸肌酸和磷酸精氨酸则是易兴奋组织如神经、肌肉、脑等中具有储能作用的物质，它们是高能物质 ATP 的能量储存库。植物的一些物质代谢过程中形成的很多非蛋白氨基酸是有毒的，一方面，它们被释放到土壤后可以抑制土壤中微生物的生长，邻近的植物通过根系吸收后，生长也会受到抑制；另一方面，当动物和人类食入含有毒性的非蛋白氨基酸食物后，生长和代谢也会受到影响。

非蛋白氨基酸作为激素、抗生素、酶制剂和抗癌药在医药与保健方面的应用进展迅速，日益受到人们的重视，如氨基酸烷基酰胺具有抗菌作用，苯丙氨酸氮芥具有抗癌作用。非蛋白氨基酸在饮食业和农业中也得到广泛应用，如茶叶含有大量的茶氨酸，它与茶叶的品质有关；天冬酰苯丙氨酸甲酯（俗称阿斯巴甜）的甜味是蔗糖的 150 倍，易吸收，口味正，已风靡饮料等食品工业；DL-丙氨酸可用于制造清凉饮料；牛磺酸更对婴幼儿大脑发育、神经传导、视觉技能的完善及钙的吸收有良好的作用，是至关重要的营养强化剂。

（二）环肽类化合物

生物学中环肽通常是指以氨基酸肽键形成的化合物，在植物化学中这一概念被扩大成以酰胺键或肽键形成的一类环状肽类化合物。环肽化合物由于缺少极化的 C 端和 N 端，因此更易透过生物膜，不易被体内的酶降解，从而达到更高的生物利用率；同时，环化大大降低了化合物骨架构型的扭曲性，更易解析这些活性分子在与受体结合时的空间三维结构。因此，环肽的研究具有探究药物作用机制和新药开发方面的双重意义。

环肽主要来源于植物、海洋生物和微生物等，其中植物中环肽的研究起步较晚，但发展最为迅速。植物环肽是一个庞大的小分子天然产物家族，通常由 4～10 个氨基酸残基组合而成，广泛存在于各种植物的根、茎、叶及种子中。在植物中最为典型的环肽化合物主要有酸枣中的环肽生物碱（cyclopeptide alkaloid）、银柴胡根中的银柴胡素 A、银柴胡素 C、银柴胡素 E、银柴胡素 H、银柴胡素 I 等。

（三）蛋白质和酶

活性蛋白质（active protein）是指除具有一般蛋白质的营养作用外，还具有某些特殊的生理功能的一类蛋白质，广泛分布于各种生物体组织，如动植物组织、动物乳汁、植物种子等中，对人体生命活动起至关重要的作用。在植物中比较典型的活性蛋白质有木瓜蛋白酶（papain）、α-和 β 苦瓜子蛋白（α-和 β-momorcharin）和菠萝蛋白酶（bromelain）等。

1. 木瓜蛋白酶

木瓜蛋白酶，又称木瓜酶，是番木瓜中含有的一种低特异性蛋白水解酶，广泛地存在于番木瓜的根、茎、叶和果实内，其中在未成熟番木瓜的乳汁中含量最丰富。木瓜蛋白酶的活性中心含半胱氨酸，属于巯基蛋白酶，它具有酶活高、热稳定性好、天然、卫生、安全等特点，在食品、医药、饲料、日化、皮革及纺织等行业得到广泛应用。

2. α-和 β-苦瓜子蛋白

α-苦瓜子蛋白和 β-苦瓜子蛋白均是从苦瓜种子中提取出的活性蛋白质，用于抗早孕及治疗与滋养层细胞相关的肿瘤病。近来的研究显示，α-和 β-苦瓜子蛋白在组成和性质上类似于天花粉蛋白，而天花粉曾用于引产和抑制 HIV 复制。

3. 菠萝蛋白酶

菠萝蛋白酶是从菠萝果、茎、叶、皮提取出来，经精制、提纯、浓缩、酶固定化、冷冻干燥而得到的一种纯天然植物蛋白酶。品质最佳的菠萝蛋白酶是利用菠萝的茎经加工，采用超滤方法进行过滤浓缩，低温冷冻干燥而得的。在食品行业中，菠萝蛋白酶被用作食品添加剂，由于特殊的生理功能，它能够分解蛋白质、肽和核酸等生物大分子，具有肉质嫩化、水解蛋白和澄清啤酒等作用；菠萝蛋白酶在工业上常被用来生产鱼露；此外，菠萝蛋白酶能够抑制肿瘤细胞的生长，还能通过加速纤维蛋白原的分解来防治心血管疾病，在消炎与促进药物吸收方面也有着很大的作用。

（四）嘌呤和嘧啶

存在于植物中的嘌呤（purine）及嘧啶（pyrimidine）类化合物可分为四类。第一类是存在于所有生物组织核酸中的碱基：嘌呤，腺嘌呤和鸟嘌呤；嘧啶，胞嘧啶、尿嘧啶（仅存在于 RNA 中）以及胸腺嘧啶（仅存在于 DNA 中）。此外，碱基与核糖或脱氧核糖相结合可生成核苷，在植物中微量存在。某些核苷，如腺苷三磷酸在生物的主要代谢过程中具有非常重要的功能。第二类是一些在植物中不太常见的碱基，其结构与核苷酸碱基紧密相关，如5-甲基胞嘧啶。第三类是甲基化的嘌呤化合物，如咖啡因，被认为是一种"刺激物（stimulants）"，在茶叶、咖啡以及可可中的含量相对较高，在其他植物中微量存在。咖啡因及相关的嘌呤化合物有时也被归类为生物碱。第四类是核苷酸的降解产物，如激动素（或呋喃甲基腺嘌呤，kinetin，KT）等 6 位存在取代基的嘌呤类，被称为细胞分裂素，是一类重要的植物生长调节剂，能够促进细胞分裂。

五、生物碱

（一）概述

生物碱（alkaloids）是生物体内除蛋白质、肽类、氨基酸及维生素 B 以外含氮有机化合物的总称，结构中常含有杂环，并且氮原子在环内。生物碱广泛存在于高等植物中，其中双子叶植物生物碱含量远比单子叶植物高，尤以防己科、罂粟科、夹竹桃科、毛茛科、豆科、马钱科、茄科和茜草科植物中较多；裸子植物中除麻黄科、粗榧科等少数几科外，大多数不含生物碱；除了某些菌类（麦角菌），低等植物中含生物碱者极少。一般来说，生物碱主要分布在植物体生长代谢旺盛的器官，且其含量随着植物的生长规律而变化，多数以盐的形式存在，只有少数碱性极弱的以游离状态存在。一种植物往往同时含几种甚至几十种生物碱，如已发现麻黄中含 7 种生物碱，抗癌药物长春花中已分离出 60 多种生物碱。如今已分离出来的生物碱有数千种，其中用于临床的有几百种。

生物碱种类繁多、结构复杂、来源不同、分类方法众多。按其植物来源可分为毛茛科生物碱、百合科生物碱、罂粟科生物碱、茄科生物碱等；按其代谢来源可分为鸟氨酸类生物碱、赖氨酸类生物碱、邻氨基苯甲酸类生物碱、色氨酸类生物碱、萜类生物碱、甾类生物碱六大类；按其物理化学性质可分为挥发碱、酚性碱、弱碱、强碱、水溶碱、季铵碱等。其中，最为常用的分类方法是按其化学结构进行分类，主要有以下几种（表3-2）：

表 3-2　园艺植物中主要生物碱种类、化学结构骨架及代表性物质汇总

名称	化学结构骨架	代表性物质
吡咯类生物碱		野百合碱、一叶萩碱
托品烷类生物碱		莨菪碱、阿托品、可卡因
哌啶类生物碱		金雀花碱、1-脱氧野尻霉素、苦参碱、槟榔碱、异石榴皮碱
喹啉衍生物类生物碱		喜树碱、奎宁
异喹啉衍生物类生物碱		罂粟碱、吗啡碱、小檗碱、药根碱、土藤碱
菲啶衍生物类生物碱		白屈菜碱、石蒜碱
吲哚衍生物类生物碱		麦角新碱、长春花碱、长春新碱、5-羟色胺、玫瑰树碱
嘌呤衍生物类生物碱		咖啡因
甾体类生物碱		辣椒碱、茄碱
萜类生物碱		石斛碱、乌头碱

1. 吡咯类（pyrrolidines）

此类生物碱指由含氮原子的吡咯（五环）或吡咯啶（六环）衍生的生物碱，主要包括以下类型：简单吡咯类衍生物（如茄科植物中的红豆古碱）、吡咯里西啶衍生物（如豆科野百合属中的野百合碱）和吲哚里西啶衍生物（如大戟科植物中的一叶萩碱）。

2. 托品烷类（tropanes）

托品烷类生物碱又称莨菪烷类生物碱（hyoscyamine alkyl derivate），是由莨菪醇和莨菪酸缩合而生成的酯，分为颠茄生物碱和古柯生物碱两大类。前者包含从茄科植物如颠茄和莨菪植物中分离得到的莨菪碱（hyoscyamine）及其消旋体阿托品（atropinol）等，后者以古柯叶片中分离得到的可卡因（cocaine）为代表。

3. 哌啶类（piperidines）

由吡啶或双稠哌啶衍生的生物碱，如从野决明种子中提取的金雀花碱（cytisine）、桑叶

中的 1-脱氧野尻霉素（1-deoxynojirimycin）、苦参碱（matrine）、槟榔碱（arecoline）、异石榴皮碱（isopelletierine）等。

4. 喹啉衍生物类（quinoline derivatives）

该类生物碱包括从喜树植物种子和叶片中提取的抗肿瘤成分喜树碱（camptothecin），以及从茜草科金鸡纳属植物中提取的奎宁（quinine）。

5. 异喹啉衍生物类（isoquinoline derivatives）

其结构基于四氢异喹啉核，类型多样，含有芳香环，并具有不同数量的羟基、甲氧基以及亚甲基二氧取代基，在植物界分布较广，如罂粟科植物中的罂粟碱（papaverine）、吗啡碱（morphine），小檗属植物黄柏、黄连和三颗针中的小檗碱（berberine，又称黄连素）和药根碱（jatrorrhizine），以及防己根中的土藤碱（tuduranine）等。

6. 菲啶衍生物类（phenanthridine derivatives）

白屈菜碱（chelidonine）和石蒜碱（lycorine）即属于此类生物碱，且含芳香环。

7. 吲哚衍生物类（benzpyrole derivatives）

包括简单吲哚类和二吲哚类衍生物，数量较多，结构较为复杂。存在于麦角菌中的麦角新碱（cornocentin），长春花（catharanthus roseus）中抗癌有效成分长春花碱（catharanthine）、长春新碱（vincristine），香蕉中 5-羟色胺（5-hydroxytryptamine 或 serotonin）以及玫瑰属植物中的玫瑰树碱等均属于此类生物碱。

8. 嘌呤衍生物类（purine derivatives）

从茶叶和咖啡果中分离的咖啡因（caffeine）是此类生物碱的代表。

9. 甾体类（steroids）

本类生物碱是天然甾体的含氮衍生物，氮原子大多数在甾环中，有的以与低聚糖结合的形式存在，如辣椒碱（capsaicin）和茄碱（solanine）等。茄碱又名龙葵碱或龙葵素，是由葡萄糖残基和茄啶组成的一种弱碱性糖苷，主要见于秋茄中，在发芽马铃薯的绿色部位中含量也较高。

10. 萜类（terpenes）

与甾体生物碱统称为伪生物碱。其氮原子在萜的环状结构中或在萜结构的侧链上。石斛碱（dendrobine）是倍半萜生物碱，而乌头碱（aconitine）则属于二萜生物碱。

11. 有机胺类

其化学结构特点是氮原子在外环侧链上，如秋水仙碱（colchicine）和益母草碱（leonurine）等。

12. 其他类型

如咪唑衍生物类、喹唑酮类以及大环生物碱等。

（二）生理功能

生物碱具有多种生理活性和明显的药理作用，不仅是中国古老的药物成分之一，更是现代药物的重要来源，在医药、食品、保健品及农药领域具有广阔的应用前景。

一些生物碱可通过促进癌细胞肿大溶解、抑制其增殖与转移，或诱导其分化和凋亡等机制，起到治疗癌症的作用，为应用生物碱治疗癌症的可行性提供了重要依据。例如，长春新碱和异长春花碱分别对肺癌和乳腺癌有较好的治疗效果，苦参碱和氧化苦参碱可开发用于胃癌、肝癌、卵巢癌和乳腺癌等多种癌症的治疗，喜树碱对头颈部肿瘤、胃癌、结肠癌和白血病等均有显著的疗效，延胡索生物碱具有抗胃和鼻咽肿瘤的作用，广谱抗癌药紫杉醇抗胆管癌细胞增殖的功效尤为显著。

生物碱在降压、抗血栓、改善心绞痛、强心和抗心律失常等心血管系统疾病方面也具有显著疗效。大多数生物碱，如钩藤碱、广玉兰碱、莲心碱、小檗碱、黄杨碱、石蒜碱等都具有不同程度的降压作用，其作用机制为舒张血管平滑肌、扩张血管，改善血液运行环境。甲基莲心碱、川芎嗪和原阿片碱等具有抗血小板聚集，影响血小板生物活性物质的释放，保护血小板内部超微结构的作用，从而具有较强的抗血栓功能。黄杨碱和粉防己碱能显著降低心肌耗氧指数，起到改善心绞痛的作用。苦参碱和氧化苦参碱可增强心脏收缩力，使心脏振幅增加，在强心和抗心律失常方面具有显著疗效。

生物碱还可作用于神经系统，通过减弱或阻滞痛觉信号的传递，从而起到镇痛的作用。人们分别从防己科千金藤属和轮环藤属以及乌头属植物中分离得到了具有止痛作用的几十种异喹啉生物碱和二萜类生物碱。此外，人们还从延胡索中分离出10多种止痛生物碱。马钱子碱、吗啡碱和花椒中的4-喹啉酮生物碱均具有很强的镇痛作用。石蒜碱对小鼠及家兔有明显的镇静作用，还能加强延胡索乙素和吗啡的镇静作用。罂粟碱镇痛效果良好，且不易成瘾。有些生物碱还具有一定的抗菌、抗病毒、抗炎、抗过敏、保肝和免疫调节作用，因此在其他病理方面也有广泛的应用。

根据植物生物活性物质的结构特点，以及结构与活性的相关性等，将种类繁多的植物生物活性物质分为五大类。我国有着丰富的植物资源，对药用植物的研究历史悠久，古代的很多医学著作中就有介绍各种中草药的药用功效，同时，现代药理学和植物化学等研究也鉴定到很多发挥药用功效的植物生物活性物质。我国自古有药食同源的观点，园艺产品，特别是本教材关注的蔬菜、水果和食用花卉等不仅种类丰富，而且含有功能各异的生物活性物质，被称为生物活性物质的宝库。根据功能性食品科学对功能成分的定义，本章接下来介绍的几类生物活性物质（功能成分）主要是指生理功能或健康效果已经被体内和体外的生理研究所证实，能对人体的一种或几种靶功能有良好的调节效果，还可以改善健康状态或减弱疾病危险性，而且没有毒副作用的来源于园艺产品的生物活性物质。

第二节　类黄酮化合物

类黄酮是自然界中广泛存在的一大类化合物，是天然色素中重要的有机物，至今已从植物中分离鉴定出数千种，主要分布于高等植物和羊齿植物中，在藻类、菌类、地衣等较低等植物中少有发现。类黄酮在园艺植物的花、叶和果实等器官中多以苷类形式存在，在木质部则多以游离态存在，它对园艺植物的生长发育、开花结果以及防御异物的侵害都具有重要作用。类黄酮化合物是人类和动物饮食必不可少的组分（人类和动物无法合成类黄酮化合物），具有多种有益健康的功效。

一、结构和种类

类黄酮化合物为两个苯环（A 环与 B 环）通过三个碳原子相互连接而成的一系列化合物，具有 C_6—C_3—C_6 的基本骨架。图 3-2 显示类黄酮的一般结构特征，以及区别分子中碳原子位置的编码系统。三个酚环分别被标为 A 环、B 环以及 C（或吡喃）环。类黄酮及其相应代谢物的生物化学活性取决于化学结构以及分子中取代基的相对定位。根据它们的化学结构，类黄酮化合物主要分为黄酮、黄酮醇、黄烷酮类（如二氢黄酮）、黄烷酮醇类（如二氢黄酮醇）、黄烷类［包括黄烷-3-醇（flavan-3-ols）、黄烷-4-醇（flavan-4-ols）、黄烷-3,4-醇（flavan-3,4-ols），如儿茶素、芹菜酚和白矢车菊素］、异黄酮类、查尔酮和花色苷类。类黄酮可以是配基或糖苷化合物（环上携有一个或多个糖基），也可以是甲酯衍生物。黄酮醇以及

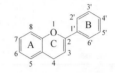

图 3-2　类黄酮化合物的基本结构

黄酮类化合物是最为常见的类黄酮化合物，而黄烷酮、黄烷醇类（儿茶素和表没食子儿茶素）、二氢黄酮以及二氢查尔酮类化合物则被认为是一类微量类黄酮。这里的"微量"不是指含量甚微，而是指它在自然界的分布相对有限，如柑橘类黄酮尽管含量很高，但仍被称为微量类黄酮，因为它们的分布主要局限于柑橘属植物。

已鉴定的主要类黄酮化合物在结构方面存在一些差异，同一小类当中，类黄酮的结构也有较大的差异，其中取代基的取代方式包括氢化、羟基化、甲基化、丙二酰化、硫化以及糖苷化等。绝大多数类黄酮化合物的天然存在形式为糖苷型，碳水化合物取代基包括 D-葡萄糖、L-鼠李糖、葡萄糖基鼠李糖、半乳糖、木质素以及阿拉伯糖。膳食中最为常见的几种类黄酮糖苷化合物为槲皮素、芦丁以及刺槐苷，其中槲皮素是研究得最为透彻的一种类黄酮，可被肠道菌群水解，产生具有更高生物活性的配基（无糖基型类黄酮）。

类黄酮化合物可能是单体，也可能是二聚体或多聚体。根据分子量，多聚化合物（也称单宁）可分为浓缩单宁和可水解单宁。浓缩单宁是类黄酮的聚合物，而可水解单宁含有酯化于一个碳水化合物的没食子酸或相似的化合物。在红葡萄酒中，单宁可由花色苷以及其他类黄酮聚合而成，从而形成葡萄酒独特的色泽、风味以及收敛程度。

二、理化性质

类黄酮化合物多为结晶性固体，少数含糖较多的类黄酮苷类化合物多为无定型粉末。类黄酮化合物难溶于或不溶于水，可溶于甲醇、乙醇、乙酸乙酯和乙醚等有机溶剂及稀碱中，其羟基被糖化后，水溶性增加。类黄酮化合物多数呈黄色，但其颜色与分子结构中是否存在交叉共轭体系以及含有的助色团（—OH、—OCH_3 等）的种类、数目及取代位置有关。黄酮、黄酮醇分子结构中的 7 位或 4′位引入—OH 或—OCH_3 等助色团后，因促进电子移位和重排，从而使化合物的颜色加深。但是，如果将—OH 或—OCH_3 等助色团引入其他位置，则对颜色影响较小。一般来说，黄酮、黄酮醇及其苷类多呈灰黄至黄色，查尔酮为黄色至橙黄色，二氢黄酮、二氢黄酮醇及黄烷不显色，异黄酮类化合物仅显微黄色。

三、园艺产品中的分布及含量

类黄酮化合物在园艺产品中分布广泛，不同物种中的含量也存在差异，如黄烷酮的主要膳食来源为柑橘类，而黄酮醇以及黄烷醇则几乎分布于所有果蔬中（表3-3）。

表3-3　饮食常见的类黄酮种类和来源

类黄酮种类	来源
黄烷酮	甜橙，柠檬，酸橙，葡萄柚，甘牛至
黄酮	芹菜，欧芹，洋蓟，块根芹，菊苣，青椒
异黄酮	豆浆，大豆，豆腐
黄酮醇	青花菜，大蒜，洋葱，酸模，新鲜刺山柑，新鲜无花果，樱桃
黄烷醇	山核桃，黑巧克力，可可，黑莓，熟蚕豆
花青素	蓝莓，樱桃，酒，鹰嘴豆，紫甘蓝，黑加仑
儿茶酚	苹果，桃，茶

（一）类黄酮化合物在蔬菜中的分布与含量

蔬菜中主要存在5种形式的类黄酮化合物：山柰黄素（kaempferol，又称坎二菲醇）、槲皮素（quercetin）、杨梅黄酮（myricetin）、芹菜配基（apigenin，又称芹菜素）、玉米黄酮（luteolin，又称木犀草素）。前三种属于黄酮醇，后两种属于黄酮，其中槲皮素是分布最为普遍、含量最为丰富的一种类黄酮化合物。不同蔬菜及品种中类黄酮化合物的种类及含量存在较大差异。类黄酮含量较高的蔬菜种类为百合科葱属蔬菜、十字花科蔬菜和绿叶菜类蔬菜。葱蒜类蔬菜所含类黄酮主要是槲皮素和山柰黄素。葱属蔬菜类黄酮含量由高到低依次为大葱［2720mg/kg（DW）］、韭菜［2140mg/kg（FW）］、蒜苗［1510mg/kg（FW）］、大蒜［957mg/kg（DW）］、蒜薹［900mg/kg（FW）］、洋葱［280～536.4mg/kg（FW）］和韭葱［30mg/kg（FW）］。洋葱中主要的黄酮醇为槲皮素衍生物或其单糖苷，不同品种洋葱中黄酮醇糖苷的变化较大，红色品种的含量较白色品种高。十字花科蔬菜所含类黄酮也主要是槲皮素和山柰黄素。类黄酮含量较高的十字花科蔬菜依次为小白菜［1130mg/kg（FW）］、青花菜［102～660mg/kg（FW）］、花椰菜［219mg/kg（DW）］、羽衣甘蓝［321mg/kg（FW）］、大白菜［218mg/kg（FW）］、甘蓝［147.5mg/kg（DW）］和萝卜缨［7.3mg/kg（FW）］。类黄酮化合物含量较高的绿叶菜类有莴笋叶片［1470mg/kg（FW）］、莴笋茎［40mg/kg（FW）］、结球莴苣［210mg/kg（FW）］、芹菜叶片［3650mg/kg（FW）］和芹菜叶柄［180mg/kg（FW）］。研究人员检测了46种常见蔬菜中类黄酮物质的含量（表3-4，表3-5），发现杭州美芹含有的类黄酮化合物最为丰富，5种类黄酮化合物含量合计可达37.49mg/100g（FW），洋葱、芹菜、西芹、藕和豆角中的含量均较为丰富，值得饮食推荐。

表3-4　5种类黄酮在常见46种蔬菜中的分布及含量汇总

类黄酮种类	分布	含量
槲皮素	藕、油豆角、青花菜、马铃薯、山药、佛手瓜	含量超过5mg/100g（FW）
	西芹、茭白、姬菇、小白菜、茼蒿、苦瓜	含量低于1mg/100g（FW）
芹菜素	芹菜、西芹、红甜菜、苦瓜	杭州美芹中含量达31.29mg/100g（FW）
玉米黄酮	杭州美芹、韭黄、胡萝卜、芹菜、莴笋、甜椒、番茄、西葫芦、姜、豆角	大多数未超过5mg/100g（FW）
杨梅黄酮	甜椒、茄子、番茄、西葫芦、藕、洋葱、胡萝卜	含量一般不超过5mg/100g（FW）
山柰黄素	胡萝卜、番茄	含量较低

表 3-5　中国常见蔬菜中类黄酮化合物的含量　　　　单位：mg/100g（FW）

蔬菜	样品采集地	槲皮素	山柰黄素	芹菜素	玉米黄酮	杨梅黄酮	总量
苦瓜	北京	0.77±0.07	<0.20	11.85±0.25	<0.20	<0.40	12.62
大白菜	天津	2.24±0.14	<0.20	<0.40	<0.20	<0.40	2.24
	上海	4.97±1.25	<0.20	<0.40	<0.20	<0.40	4.97
	杭州	1.41±0.01	<0.20	<0.40	<0.20	<0.40	1.41
青花菜	北京	6.17±1.06	<0.20	1.29±0.05	<0.20	<0.40	7.46
	杭州	8.09±0.65	<0.20	0.60±0.14	<0.20	<0.40	8.69
结球甘蓝	北京	2.07±1.23	<0.20	<0.40	<0.20	<0.40	2.07
	天津	1.51±0.36	<0.20	<0.40	<0.20	<0.40	1.51
	上海	4.31±1.17	<0.20	<0.40	<0.20	<0.40	4.31
	杭州	1.32±0.05	<0.20	<0.40	<0.20	<0.40	1.32
胡萝卜	北京	3.75±0.91	0.48±0.11	<0.40	4.77±0.06	6.03±0.20	15.03
	天津	1.94±0.08	<0.20	<0.40	3.08±0.29	1.95±0.35	6.97
	上海	6.06±0.33	<0.20	<0.40	6.51±0.06	<0.40	12.57
	杭州	2.50±0.30	<0.20	<0.40	2.50±0.41	<0.40	5.0
花椰菜	北京	4.16±1.16	<0.20	<0.40	<0.20	1.23±0.10	5.39
	天津	3.73±0.17	<0.20	<0.40	<0.20	3.88±0.12	7.61
	上海	2.11±0.24	<0.20	<0.40	<0.20	2.62±0.19	4.73
	杭州	0.95±0.05	<0.20	<0.40	<0.20	<0.40	0.95
芹菜	北京	1.24±0.28	<0.20	6.97±0.53	1.16±0.11	<0.40	9.37
	天津	1.25±0.27	<0.20	9.54±1.11	2.50±0.54	<0.40	13.29
西芹	杭州	0.68±0.19	<0.20	13.96±3.53	2.81±0.62	<0.40	17.45
佛手瓜	上海	6.39±1.48	<0.20	<0.40	<0.20	<0.40	6.39
小白菜	北京	0.52±0.15	<0.20	<0.40	<0.20	<0.40	0.52
	天津	0.73±0.11	<0.20	<0.40	<0.20	<0.40	0.73
韭菜	北京	4.30±1.81	<0.20	<0.40	<0.20	<0.40	4.30
	天津	5.76±1.97	<0.20	<0.40	<0.20	<0.40	5.76
	杭州	2.71±0.17	<0.20	<0.40	<0.20	<0.40	2.71
茼蒿	北京	0.21	<0.20	<0.40	<0.20	<0.40	0.21
	天津	<0.20	<0.20	<0.40	<0.20	<0.40	—
刀豆	杭州	1.61±0.06	<0.20	0.89±0.19	<0.20	<0.40	2.50
芫荽	北京	0.80±0.37	<0.20	<0.40	<0.20	<0.40	0.80
	天津	1.26±0.12	<0.20	<0.40	<0.20	<0.40	1.26
黄瓜	北京	1.03±0.65	<0.20	<0.40	<0.20	<0.40	1.03
	天津	1.78±0.03	<0.20	<0.40	<0.20	<0.40	1.78
	上海	4.20±0.07	<0.20	<0.40	<0.20	<0.40	4.20
	杭州	0.95±0.05	<0.20	<0.40	<0.20	<0.40	0.95
茄子	北京	3.21±0.06	<0.20	<0.40	<0.20	4.66±0.22	7.87
	天津	2.86±0.51	<0.20	<0.40	<0.20	3.35±0.51	6.21
	上海	4.26±0.56	<0.20	<0.40	<0.20	5.18±0.98	9.44
	杭州	3.62±0.34	<0.20	0.71±0.06	<0.20	4.38±0.19	8.71
生菜	北京	3.24±0.13	<0.20	<0.40	<0.20	<0.40	3.24
	天津	1.64±0.31	<0.20	<0.40	<0.20	<0.40	1.64
	上海	2.11±0.55	<0.20	<0.40	<0.20	<0.40	2.11

蔬菜	样品采集地	槲皮素	山柰黄素	芹菜素	玉米黄酮	杨梅黄酮	总量
蒜薹	北京	3.92±1.03	<0.20	4.81±1.10	<0.20	<0.40	8.73
	天津	3.67±0.38	<0.20	2.75±0.41	<0.20	<0.40	6.42
	上海	5.42±1.11	<0.20	2.50±0.82	<0.20	<0.40	7.92
	杭州	3.44±0.28	<0.20	<0.40	<0.20	<0.40	3.44
姜	北京	2.58±1.48	<0.20	<0.40	1.97±0.53	<0.40	4.55
	天津	1.47±0.14	<0.20	<0.40	2.22±0.07	<0.40	3.69
杭小椒	杭州	2.62±0.26	<0.20	<0.40	<0.20	2.24±0.18	4.86
姬菇	杭州	0.44±0.13	<0.20	<0.40	<0.20	<0.40	0.44
豆角	北京	4.30±0.39	<0.20	1.46±0.09	1.31±0.08	<0.40	7.07
	天津	3.07±0.14	<0.20	10.53±1.63	3.67±0.21	<0.40	17.27
韭黄	天津	1.12±0.17	<0.20	<0.40	1.77±0.08	<0.40	2.89
	杭州	1.16±0.29	<0.20	<0.40	3.64±0.54	<0.40	4.80
莴笋	北京	2.07±0.26	<0.20	<0.40	0.59±0.04	<0.40	2.66
	杭州	1.64±0.43	<0.20	1.08±0.06	<0.20	<0.40	2.72
小红萝卜	杭州	2.21±0.05	<0.20	<0.40	<0.20	<0.40	2.21
藕	天津	7.55±0.82	<0.20	4.71±1.74	<0.20	4.22±0.88	16.48
美芹	杭州	1.03±0.14	<0.20	31.29±5.84	5.17±0.32	<0.40	37.49
绿豆芽	天津	2.62±0.21	<0.20	<0.40	<0.20	<0.40	2.62
洋葱	北京（白）	7.06±1.71	<0.20	3.85±0.83	<0.20	7.00±0.39	17.91
	北京（紫）	8.59±1.41	<0.20	5.19±0.61	<0.20	7.29±0.20	21.07
	天津（白）	4.93±0.35	<0.20	9.13±0.57	<0.20	4.50±0.35	18.56
	上海（白）	9.88±2.31	<0.20	3.09±0.28	<0.20	6.82±0.64	19.79
	杭州（黄）	3.31±0.39	<0.20	1.94±0.24	<0.20	2.09±0.38	7.31
马铃薯	北京	6.30±0.96	<0.20	<0.40	<0.20	<0.40	6.30
油菜	杭州	3.95±0.44	<0.20	<0.40	<0.20	<0.40	3.95
	天津	2.97±1.26	<0.20	<0.40	<0.20	<0.40	2.97
红甜菜	上海	0.51±0.01	<0.20	<0.40	<0.20	<0.40	0.51
心里美萝卜	上海	3.47±0.04	<0.20	16.50±3.02	<0.20	<0.40	19.97
	杭州	1.06±0.52	<0.20	<0.40	<0.20	<0.40	1.06
油麦菜	北京	1.29±0.13	<0.20	<0.40	<0.20	<0.40	1.29
	天津	0.60±0.21	<0.20	<0.40	<0.20	<0.40	0.60
大葱	杭州	0.50±0.05	<0.20	<0.40	<0.20	<0.40	0.50
	北京	5.79±0.56	<0.20	<0.40	<0.20	<0.40	5.79
	天津	2.36±0.55	<0.20	<0.40	<0.20	<0.40	2.36
	上海	7.40±0.47	<0.20	<0.40	<0.20	<0.40	7.40
油豆角	上海	7.01±1.16	<0.20	6.04±1.18	<0.20	<0.40	13.05
荷兰豆	上海	4.44±0.78	<0.20	<0.40	<0.20	2.91±1.07	7.35
	杭州	4.72±0.42	<0.20	<0.40	<0.20	4.16±0.15	8.88
菠菜	北京	4.86±1.00	<0.20	<0.40	<0.20	0.59±0.09	5.44
	天津	6.23±0.61	<0.20	<0.40	<0.20	<0.40	6.23
	上海	2.51±0.36	<0.20	<0.40	<0.20	<0.40	2.51
	杭州	6.82±0.71	<0.20	<0.40	<0.20	<0.40	6.82
甜椒	北京	1.79±0.17	<0.20	6.96±1.43	2.09±0.28	1.79±0.33	12.63
	天津	2.85±0.31	<0.20	<0.40	2.86±0.68	2.25±0.24	7.96
	上海	5.56±1.23	<0.20	<0.40	7.08±1.15	3.35±0.94	15.99

蔬菜	样品采集地	槲皮素	山柰黄素	芹菜素	玉米黄酮	杨梅黄酮	总量
番茄	杭州	3.31±0.52	<0.20	1.89±0.26	0.21±0.03	<0.40	5.41
	北京	2.09±0.02	1.01±0.04	<0.40	1.13±0.67	2.57±0.27	6.80
	天津	2.66±0.58	<0.20	<0.40	4.36±0.63	2.81±0.67	9.83
	杭州	1.53±0.08	<0.20	<0.40	4.25±0.26	2.87±0.28	8.65
茭白	杭州	0.26±0.01	<0.20	<0.40	<0.20	<0.40	0.26
冬瓜	北京	0.70±0.10	<0.20	<0.40	<0.20	<0.40	0.70
	天津	2.08±0.39	<0.20	<0.40	<0.20	<0.40	2.08
	上海	3.81±0.67	<0.20	<0.40	<0.20	<0.40	3.81
	杭州	0.68±0.30	<0.20	<0.40	<0.20	<0.40	0.68
西葫芦	北京	2.49±0.34	<0.20	<0.40	0.79±0.05	3.12±0.23	6.40
	天津	4.04±0.60	<0.20	<0.40	<0.20	3.94±0.44	7.98
	杭州	1.69±0.22	<0.20	<0.40	0.38±0.05	<0.40	2.07
白萝卜	北京	2.10±0.10	<0.20	<0.40	<0.20	<0.40	2.10
	天津	2.94±0.35	<0.20	<0.40	<0.20	<0.40	2.94
山药	北京	5.21±0.10	<0.20	<0.40	<0.20	<0.40	5.21
	天津	6.10±0.85	<0.20	<0.40	<0.20	<0.40	6.10
	杭州	5.63±0.29	<0.20	1.31±0.13	<0.20	<0.40	6.94
紫甘蓝	北京	5.38±0.23	<0.20	<0.40	<0.20	<0.40	5.38
	天津	4.61±0.25	<0.20	<0.40	<0.20	<0.40	4.61

蔬菜中类黄酮化合物含量的差异除了与品种有关外，还与生长环境和采收季节密切相关。研究人员通过研究不同季节蔬菜中类黄酮物质含量的差异，发现春夏季节多数蔬菜中类黄酮物质含量显著高于秋冬季节，其中槲皮素和杨梅黄酮含量变化较大，玉米黄酮、山柰黄素和芹菜素含量变化较小。春夏季类黄酮物质含量较高的有香芹叶、马铃薯、球茎甘蓝、大蒜、茴香和白洋葱，秋冬季节类黄酮含量较高的有香芹叶、马铃薯、大蒜和球茎甘蓝，含量均超过20mg/100g（FW）。夏季莴苣槲皮素含量是冬季的4.3倍，夏季羽衣甘蓝槲皮素含量是冬季的1.6倍。

蔬菜不同器官和部位类黄酮含量也有较大差异。洋葱外皮槲皮素含量比内叶高，从外叶到内叶槲皮素含量呈下降趋势；马铃薯皮中类黄酮含量远高于块茎中的含量；芹菜叶片类黄酮含量高于芹菜心和叶柄。此外，不同烹调方法也会影响蔬菜类黄酮物质的含量。研究不同烹调方法（焯煮、微波、蒸制）对3种十字花科叶菜（娃娃菜、芥蓝、芥菜）中总黄酮的影响，发现总黄酮含量在焯煮后剧烈下降，蒸制和微波处理对类黄酮物质的保存均十分有利，可能促使蔬菜的总黄酮含量显著上升。

（二）类黄酮化合物在水果中的分布与含量

研究人员检测了我国常见的38种水果中5种类黄酮化合物（槲皮素、山柰黄素、玉米黄酮、杨梅黄酮和芹菜素）的含量（表3-6，表3-7），发现石榴、山楂和红提中类黄酮含量最为丰富，可达62.37mg/100g（FW）、41.58mg/100g（FW）和40.27mg/100g（FW）。草莓、巨峰葡萄、芒果、猕猴桃和龙眼中含量也较为丰富，个别地区达到20mg/100g FW以上。此外，冬枣、布朗、玫瑰葡萄、柚子、蜜柚、榴莲和樱桃番茄中类黄酮含量超过10mg/100g（FW）。黄杏、柿子、菠萝、荔枝、人参果、橄榄、青枣和伊丽莎白瓜的类黄酮物质含量较低，每100g鲜重5种类黄酮总含量低于5mg。所有水果均检出了槲皮素，但含量存在较大差异。

表3-6　5种类黄酮在常见38种水果中的分布及含量汇总

类黄酮种类	分布	含量
槲皮素	山楂、冬枣、红提、石榴、芒果、榴莲	含量超过10mg/100g（FW）
	黄杏、柿子、柳橙、柠檬、菠萝、荔枝、火龙果、人参果、橄榄、青枣、樱桃番茄、伊丽莎白瓜	含量低于5mg/100g（FW）
芹菜素	杭州火龙果	含量较低
玉米黄酮	大多数水果	除石榴外，含量均不丰富
杨梅黄酮	山楂、葡萄、红提、猕猴桃、草莓、龙眼、樱桃番茄	红提中含量高达26.54mg/100g（FW）
	海棠、李子、布朗、柚子、蜜柚	一般不超过5mg/100g（FW）
山奈黄素	山楂、久保桃、草莓、石榴、芒果、荔枝、火龙果、人参果	含量较低

表3-7　中国常见水果中类黄酮化合物的含量　　　　单位：mg/100g（FW）

水果	样品采集地	槲皮素	山奈黄素	芹菜素	玉米黄酮	杨梅黄酮	总量
苹果							
"富士"	北京	5.97±1.28	<0.20	<0.40	<0.20	<0.40	5.97
"富士"	杭州	8.50±1.08	<0.20	<0.40	<0.20	<0.40	8.50
"红星"	上海	5.31±0.05	<0.20	<0.40	<0.20	<0.40	5.31
黄杏	天津	2.35±0.67	<0.20	<0.40	<0.20	<0.40	2.35
李子	天津	3.43±0.65	<0.20	<0.40	0.26±0.05	3.19±0.12	6.88
	上海	7.66±0.39	<0.20	<0.40	0.46±0.14	3.16±0.32	11.28
香蕉	北京	13.53±1.67	<0.20	<0.40	3.68±0.61	<0.40	17.21
	天津	9.37±0.30	<0.20	<0.40	2.60±0.15	<0.40	11.97
	上海	11.12±2.83	<0.20	<0.40	<0.20	<0.40	11.12
	杭州	5.57±0.95	<0.20	<0.40	3.55±0.45	<0.40	9.12
樱桃番茄	上海	4.63±2.91	<0.20	<0.40	<0.20	8.09±2.17	12.72
青枣	杭州	1.27±0.26	<0.20	<0.40	<0.20	<0.40	1.27
海棠	北京	6.46±0.29	<0.20	<0.40	0.43±0.10	4.32±0.28	11.21
	天津	6.13±0.48	<0.20	<0.40	<0.20	1.62±0.22	7.75
冬枣	北京	10.73±0.82	<0.20	<0.40	0.73±0.35	<0.40	11.46
榴莲	杭州	10.66±0.93	<0.20	<0.40	<0.20	<0.40	10.66
伊丽莎白瓜	北京	3.37±0.37	<0.20	<0.40	<0.20	<0.40	3.37
	天津	3.35±0.90	<0.20	<0.40	<0.20	<0.40	3.35
红提	上海	13.73±0.82	<0.20	<0.40	<0.20	26.54±0.09	40.27
柳橙	杭州	3.36±0.65	<0.20	<0.40	1.82±0.38	<0.40	5.18
葡萄							
"巨峰"	北京	10.68±1.86	<0.20	<0.40	<0.20	11.80±0.08	22.48
"巨峰"	天津	7.58±1.03	<0.20	<0.40	0.20～0.85	<0.40	7.98
"巨峰"	杭州	4.41±0.45	<0.20	<0.40	2.64±0.00	18.12±0.00	25.17
"玫瑰"	北京	10.19±1.87	<0.20	<0.40	2.75±0.39	<0.40	12.94
甜瓜	北京	9.07±1.88	<0.20	<0.40	<0.20	<0.40	9.07
山楂	天津	15.92±0.64	<0.20	<0.40	<0.20	11.51±1.03	41.58
布朗	北京	10.18±3.57	<0.20	<0.40	<0.20	4.30±0.81	14.48
	天津	4.75±0.34	<0.20	<0.40	<0.20	5.51±1.55	10.26

水果	样品采集地	槲皮素	山奈黄素	芹菜素	玉米黄酮	杨梅黄酮	总量
蜜橘	北京	6.81±0.47	<0.20	<0.40	0.59±0.03	<0.40	7.40
	天津	7.27±0.88	<0.20	<0.40	<0.20	<0.40	7.27
	上海	12.18±1.63	<0.20	<0.40	2.31±0.05	<0.40	14.49
白兰瓜	北京	6.82±0.09	<0.20	<0.40	<0.20	<0.40	6.82
	天津	5.85±1.68	<0.20	<0.40	<0.20	<0.40	5.85
久保桃	北京	7.78±1.06	<0.20	<0.40	1.01±0.03	<0.40	8.79
	天津	6.85±0.33	<0.20	<0.40	<0.20	<0.40	8.84
猕猴桃	北京	4.87±1.21	<0.20	<0.40	0.50±0.14	5.88±0.93	11.25
	上海	12.45±2.78	<0.20	<0.40	<0.20	8.09±2.17	20.54
金橘	天津	8.00±0.27	<0.20	<0.40	0.20~0.66	<0.40	8.35
	杭州	5.39±2.53	<0.20	<0.40	1.22±0.86	3.43±0.68	10.04
柠檬	北京	6.33±0.89	<0.20	<0.40	<0.20	<0.40	6.33
	天津	3.00±0.85	<0.20	<0.40	<0.20	<0.40	3.00
龙眼	北京	11.80±3.49	<0.20	<0.40	<0.20	8.54±0.86	20.34
	天津	9.19±0.21	<0.20	<0.40	<0.20	7.86±0.41	17.05
荔枝	天津	2.95±0.12	0.33±0.04	<0.40	<0.20	<0.40	3.28
芒果	北京	15.72±2.95	4.79±0.04	<0.40	3.26±0.77	<0.40	23.77
	天津	10.14±0.16	<0.20	<0.40	2.04±0.30	<0.40	12.18
橄榄	杭州	2.43±0.17	<0.20	<0.40	<0.20	<0.40	2.43
木瓜	杭州	5.66±0.66	<0.20	<0.40	<0.20	<0.40	5.66
梨							
"皇冠"	北京	6.39±2.23	<0.20	<0.40	1.07±0.65	<0.40	7.46
"丰水"	北京	5.89±0.88	<0.20	<0.40	1.26±0.10	<0.40	7.15
"烟台"	天津	9.08±0.50	<0.20	<0.40	<0.20	<0.40	9.08
"苹果"	天津	5.79±0.64	<0.20	<0.40	<0.20	<0.40	5.79
"水晶"	上海	2.28±0.95	<0.20	<0.40	<0.20	<0.40	2.28
"水晶"	杭州	2.99±0.25	<0.20	<0.40	<0.20	<0.40	2.99
柿子	杭州	4.21±0.97	<0.20	<0.40	<0.20	<0.40	4.21
菠萝	北京	3.28±0.10	<0.20	<0.40	0.53±0.05	<0.40	3.81
火龙果	北京	4.08±0.90	1.18±0.26	<0.40	0.15±0.01	<0.40	5.41
	天津	6.91±0.52	<0.20	<0.40	1.27±0.57	<0.40	8.18
	杭州	3.05±1.18	0.88±0.16	1.54±0.29	<0.20	<0.40	5.47
石榴	天津	16.78±1.03	<0.20	<0.40	23.61±0.66	16.07±0.65	62.37
柚子	北京	5.96±0.00	<0.20	<0.40	1.21±0.17	4.23±1.57	11.40
椪柑	杭州	5.02±0.55	<0.20	<0.40	0.73±0.35	<0.40	5.75
人参果	杭州	2.49±0.11	0.81±0.06	<0.40	<0.20	<0.40	3.30
草莓	天津	11.44±1.43	<0.20	<0.40	1.33±0.11	8.11±1.69	20.88
	杭州	8.00±0.28	1.32±0.05	<0.40	1.50±0.26	17.24±4.64	28.06
蜜柚	天津	9.09±0.24	<0.20	<0.40	1.05±0.01	3.78±0.61	13.92
西瓜	北京	4.80±0.55	<0.20	<0.40	<0.20	<0.40	4.80
	天津	6.26±1.04	<0.20	<0.40	<0.20	<0.40	6.26
	上海	4.13±0.60	<0.20	<0.40	<0.20	<0.40	4.13

水果中类黄酮物质含量的差异除了与品种不同有关外，还与生长环境、贮藏条件、采摘时间、成熟程度等多种因素有关。采样于不同地区的水果，尽管品种相同，一些类黄酮物质含量也有一定差异。美国农业部编制了食物中类黄酮物质含量的数据库（USDA database for the flavonoid content of selected foods，release 2.1），其公布的一些水果中类黄酮物质含量与我国科学家的测定值有较大差异，如美国富士苹果槲皮素含量为 0～4.91mg/100g，而其他研究中富士苹果槲皮素测定含量为 5.97～8.50mg/100g；美国草莓槲皮素测定含量为 0～3.20mg/100g，而其他研究测定的平均含量为 9.72mg/100g。因此，评估水果中类黄酮物质的含量还需根据实地的测量结果。

　　据统计，我国居民每日人均蔬菜类黄酮化合物摄入量约为 13.90mg，其中槲皮素 7.12mg（51.1%）、芹菜素 3.52mg、玉米黄酮 1.9mg、杨梅黄酮 1.36mg。我国居民每日人均从水果中摄入的 5 种类黄酮物质总量约为 2.80mg，其中，槲皮素 2.35mg、山奈黄素 0.03mg、玉米黄酮 0.18mg、杨梅黄酮 0.24mg。此外，从茶、饮料和酒中也可摄取一定量的类黄酮化合物，因此，人均摄食总量超过 16.70mg，其中槲皮素最为丰富，占比 56.7%。

四、生理功能

　　类黄酮具有多种有益健康的功效，如抗氧化活力、控制体重、防御心血管疾病、抗过敏反应、改善血管脆性、抵御病毒和细菌感染、抗炎、预防年龄相关的神经退行性疾病、抗血小板凝集效应，以及离子转运效应等等。流行病学研究表明，饮食摄取类黄酮与西方国家的三大死因（冠心病、卒中和癌症）之间呈负相关。

　　（1）肝保护作用　类黄酮化合物在化学性肝损伤、免疫性肝损伤、药物性肝损伤和酒精性肝损伤等方面疗效显著。如从水飞蓟种子中得到的水飞蓟素（silymarin）、异水飞蓟素（silydianin）及次水飞蓟素（silychristin）等类黄酮成分，经动物实验及临床实践均证明有很强的保肝作用，在临床上用于治疗急性肝炎、慢性肝炎、肝硬化及多种中毒性肝损伤等疾病。另外，（+）-儿茶素对脂肪肝及因半乳糖胺或 CCl_4 等引起的中毒性肝损伤均有一定效果。类黄酮作为一种具有保肝作用的传统天然活性物质，主要通过抑制氧化应激，调节转化生长因子β1（transforming growth factor β1，TGF-β1）/Smad、B 淋巴细胞瘤/白血病-2 基因（B-cell lymphoma-2，Bcl-2）/Bax、脂联素（adiponectin，ADPN）、腺苷酸活性蛋白激酶（AMPK）/沉默信息调节因子 1（silence information regulator 1，SIRT1）、NF-κB、库普弗细胞活化和詹纳斯激酶（janus kinase，JAK）/信号传导及转录激活因子 3（signal transducers and activators of transcription 3，STAT3）等信号通路，减轻线粒体损伤，以及改善脂质代谢功能。

　　（2）抗肿瘤作用　茶树花中的类黄酮类物质能较强地抑制癌细胞，杜仲总类黄酮具有很强的抗肿瘤作用，白花蛇舌草总类黄酮对 BGC-823 胃癌细胞的生长增殖有明显的抑制作用。此外，龙眼壳粗黄酮提取物可抑制肿瘤细胞生长，且对环磷酰胺（CTX）化疗药物具有增效减毒作用。类黄酮化合物抑制或杀死肿瘤细胞生长、预防和治疗癌症作用主要是通过诱导肿瘤细胞发生自噬性细胞死亡，干扰 JAK/STAT3 信号通路、磷脂酰肌醇-3-激酶（PI3K）/蛋白激酶 B（Akt）信号通路、MAPK 信号通路和 P53 通路等的细胞信号传导，抑制有氧糖酵解，抑制芳香化酶活性，促进肿瘤细胞凋亡和抑制微管生成。

　　（3）对心血管系统的作用　心血管疾病风险高的人口在我国高达 26%，每年因心血管疾病死亡的人数为 250 万～300 万。类黄酮化合物作为一种广泛分布于植物中的多酚化合物，具有抗氧化、抗炎症、扩张血管、抑制心律失常及抗血小板聚集等药理活性，对心血管的保护起到重要作用。美国食品和药物管理局将大豆列为能够真正降低患心脏病危险的少数食品之一，大豆的功能与含有的大豆异黄酮有关，主要成分是染料木黄酮和大豆素。含24%类黄酮（槲皮素、异鼠李素、山柰酚及其苷）的银杏制剂，适用于脑功能障碍、智力衰退、末梢血管血流障碍伴随的肢体血流不畅，临床上对冠心病、心绞痛和脑血管疾病等均有良好的疗效。利用沙棘总类黄酮开发的心达康片是治疗缺血性心脏病，缓解心绞痛，预防动脉粥样硬化、心肌梗死、脑血栓的理想天然药物，对治疗心绞痛的总有效率达 97.1%。其他类似药物还有：山楂叶总类黄酮制成的益心酮片，葛根总类黄酮、苦参总类黄酮以及葛根素等制成的药物，都具有同样的效果。

（4）对肠道微生物的作用　类黄酮化合物在调节肠道微生物菌群、促进营养物质吸收、保护肠上皮抵御摄入的食物毒素、维持肠屏障功能、调节胃肠道相关激素的分泌、增强胃肠道免疫系统等胃肠道功能方面具有重要的作用，对预防和控制胃肠道疾病的发生具有显著效果。

（5）抗菌消炎　柿叶中类黄酮化合物能够明显提高脑组织的抗氧化能力，降低脑内炎症水平。类黄酮化合物显著的抗菌消炎功效主要是通过影响前列腺素和 NO 的产生，影响细胞炎症信号因子的表达，调节氧化应激和抗氧化平衡，调节细胞信号传导途径 ［NF-κB、转录因子激活蛋白 1（activator protein 1，AP-1）、MAPK 等］，等。

（6）雌激素样作用　类黄酮化合物通过与雌激素受体结合而发挥雌激素样作用，具有兴奋和抑制的双重效应。淫羊藿总类黄酮对妇女缺乏雌激素所导致的骨质疏松症有防治作用，可用于妇女绝经后所发生的骨质疏松症的预防和治疗；大豆异黄酮是植物雌激素的重要来源，能缓解更年期因雌激素分泌减少而引起的更年期障碍和骨质疏松症。泰国产的番荔枝科植物蒙菁子（Anaxagorea luzonensis）的心材中的 8-异戊烯基柚皮素（8-isopentenylnaringenin），可用于治疗由雌激素缺乏所引起的骨质疏松、前列腺癌和前列腺肥大等疾病。

五、安全性

类黄酮的摄取如果超过一定的药学剂量，可能会对生物体产生一些副作用。有研究指出，剂量为 1～1.5g/d 的类黄酮药物（如儿茶素）具有一定的毒副作用，包括急性肾衰竭、溶血性贫血、血小板减少症、肝炎、发烧以及皮肤反应等。类黄酮在特定条件下会表现出一定的促氧化活性，产生自由基，从而可能损伤 DNA。一些黄酮醇对真核细胞有一定的基因毒害作用，具体毒害效果取决于它们的自动氧化过程：当酸碱环境为中性偏碱时（如在小肠），黄酮醇就可以发生自动氧化反应，因而可能诱导人体的基因毒害作用。但是，来源于植物的食品含有很多不同类型的类黄酮，而且含量也不同，因此，在含有大量类黄酮的膳食中，个别类黄酮的量一般不超过毒性剂量。

六、开发应用

寻找安全无毒、低热量、味质好的天然保健性甜味物质是当前植物资源利用的方向之一。某些类黄酮化合物可以用作非糖类甜味剂，主要为二氢查耳酮苷，如柑橘苷二氢查耳酮比蔗糖甜 300 倍，新橙皮苷二氢查耳酮比蔗糖甜 2000 倍。

类黄酮在医药临床上的应用已有较多年的历史，特别是在抗心血管疾病、抗肝毒方面都有较好的表现，如利用银杏叶提取物（槲皮素、异鼠李素、山奈酚及其苷构成）制成的药品，以及利用沙棘总黄酮开发的治疗心绞痛，预防动脉粥样硬化、心肌梗死、脑血栓的天然药物等。

第三节　花色苷类

花色苷是类黄酮化合物中的一类，也是最为人们所熟悉的天然水溶性色素。花色苷广泛存在于植物的花、果实、茎、叶和根等器官的细胞液中，使其呈现由红、紫红到蓝等不同颜色。作为食品添加剂中常见的一种天然食用色素，花色苷还具有抗氧化、抗炎、降血脂、改善胰岛素抵抗、抗突变和肿瘤等一系列促进人类健康和预防疾病的生理功能，因此在保健食品和辅助性治疗药物的开发方面具有广阔的前景。

一、结构和种类

花色苷含有与其他天然类黄酮化合物相同的 C_6—C_3—C_6 骨架，然而，相较于类黄酮化合物，它们吸收可见光的能力更强。花色苷是花青素（anthocyanins）以糖苷键与糖基结合形成的化合物。花青素又称糖苷配基，其基本结构为 2-苯基-苯并吡喃，目前，已知的天然存在的花青素有 20 多种，它们在碳骨架取代基（羟基和甲氧基）的位置和数量上有所不同，其中比较重要的花青素主要有 6 种，分别为矢车菊素（cyanidin）、天竺葵素（pelargonidin）、芍药素（peonidin）、飞燕草素（delphinidin）、矮牵牛素（petunidin）和锦葵素（malvidin），其化学结构如图 3-3 所示。花青素在自然条件下很少以游离态形式存在，而往往与糖基结合。使花色苷糖基化的糖分为单糖（如葡萄糖、半乳糖、阿拉伯糖、木糖和鼠李糖等）、二糖（如芸香糖和槐糖等）和三糖（如 2G-木糖苷芸香糖和葡萄糖苷芸香糖等）。根据糖基结合的位点和数量，花色苷被分为 8 种，其中经常存在的有 3-单糖苷、3-双糖苷、3,5-二糖苷以及 3,7-二糖苷。此外，花色苷上的糖基往往会被一些芳香酸类和脂肪酸类酰化，前者包括 p-香豆酸、芥子酸、没食子酸、对羟基苯甲酸、咖啡酸和阿魏酸等，后者包括丙二酸、乙酸、苹果酸、琥珀酸和草酸等。

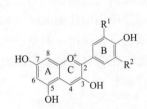

花青素种类	R^1	R^2
矢车菊素	OH	H
天竺葵素	H	H
芍药素	OCH_3	H
飞燕草素	OH	OH
矮牵牛素	OH	OCH_3
锦葵素	OCH_3	OCH_3

图 3-3　6 种常见花青素的结构

二、理化性质

花色苷存在一个高分子共轭体系，它含有酸性和碱性基团，因此易溶于水、甲醇、乙醇等极性溶剂。花色苷会随它们形成共振结构的能力、C_6—C_3—C_6骨架上取代基（主要是羟基、甲氧基和糖基）以及环境因素的不同而表现出千差万别的色泽。对于花色苷呈色而言，羟基化程度增加可使花色苷变得更蓝；B 环甲氧基化程度增加导致花色苷红色色调加强；糖基化一般会使花色苷产生蓝移效应（hypsochromic effect），且 A 环结合的糖基越多，蓝移效应越明显，蓝色色调越深。花色苷色调会随酸碱性的不同而有所差异，酸碱性从强酸性至中性乃至碱性，花色苷的色调会从红色变化至紫色乃至蓝色。

三、影响花色苷稳定性的因素

花色苷被公认为是最强的天然抗氧化物之一，具有缺电子的结构特征，极易受到活性氧负离子和自由电子的攻击，所以花色苷本身非常不稳定且极易被降解。通常情况下，花色苷的稳定性常会随着 2-苯基苯并吡喃阳离子结构的羟基化而减弱，而随着该结构的甲氧基化、糖基化和酰化而增强。除此之外，花色苷的稳定性还与一些外界因子如 pH 值、光、温度、氧化剂（如氧、过氧化物）、抗坏血酸、金属离子、酶、糖类等有关。

（一）pH 值

花色苷随 pH 值变化在黄𦊆盐阳离子、醌型碱、假碱、查尔酮 4 种形式之间发生可逆改变。pH<2 时，花色苷主要以单一的黄𦊆盐阳离子形式存在，呈现稳定的红色；pH 3~6 时，花色苷主要以无色的甲醇假碱和查尔酮的形式存在，而在中性或微酸性环境下，花色苷以紫色或浅紫色中性的醌型碱形式存在；pH>8 时，主要以蓝色离子化的醌型碱形式存在。一般情况下，花色苷在 pH<3 的条件下比较稳定，而在中性或者碱性环境中易发生降解；但是含有 2 个或 2 个以上酰基的花色苷在整个 pH 范围内都表现出较强的稳定性。

（二）光

尽管光在花色苷的生物合成过程中发挥重要的作用，但是它也会通过促进形成激发态的黄𦊆盐阳离子，从而加速花色苷的热降解速率。长时间光照会诱导花色苷碳骨架在 C2 位上断开，形成 C4 羟基的降解产物，之后被氧化成查尔酮，而查尔酮进一步降解成 2,4,6-三羟基苯甲醛和苯甲酸衍生物。

（三）温度

无论在自然条件下还是实验条件下，花色苷的稳定性都会受到温度的影响。大量研究表明，花色苷受热降解遵循一级动力学反应，即温度越高，花色苷的降解速率越快，保持稳定的速率越短。花色苷的降解是一个吸热反应，高温为花色苷的降解过程提供能量，可促进降解产物的产生，如蓝莓花色苷在 25℃ 条件下最为稳定，而当温度逐渐上升到 60℃，花色苷会以查尔酮的形式存在，稳定性变差，颜色转为无色。

（四）氧化剂和抗坏血酸

花色苷属于多酚类物质，极易被氧化。氧化剂可直接氧化花色苷或者使介质过氧化，然后通过介质间接和花色苷反应，促使花色苷降解。抗坏血酸和氧在花色苷降解过程中会有一定的协同作用，但抗坏血酸本身并不会使花色苷降解，其诱导花色苷降解的机制与它的氧化产物脱氢抗坏血酸、糠醛和 H_2O_2 等有关。

（五）金属离子

金属离子对花色苷的作用体现在辅色效果与稳定作用两方面。只有那些在 B 环上含有邻位羟基的花色苷才能与金属离子络合。不同金属离子对同一花色苷稳定性的影响不同，而同种离子对不同植物来源的花色苷的影响也有所差异。在对蓝莓花色苷稳定性的影响方面，高浓度 Zn^{2+}、Mn^{2+} 具有增色作用，而且能够增强花色苷的稳定性，Fe^{2+}、Fe^{3+} 和 Pb^{2+} 对花色苷具有破坏作用，使花色苷的稳定性下降；对芙蓉李花色苷的研究则发现，金属离子中 K^+ 和 Fe^{3+} 可增强其稳定性，而 Al^{3+} 会使花色苷的稳定性下降。

（六）酶

植物组织中存在许多催化花色苷降解以及色泽损失的酶类，这些酶通常被称为花色苷酶（anthocyanase），主要分为糖苷酶（glycosidase）和多酚氧化酶（polyphenol oxidase，PPO），前者是水解花色苷糖苷键的关键酶，而后者通常作用于具有邻-二酚羟基的花色苷，产生的中间产物使花色苷被氧化，并进一步被降解。此外，有研究报道过氧化物酶也可催化花色苷发生降解反应。

（七）糖类及其降解产物

在保存水果和水果产品时使用高浓度（>20%）的糖或糖浆，有可能会通过降低水的活度而对花色苷起到保护作用。这是因为水分有限时，花色苷的降解速率降低，花色苷的发色基团不易水化形成无色的假碱形式。研究表明，果糖、阿拉伯糖、乳糖和山梨糖的这种作用比葡萄糖、蔗糖和麦芽糖更强。然而，低浓度的糖会加速花色苷的降解或变色，超过某一界限（如 100mg/kg）时，糖及其降解产物也会加速花青素的降解，其降解速率与糖本身降解为呋喃型化合物的速率有关。

四、园艺产品中的分布及含量

花色苷广泛存在于 27 个科 73 个属的数万种植物中，分离得到的种类超过 500 种。目前，对花色苷含量研究较多的是美国和芬兰。2007 年，美国农业部发布了类黄酮（包括花色苷）的数据库（USDA，http://www.ars.usda.gov/nutrientdata），选择的食物有上百种，根据不同研究报道，总结出含有花色苷的食物约 50 种。在我国，研究人员通过建立一种简单通用的花色苷定量分析方法，即水解花色苷 3 位的糖苷键，只分析其苷元成分，最后以花青素的形式表示花色苷的含量，分析了我国广州、重庆、天津和武汉 4 个地区常见的 150 余种食物的花色苷组成及含量，为我国建立类黄酮数据库提供了宝贵的数据资源。

（一）花色苷在蔬菜中的分布与含量

通过测定常见蔬菜中三种主要花青素（矢车菊素、芍药素和飞燕草素）的含量发现，矢车菊素的分布最为广泛，几乎 80% 的被检蔬菜中含有矢车菊素。其中，紫甘蓝、紫苏、紫豇豆、紫菜薹、花豆角、芋头和洋葱中的花青素以矢车菊素为主。飞燕草素的分布亚于矢车菊素，几乎 60% 的被检蔬菜中含有飞燕草素。其中，茄子皮、心里美萝卜和樱桃萝卜中飞燕草素的含量相对丰富。相较而言，芍药素的分布并不广泛，仅有不到 20% 的样品中检测到该种花青素，值得一提的是，芍药素往往与其他种类花青素同时存在于蔬菜中，未发现单独含芍药素的蔬菜种类。

总体而言，蔬菜中花青素含量居于前三的是紫甘蓝、茄子皮和紫苏，每 100g 鲜重蔬菜中，矢车菊素、芍药素和飞燕草素的总含量最高分别达到 163.67mg、92.87mg 和 51.56mg。排在它们后面的是紫豇豆［39.38mg/100g（FW）］、紫菜薹［36.24mg/100g（FW）］和紫甘薯［21.41mg/100g（FW）］。豇豆、心里美萝卜、樱桃萝卜、芋头中的总花青素含量也较为丰富，每 100g 蔬菜中含有 12.6～15.87mg 不等（表 3-8）。

表 3-8　我国常见蔬菜中花青素的含量　　　　　　　单位：mg/100g（FW）

种类	来源	飞燕草素	矢车菊素	芍药素	总含量
紫甘蓝	广州		163.67±0.4475		163.67
	重庆		133.67±1.6921	0.66±0.0391	134.28
紫甘蓝 1	天津		123.15±3.0215		123.15
紫甘蓝 2	天津		88.60±0.5213		88.60
茄子皮	广州	89.72±2.0571	3.15±0.3427		92.87
茄子去皮	广州		0.45±0.0700		0.45
茄子	广州	5.14±0.1708			5.14
	重庆	0.30±0.0017	1.94±0.0036		2.25
	武汉	3.69±0.0669	10.90±0.2053		14.59
长茄 1	天津	5.45±0.1911			5.45
长茄 2	天津	4.19±0.0038			4.19
圆茄 1	天津	4.24±0.0611			4.24
圆茄 2	天津	3.84±0.0498			3.84
紫苏	广州		51.14±4.3900	0.42±0.0529	51.56
紫菜薹	广州		18.13±0.0354	0.32±0.0086	18.45
	武汉		35.22±0.9970	1.02±0.0369	36.24
角豆	广州	1.10±0.0124	4.84±0.0212		5.94
紫豇豆	重庆	1.92±0.0334	37.46±0.09415		39.38
豇豆	广州	0.74±0.0026	15.13±0.0778		15.87
	重庆	1.38±0.0245	3.43±0.0298		4.81
	天津	0.97±0.0102	1.36±0.0114		2.23
	武汉	0.98±0.0086	3.01±0.0192		3.99
芋头	广州		11.19±0.2121	1.41±0.0323	12.60
	重庆		2.65±0.0038		2.65
	武汉		1.07±0.0438		1.07
紫甘薯 1	广州	0.24±0.0609	0.77±0.0529	5.57±0.5654	6.58
紫甘薯 2	广州	0.29±0.0408	0.93±0.0493	6.80±0.3124	8.02
紫甘薯 1	重庆	2.55±0.0538	3.04±0.0353	15.83±0.4797	21.41
紫甘薯 2	重庆		2.77±0.0485	12.08±0.0576	14.35
樱桃水萝卜	广州	7.83±0.0356			7.83
红皮萝卜	广州	0.57±0.0024			0.57
	重庆	1.36±0.0022			1.36
	武汉	3.57±0.0201			3.57
心里美萝卜	天津	15.71±0.1122			15.71

种类	来源	飞燕草素	矢车菊素	芍药素	总含量
樱桃萝卜1	天津	12.61±0.094			12.61
樱桃萝卜2	天津	3.41±0.0402			3.41
紫洋葱	广州		4.64±0.3448		4.64
	重庆		1.30±0.0070		1.30
	天津		2.18±0.0695		2.18
	武汉		1.35±0.0225		1.35
莲藕	广州	2.09±0.1491	1.04±0.0283		3.13
	重庆	2.51±0.0138	1.38±0.0071		3.89
	天津	1.27±0.0111	0.72±0.0215		1.99
宜昌藕	武汉	2.54±0.1491	2.02±0.0519		4.56
粉藕	武汉	2.23±0.0505	1.13±0.0208		3.36
藕	武汉	1.80±0.0306	1.00±0.0092		2.79
莲子	武汉	0.51±0.0071	2.36±0.0168		2.87
菱角	广州	1.33±0.0238	1.06±0.0141		2.39
荷兰豆	广州	1.32±0.0154	0.68±0.070		2.00
	重庆	6.5±0.0372			6.50
	武汉	0.1±0.0089	1.11±0.0297		1.21
四季豆	广州	0.16±0.0102	0.98±0.0212		1.14
紫四季豆	重庆		0.45±0.0003	2.93±0.0167	3.38
绿四季豆	重庆		0.31±0.0025		0.31
芦笋	广州		0.48±0.0212		0.48
马蹄	广州		0.42±0.0141		0.42
冬苋菜	广州		0.24		0.24
马齿苋	广州	0.12±0.0039			0.12
淮山	广州		0.12±0.0141		0.12
豆芽	广州	0.016±0.0032	0.09		0.11
小红尖椒	广州		0.07		0.07
红彩椒	广州		0.05		0.05
红尖椒	广州		0.04		0.04
鲜蜜豆	广州	0.04±0.0045			0.04
鱼腥草	重庆		19.37±0.2412	1.76±0.1945	21.13
蚕豆	重庆	1.97±0.0643	1.42±0.0297		3.39
刀豆	重庆		1.31±0.0073	0.67±0.0048	1.98
蕨菜	重庆		1.23±0.0616		1.23
紫背天葵	重庆		1.02±0.0704		1.02
香椿	重庆		0.90±0.0296		0.90
油豆	天津	0.47±0.0102	0.81±0.0321		1.27
扁豆	武汉		0.83±0.0189	0.39±0.0466	1.22
枸杞苗	武汉		0.99±0.1424		0.99

注：空白代表未检测到。

（二）花色苷在水果中的分布与含量

根据花色苷配基的不同，可将富含花色苷的水果分成三大类，分别是天竺葵素类、矢车菊素/芍药素类和多组分花青素类。含有天竺葵素类的水果数量较少，较为典型的是草莓，它的天竺葵素-3-葡萄糖苷的含量远远高于其他花色苷组分。含有矢车菊素/芍药素类的水果种类最多，包括黑树莓、黑莓、甜樱桃、桑葚等。由于矢车菊素葡萄糖苷和芍药素葡萄糖苷之间可通过甲基化和去甲基化实现相互转化，两者都可以代谢转化成原儿茶酸和香草酸，芍药素含量丰富的水果如蔓越莓也属于该类别。多组分花青素类的水果包括最常见的蓝莓和葡萄。

通过测定常见水果中矢车菊素、芍药素和飞燕草素的含量发现，花青素总含量最高的水果是广州的桑葚 [427mg/100g（FW）] 和重庆的杨梅 [227mg/100g（FW）]。黑布林、黑加仑和小山楂中花青素的含量也颇为丰富，每100g鲜重水果中分别含有55.58mg、45.52mg和31.54mg。其次是巨峰葡萄、石榴、草莓、樱桃、柿子和莲雾，每100g鲜重中花青素含量从5.54mg到8.68mg不等。相比较而言，香蕉、梨、枇杷、木瓜、荔枝和龙眼等水果中花青素的含量较低 [小于1mg/100g（FW）]。值得注意的是，不同产地来源的水果，其花青素的含量也不尽相同，如广州桑葚中花青素的含量几乎是重庆桑葚的4倍，是天津桑葚的10倍。同种水果的不同品种之间，花青素的含量也相差较大，如红肉三华李的花青素含量约是一般李的7倍（表3-9）。

表3-9　我国常见水果中花青素的含量　　　　　　　　单位：mg/100g（FW）

种类	来源	飞燕草素	矢车菊素	芍药素	总含量
桑葚	广州		412.16±15.8272	14.86±0.3485	427.02
桑葚	重庆		125.28±1.5911	1.24±0.0482	126.52
桑葚	天津		48.91±2.1712		48.91
杨梅	广州	2.57±0.0058	90.6±0.0212	1.14±0.0180	94.31
杨梅	广州	1.07±0.0073	29.9±0.0702	0.66±0.0143	31.63
杨梅	重庆		227.11±4.5700		227.11
黑布林	广州	0.49±0.0095	54.04±0.2139	1.05±0.0048	55.58
黑布林	重庆		35.42±0.1021		35.42
三华李	广州		30.02±0.0451	0.42±0.0120	30.44
红布林	重庆		11.60±0.0052		11.60
李子	广州		4.12±0.0100		4.12
李子	重庆		6.20±0.0095		6.20
李子	天津		39.89±0.1892		39.89
李子	武汉		2.26±0.0257		2.26
黑加仑	广州	6.42±0.01374	6.72±0.0100	32.38±0.0082	45.52
山楂	广州		24.64±0.2687		24.64
小山楂	天津		31.54±0.7215		31.54
大山楂	天津		19.55±0.3511		19.55
大红果	天津		9.99±0.0762		9.99
巨峰葡萄	广州	1.01±0.2584	1.35±0.1518	6.32±0.2380	8.68
红柿	广州	3.75±0.0714	1.86±0.0212		5.61
磨盘柿子	天津	1.66±0.0192	0.88±0.0131		2.54
莲雾	广州	0.21±0.0156	5.33±0.0529		5.54
石榴	广州	0.69±0.0194	3.65±0.0354		4.34
石榴	天津	2.31±0.0283	4.99±0.0101		7.30
红肉番石榴	广州	0.39±0.0464	2.09±0.2570	0.51±0.0413	2.99
番石榴	广州	0.81±0.0050	1.48±0.0416	0.18±0.0092	2.47
胭脂红石榴	广州	0.51±0.0085	0.61±0.0173		1.12

种类	来源	飞燕草素	矢车菊素	芍药素	总含量
皇帝蕉	广州	2.22±0.0212	0.18±0.0071		2.40
芭蕉	广州	0.53±0.0127			0.53
芭蕉	重庆	0.04±0.0017			0.04
香蕉	广州	0.05±0.0084	0.06±0.0058		0.11
香蕉	重庆	0.04±0.0009			0.04
杨桃	广州		1.77±0.0737		1.17
青提	广州		1.55±0.0424		1.55
草莓	广州		1.39±0.0400		1.39
草莓	重庆		5.65±0.0779		5.65
草莓	武汉		5.66±0.0333		5.66
天津草莓	天津		2.35±0.0574		2.35
山东草莓	天津		1.11±0.0026		1.11
水蜜桃	广州		0.25±0.0071		0.25
桃	重庆		1.13±0.0086		1.13
水蜜桃	天津		3.37±0.0904		3.37
脆桃	武汉		1.05±0.0082		1.05
海棠果	广州		1.17±0.0212		1.17
菠萝蜜	广州		0.97±0.0071		0.97
苹果	广州		0.79±0.0400		0.79
鸡心黄皮	广州	0.64±0.0139			0.64
台湾红枣	广州	0.25±0.0023	0.27		0.52
冬枣	广州		0.24		0.24
枣	重庆		1.62±0.0110		1.62
榴莲	广州		0.52±0.0071		0.52
新疆香梨	广州		0.41		0.41
蜜梨	广州		0.34±0.0071		0.34
雪花梨	广州		0.30±0.0071		0.30
冰糖梨	广州		0.26±0.0071		0.26
水晶梨	广州		0.25		0.25
贡梨	广州		0.20		0.20
皇冠梨	武汉		0.21±0.0027		0.21
荔枝	广州		0.37±0.0115		0.37
龙眼	广州		0.27±0.0071		0.27
橄榄	广州		0.25±0.0071		0.25
枇杷	广州		0.05±0.0058		0.05
枇杷	重庆		0.58±0.0054	0.32±0.0021	0.91
木瓜	广州			0.03±0.0005	0.03
沙田蜜柚	广州		0.03		0.03
芒果	广州		0.02		0.02
火龙果	广州		0.02±0.0058		0.02
山竹	广州		1.10±0.0872		1.10
樱桃	重庆		5.65±0.0779		5.65
杏	重庆		0.93±0.0091		0.93
黄杏	天津		0.95±0.0311	0.17±0.0210	1.12
猕猴桃	重庆		0.81±0.0076		0.81
猕猴桃	武汉		0.74±0.0102		0.74
油桃	天津		2.31±0.0801		2.31
沙果	天津		2.15±0.0030		2.15

注：空白表示未检测到。

五、生理功能

花色苷具有抗氧化、抗炎症、降血脂、改善胰岛素抵抗、抗突变和肿瘤的生理功能，除此之外，花色苷还具有保护视力、改善肝功能、抗衰老、抗菌、抗病毒和抗辐射损伤等功效。

（一）抗氧化作用

花色苷作为一种类黄酮化合物，具备类黄酮的一般物化共性，其中最典型的就是高抗氧化活性。研究表明，花色苷的抗氧化活性是维生素 E 的 50 倍，维生素 C 的 20 倍。其发挥氧化能力的机制主要包括直接和间接清除自由基，以及螯合金属离子。花色苷抗氧化能力的大小与其结构具有一定相关性，主要分为以下几点：①A 环上的羟基数目越多，花色苷的抗氧化能力越强；②A 环和 B 环 3，5 位置的羟基及 C4 位的"碳氧双键"具有很强的清除自由基能力；③C 环 C3 位羟基糖基化，一般会减弱花色苷的抗氧化能力；④B 环上羟基为邻位者，其抗氧化能力高于对位者，另外 B 环上羟基数目越多，抗氧化能力越强。

（二）抗炎作用

炎症（inflammation）反应与多种慢性疾病，如肥胖、动脉粥样硬化（atherosclerosis，AS）的发生密切相关，动脉粥样硬化是心血管疾病的常见类型，由它引起的心、脑血管疾病目前已成为引起居民死亡的最主要的疾病之一。花色苷具有较强的抗炎作用，可能与它能抑制包括核转录因子 NF-κB 和 CD40-CD40L 炎症信号通路的活化、降低促炎蛋白酶的表达、减少促炎因子合成和释放等有关。在一个随机双盲试验中，让 150 名患有高胆固醇血症的患者摄入纯化的花色苷混合物或安慰剂，结果发现，与安慰剂组相比，花色苷混合物摄入组的患者体内血管细胞黏性分子 1（vascular cell adhesion molecule-1，VCAM-1）、超敏 C 反应蛋白（high sensitility C-reactive protein，hs-CRP）和白介素 1β（interleukin 1β，IL-1β）的水平显著降低。

（三）辅助降血脂作用

高脂血症是代谢紊乱引起的一种疾病，是心脑血管疾病发病的前奏，也是导致动脉粥样硬化的主要因素。不论是富含花色苷的天然食物，还是经过提取纯化的花色苷提取物，在不同的动物和人群试验中均展现了其改善血脂代谢的特性。花色苷对血脂异常的调节作用主要表现在：①降低血清和肝脏中丙二醛（malondialdehyde，MDA）的含量，升高血清和肝脏中超氧化物歧化酶（superoxide，SOD）和谷胱甘肽过氧化物酶（glutathione peroxidase，GSH-Px）的活性；②降低血液中总甘油三酯（total triglyceride，TG）、总胆固醇（total cholesterol，TC）、低密度脂蛋白胆固醇（low density lipoprotein cholesterol，LDL-C）的水平，提高高密度脂蛋白胆固醇（high density lipoprotein cholesterol，HDL-C）的含量；③促进胆固醇逆向转运（reverse cholesterol transport，RCT）。

（四）改善胰岛素抵抗

胰岛素抵抗（insulin resistance）是指机体对一定量胰岛素的生物学反应低于预计正常水平的现象，是 Ⅱ 型糖尿病的显著特征，也是肥胖症、高血压、脂质代谢异常等疾病的共同病理机制。流行病学研究表明，富含多酚化合物的植物性食品能降低胰岛素抵抗相关疾病的发病风险，花色苷作为蔬菜水果中重要的多酚类物质，在改善胰岛素抵抗方面的作用已被大量细胞和动物实验证实。花色苷调节胰岛素抵抗的机制主要表现为：①调节血脂代谢和糖代谢；②增强胰岛素及其受体的敏感性和反应性；③调节脂肪组织分泌因子的分泌，这些分泌因子包括肿瘤坏死因子α（tumor necrosis factor-α，TNF-α）、脂联素、抵抗素、瘦素、过氧化物酶体增殖物激活受体γ等。

（五）抗突变及抗肿瘤作用

目前，花色苷的抗突变和抗肿瘤活性已在多个癌细胞模型上得到证实，对于食管癌、肠癌、皮肤癌、肺癌等癌症具有较好的防治作用。花色苷抗突变和肿瘤的作用机制包括抗氧化、抗炎、抗血管新生（angiogenesis）、抗侵袭以及促分化，它们在肿瘤形成的不同阶段都发挥着重要的功能。具体来说，在肿瘤的起始阶段，花色苷可以通过抗氧化作用抑制 DNA 发生突变；在肿瘤的发生阶段，花色苷可以通过抑制 MAPK 信号通路减少环氧合酶（cyclooxygenase，COX）、一氧化氮等炎症因子的表达，减弱炎症反应，同时可以抑制血管内皮生长因子（vascular endothelial growth factor，VEGF）及其受体的表达，抑制肿瘤细胞的增殖；在肿瘤的发展阶段，花色苷通过激活 c-Jun 氨基端激酶（c-Jun N-terminal kinase，JNK）和蛋白酶 Caspase-3 促进癌细胞凋亡，以及抑制基质金属蛋白酶（matrix metalloproteinases，MMPs）表达，来阻止癌细胞的侵袭和转移从而发挥抗癌作用。

六、建议摄入量及安全性

根据《中国居民膳食营养素参考摄入量（2013）》推荐，花色苷的建议摄入量是每天 50mg，因为每天摄入超过 50mg 的花色苷可产生较明显的健康促进作用。由于花色苷易溶于水，生物利用率较低，且非常容易通过尿液排出，目前尚未发现花色苷在普通膳食条件下引起中毒的安全问题。联合国 FAO/WHO 联合食品添加剂专家委员会根据花色苷的急性毒性、致突变性、生殖毒性和致畸性，认为它属于"毒性极小"，并将其列入天然色素类食品添加剂。

七、开发应用

花色苷作为一种安全、无毒、来源丰富的天然色素，色彩丰富，在食品领域有着巨大的应用潜力。目前，花色苷已被广泛应用于果汁、酒精饮料、果酱、乳品、糖果和腌制品等食品中。由于花色苷具有抗氧化、抗发炎、抗过敏和抗衰老等功效，因此可以作为抗氧剂、过敏抑制剂、活肤抗衰剂等应用于化妆品的开发。此外，花色苷具有疾病预防和健康促进功效，如治疗心血管疾病、改善胰岛素抵抗、抗肿瘤和保护视力等，因此可作为保健食品或辅助治疗药物进行开发利用。

第四节　类胡萝卜素

类胡萝卜素是由植物、藻类和光合细菌合成的一类天然色素，是许多植物的黄色、橙色和红色的来源。动物自身不能合成类胡萝卜素，必须直接从食物中获得，或者通过代谢反应进行部分修饰。水果和蔬菜提供了人类饮食中 40～50 种类胡萝卜素。饮食中最常见的类胡萝

卜素是 α-胡萝卜素、β-胡萝卜素、β-隐黄质、叶黄素、玉米黄质和番茄红素。类胡萝卜素在动物体内扮演着重要的角色，是优良的抗氧化剂，能清除体内的自由基，在防癌、抗癌、抗衰老、预防心血管疾病和预防眼病等方面也起重要作用。

一、结构和种类

类胡萝卜素是一类四萜烯，由 8 个异戊二烯基本单位构成。结构上，类胡萝卜素有一个多聚烯主链，末端基团可以为环，可以有氧原子的附加（表 2-5）。目前，已知的类胡萝卜素超过 850 种，可分为两大类，即分子中不含氧原子只含碳、氢的胡萝卜素类及含氧原子的叶黄素类。胡萝卜素类主要成分是 β-胡萝卜素、α-胡萝卜素、γ-胡萝卜素（γ-carotene）、δ-胡萝卜素（δ-carotene）和番茄红素等。叶黄素类的结构具有明显的多样性，如 β-隐黄质（β-cryptoxanthin）、叶黄质、玉米黄质、虾青素、新黄质（neoxanthin）等含有羟基、羰基、醛、羧基、环氧和呋喃氧化物基团。有些叶黄素以脂肪酸酯、糖苷、硫酸盐和蛋白质复合物的形式存在。α-胡萝卜素、β-胡萝卜素和 β-隐黄质是维生素 A 原类胡萝卜素，可以被人体转化为视黄醇。

二、理化性质

类胡萝卜素大多难溶于水，易溶于脂肪和脂肪溶剂。类胡萝卜素的颜色，从浅黄色到亮橙色到深红色，与其分子结构直接相关。碳碳双键与单键交替，相互作用，形成了共轭体系，使得电子更为自由地在分子内的区域移动。随着双键数量的增加，共轭体系的电子有更大的移动空间，只需较低能量就可以改变状态，这使得分子吸收光能的范围缩小。在可见光谱短波端的更高频率的光被吸收，类胡萝卜素分子就显出更多的红色。β-胡萝卜素的分子式为 $C_{40}H_{56}$，含有 15 个共轭双键，两端含有 β-紫罗兰酮环。β-胡萝卜素可溶于二硫化碳、苯、氯仿等溶剂，微溶于甲醇、乙醇、食用油等溶剂，不溶于水、酸和碱等，以不同的有机溶剂提取得到的晶体形状不同，一般为深紫红色六棱柱结晶或红色正方形叶片晶体。β-胡萝卜素对空气、光和热较敏感，空气中易被氧化而变为无色、无活性的氧化产物。α-胡萝卜素为红黄色板状结晶，能溶于石油醚、氯仿，难溶于甲醇。番茄红素为含有 11 个共轭双键、2 个非共轭双键的多不饱和脂肪烃，是一种很重要的类胡萝卜素，结晶是暗红色。叶黄素类的各种色素常是黄色的，因而得名。

三、园艺产品中的分布及含量

在自然界中，类胡萝卜素广泛分布且被大量合成于高等植物的光合、非光合组织（包括叶、花、果及根）及微生物（包括藻类和某些光合和非光合细菌）中（表 3-10）。植物的绿色组织除了叶子和茎外还包括绿色果实、豆荚和豆类的种子（如豌豆），这些植物组织中的叶绿体含有叶绿素因而显现绿色。叶绿体中的光合系统 I 和 II 的蛋白复合体均含有类胡萝卜素，其作用是淬灭过剩的光能。虽然绿色蔬菜和水果中的类胡萝卜素种类几乎不变，但其比例受环境的影响有很大变化。一般来说，深绿色表示叶绿体多，类胡萝卜素含量也高，如生菜和结球甘蓝，外层深绿色的叶子中类胡萝卜素的含量最高，而内层浅绿色或白色的叶子中只含有很少的类胡萝卜素。黄色、橙色和红色的植物组织（包括果实、花、根和种子）中一般含有较多的类胡萝卜素，如胡萝卜和甘薯这种食用根类中含有很多的胡萝卜素，这些色素也是在叶绿体中合成与积累的。能够食用的高等植物的花并不多，最常见的是花椰菜和青花菜。花椰菜不含或只含有很少的类胡萝卜素，但新型的橙色品种却可以生成大量的β胡萝卜素。叶黄素与其他类胡萝卜素在成熟的叶子中显色并不显著，这是由于被叶绿素的绿色所遮盖。但是当叶绿素不存在时，如嫩叶与干枯的落叶，黄色、橙色和红色等颜色就凸显出来。同样的原因，类胡萝卜素的颜色在成熟的水果上也是明显的（如橙子和香蕉），也是由于起遮盖作用的叶绿素的消失。

表 3-10　常见园艺产品中类胡萝卜素的含量　　　　　　　单位：mg/100g（FW）

类胡萝卜素种类	园艺产品种类	含量
β胡萝卜素	杏	＞ 0.5
	青花菜	＞ 2
	黄豆芽	0.5～2
	酿酒葡萄	＞ 2
	胡萝卜	＞ 2
	柚子	0～0.5
	绿叶菜	＞ 0.1
	番石榴	0.1～0.5
	甘蓝	＞ 2
	香蕉	0.5～2
	生菜	0.1～2
	枇杷	0.1～0.5
	芒果	＞ 0.5
	橙子	0～0.5
	木瓜	0.1～0.5
	豌豆	0.1～0.5
	桃子	0.5～2
	辣椒	0.5～2
	菠菜	＞ 2
	南瓜	0～2
	甘薯	＞ 2
	橘子	0～0.5
	番茄	0.1～0.5
	树番茄	0.1～0.5
	西印度樱桃	0.5～2
β隐黄质	枇杷	0～0.5
	木瓜	0.1～2
	辣椒（红、橙）	0.1～0.5
	柿子	0.5～2
	番樱桃	0.5～2
	南瓜	0.1～2
	橘子	0.1～2
	树番茄	0.1～2
	西印度樱桃	0～0.1

类胡萝卜素种类	园艺产品种类	含量
叶黄素	青花菜	>2
	绿叶蔬菜	> 2
	辣椒（黄、绿）	> 2
	南瓜	> 0.1
番茄红素	杏	0～0.1
	胡萝卜（红）	0.5～2
	柚子（红）	0.1～2
	枇杷	0.5～2
	木瓜	0.1～2
	柿子	0～2
	番茄	> 2
	西瓜	> 0.5
玉米黄质	酿酒葡萄	0.5～2
	枸杞	> 2
	辣椒（橙、红）	> 2
	柿子	0.1～0.5
	南瓜	0.1～0.5
	甜玉米	0.1～0.5

四、生理功能

类胡萝卜素类物质具有明显的抗氧化、抗衰老和抗突变等生物学效应，在预防视黄斑退化及心血管疾病、阻断肿瘤发生与发展及增强机体免疫力等方面有着广泛的生物学活性。膳食类胡萝卜素的五个生物学特性决定了其生物学活性，包括作为清除和淬灭氧化代谢的反应性氧化还原中间体的抗氧化剂；作为增强内源性抗氧化剂系统的亲电子试剂；作为维生素 A 的前体化合物；抑制由 NF-κB 途径介导的炎症相关过程；直接结合核受体（NRs）和靶细胞中的其他转录因子。

（一）生物有效性及吸收代谢

由于类胡萝卜素主要是碳氢化合物，需要依靠饮食中的脂肪才能被肠腔吸收。人类小肠吸收从饮食中摄取的类胡萝卜素，并把类胡萝卜素包装成富含三酰基甘油的乳糜微粒，通过血液运输到肝脏和各种器官。三种主要的脂蛋白，即极低密度脂蛋白（VLDL）、低密度脂蛋白（LDL）和高密度脂蛋白（HDL）都参与类胡萝卜素的运输。

（二）生物活性

1. 维生素 A 原活性

维生素 A 对于正常的生长发育、免疫系统功能和视力至关重要。目前，人类公认的类胡萝卜素的基本功能是维生素 A 原，也就是 α-胡萝卜素、β-胡萝卜素和 β-隐黄质可以作为维生素 A 的来源。与维生素 A 相比，前维生素 A 的类胡萝卜素不易被吸收，必须被人体转化为视黄醇和其他类视黄醇。前维生素 A 类胡萝卜素转化为视黄醇的效率变化很大，这取决于食物基质、食物制备以及人的消化吸收能力等因素。维生素 A 的最新国际度量标准是视黄醇活性当量（RAE）。已确定人体提供的补充剂中每 2μg β-胡萝卜素可以被人体转化为 1μg 视黄醇，其 RAE 比为 2:1。但是，从食物中需要摄取 12μg 的 β-胡萝卜素才能向人体提供 1μg 的视黄醇，所以饮食中 β-胡萝卜素的 RAE 比为 12:1。食物中的其他维生素 A 原类胡萝卜素不如 β-胡萝卜素容易吸收，导致 RAE 比为 24:1。

2. 抗氧化活性

在植物中，类胡萝卜素可以淬灭（灭活）单线态氧，具有重要的抗氧化功能，可以在某些条件下抑制脂肪的氧化（即脂质过氧化）。一些证据表明，类胡萝卜素和/或其代谢产物可能通过激活 Nrf2 依赖性途径的活化而上调抗氧化剂和解毒酶的表达。番茄红素可在多种细胞类型中触发 Nrf2 介导的抗氧化途径。

（三）疾病预防

类胡萝卜素是化学预防和治疗不同疾病的有效化合物。胡萝卜素在皮肤中积累，在保护皮肤免受紫外线侵害中起作用，因此参与皮肤衰老和健康。一些研究还表明，番茄红素与心脏病的治疗之间存在相关性，至少部分是番茄红素通过影响血压来实现的。维生素 A 原活性的类胡萝卜素的水平较高时，发生非酒精性脂肪性肝病的概率较低。食用富含番茄红素的食物以及该无环胡萝卜素的组织与某些类型的癌症和心血管疾病的低发率有关。类胡萝卜素在预防和治疗癌症方面具有很高的效率，但是不同种类的类胡萝卜素的抗癌机制不同（表 3-11）。番茄红素对前列腺癌雄激素轴具有抑制作用。

表 3-11 类胡萝卜素的抗癌作用

类胡萝卜素种类	癌症	效　　　果
藏红花素	乳腺癌	抑制增殖和诱导凋亡
β-胡萝卜素	乳腺癌	降低患乳腺癌的风险
虾青素	乳腺癌	降低增殖率并抑制乳腺癌细胞迁移
藏红花酸	结肠直肠癌	降低增殖率
番茄红素	前列腺癌	降低患前列腺癌的风险
β-隐黄质	喉癌	降低患癌症的风险
叶黄质	乳腺癌	通过增加细胞类型特异性 ROS 的产生来抑制乳腺癌细胞的生长
墨角藻黄素	结肠癌	诱导凋亡并增强抗增殖作用并抑制人结肠癌细胞的生长

（四）安全性

大多数人对补充类胡萝卜素耐受良好。番茄红素安全性水平为每天 75mg，在风险评估中观察到叶黄素的安全水平为每天 20mg。尽管没有直接评估 β-胡萝卜素的毒性，但作为补充剂和营养物质，一般公认它是安全的。

五、开发应用

叶黄质油悬液是油溶性的产品，可以用于生产油性食品，也可以用于制备叶黄质软胶囊，适宜用眼疲劳、需要抗氧化的人群。番茄果实在经过挤压、喷雾干燥、萃取、蒸馏、浓缩和除味等得到番茄红素的浓缩萃取物，在提取物中加入植物油配料，压丸，定型，干燥，得到成品的番茄红素软胶囊，能起到抵抗自由基损伤带来的疾病。用油脂将 β-胡萝卜素包围起来制作的软胶囊,易于人体吸收,具有改善夜盲症和干眼病,促进免疫细胞的活化,增强免疫力的作用。全球很多化妆品品牌的产品中都添加了类胡萝卜素来承担超级抗氧化作用的角色,可以保护真皮层,缓解紫外线对胶原蛋白和弹力蛋白的侵袭,保持皮肤的正常代谢水平。

第五节　有机硫化物

有机硫化物(organosulfur compounds)是指含碳硫键的有机化合物。芸薹属蔬菜来源的芥子油苷、大蒜等葱属植物来源的烯丙基硫化物都是蔬菜中重要的有机硫化物,具有一系列的生物活性功能,其中最受关注的是抗癌和抗菌活性。青花菜因富含芥子油苷而被称为是西方传统的抗癌蔬菜,美国国家癌症研究所把大蒜列为具有癌症预防作用食物的首位,而大蒜中富含的硫化物是使其具有抗癌抗菌功效的原因。

一、芥子油苷

芥子油苷是一类主要存在于十字花科植物中含硫和氮的次生代谢物质,在芸薹属蔬菜中含量丰富,是一种重要的生物活性物质,具有抗癌防癌等功效。同时,芥子油苷影响蔬菜的感官品质,是芸薹属蔬菜中辛辣味和苦味的重要来源。

(一)结构与分类

芥子油苷的化学结构由β-D-硫葡萄糖基、硫化肟基团和来源于氨基酸的侧链(R)基团组成(如图3-4)。根据侧链氨基酸来源的不同可把芥子油苷分为三种类型:脂肪类芥子油苷、吲哚类芥子油苷和芳香类芥子油苷。其中脂肪类芥子油苷侧链来源于丙氨酸、亮氨酸、异亮氨酸、甲硫氨酸或缬氨酸;吲哚类芥子油苷侧链来源于色氨酸;芳香类芥子油苷侧链来源于苯丙氨酸或酪氨酸。

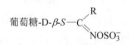

图3-4　芥子油苷的基本结构

(二)理化性质

芥子油苷主要存在于细胞质的液泡中,自身性质比较稳定,在植物受损伤的组织、活体细胞、哺乳动物的胃肠道中都能被降解。芥子油苷在植物中的降解主要依赖于典型性黑芥子酶(TGGs)和非典型性黑芥子酶(PEN2)。芥子油苷和黑芥子酶通常存在于不同的细胞区室,当植物受到损伤时,两者得以接触从而引发芥子油苷的水解过程。根据芥子油苷侧链结构,额外的蛋白,如特异蛋白 ESP(epithiospecifier protein)、NSP(nitrile specifier protein)、ESM(epithiospecifier modifier)和 TFP(thio-forming proteins),辅因子如铁离子以及 pH 的不同,糖苷配基可以重排形成不同的产物,包括异硫代氰酸盐(isothiocyanate)、硫代氰酸盐(thiocyanate)、上皮环硫腈(epithionitrile)和腈类(nitrile)等生物活性产物(如图3-5)。在病原菌入侵时,完整植物组织中发生非典型性黑芥子酶 PEN2 介导的水解。特定情况下,吲哚类芥子油苷产生的异硫代氰酸盐是不稳定的，通常会与水发生反应形成吲哚-3-甲醇，随后又被凝缩为二聚体、三聚体、四聚体或者与半胱氨酸、谷胱甘肽、抗坏血酸盐形成加合物。此外，芥子油苷也可以在哺乳动物的胃肠道中被降解，产生具有多种生物学功能的降解产物，尤其是对癌症的化学防御作用。芥子油苷的大多数含硫终端产物都呈挥发性，不溶于水，易溶于有机溶剂如甲醇等。

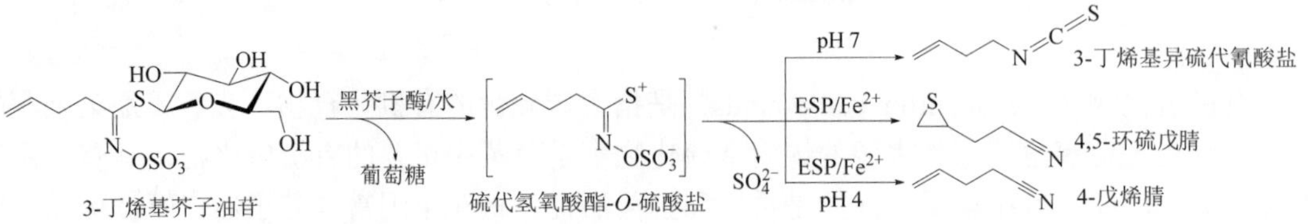

图 3-5　芥子油苷的典型性降解过程（以 3-丁烯基芥子油苷为例）

（三）园艺植物中的分布及含量

芥子油苷仅存在于双子叶被子植物中，在园艺植物中主要存在于十字花科蔬菜，芸薹属蔬菜中含量最为丰富，萝卜属蔬菜中也有分布。目前发现的芥子油苷的种类已经超过了 200 种，不同蔬菜中芥子油苷的种类和含量都有较大的差异。

不同蔬菜中芥子油苷总量的差异较大，最大的相差达 15 倍。含量较高的品种有芽甘蓝、白球甘蓝、皱叶甘蓝和紫甘蓝等，而花椰菜、牛心甘蓝、芜菁以及中国大白菜中的总芥子油苷含量则较低。萝卜和辣根中 4-甲硫基-3-丁烯基芥子油苷含量特别高，而其他化合物的含量则较低。

青花菜和花椰菜中主要含有 11 种芥子油苷，大多数青花菜品种中含量最丰富的为脂肪类芥子油苷 4-甲基硫氧丁基芥子油苷。花椰菜中丙烯基芥子油苷是最主要的芥子油苷。芥蓝中含有 13 种芥子油苷，大多数芥蓝以 3-丁烯基芥子油苷为主，其中含有的 2-丙烯基芥子油苷和 2-羟基-3-丁烯基芥子油苷赋予了芥蓝特殊的风味。球茎甘蓝中主要的芥子油苷类型为 2-丙烯基芥子油苷、4-甲基硫丁基芥子油苷和 3-吲哚甲基芥子油苷。白菜中可以检测到 13 种芥子油苷，但不同的品种间差异显著，最多含有 11 种芥子油苷，最少仅含有 1 种芥子油苷，大多数品种含有 4～9 种芥子油苷，其中脂肪类芥子油苷是主要的芥子油苷组分。在茎瘤芥中主要检测到 9 种芥子油苷，其中脂肪类芥子油苷 4 种，吲哚类芥子油苷 4 种，芳香类芥子油苷 1 种。萝卜中可以检测到 9 种，主要以 4-甲基亚磺酰基-丁基芥子油苷、4-甲基亚磺酰基-3-丁基芥子油苷和 4-甲硫基-3-丁烯基芥子油苷等 3 种芥子油苷为主，其中 4-甲基亚磺酰基-3-丁基芥子油苷主要存在于萝卜种子中，占总芥子油苷含量的 70%～95%；而 4-甲硫基-3-丁烯基芥子油苷则是萝卜肉质根中的主要芥子油苷组分，占总芥子油苷含量的 50%～90%。每种蔬菜含有的芥子油苷种类详见表 3-12。

表 3-12　几种常见蔬菜中主要的芥子油苷种类

	芥子油苷名称	青花菜	花椰菜	芥蓝	球茎甘蓝	白菜	茎瘤芥	萝卜
脂肪类	4-甲基硫氧丁基芥子油苷	√	√	√	√			√
	3-甲基硫氧丙基芥子油苷	√	√	√				
	5-甲基硫氧戊基芥子油苷	√	√	√				
	3-丁烯基芥子油苷			√		√	√	
	2-羟基-3-丁烯基芥子油苷					√		
	2-丙烯基芥子油苷	√	√	√	√		√	

	芥子油苷名称	青花菜	花椰菜	芥蓝	球茎甘蓝	白菜	茎瘤芥	萝卜
脂肪类	4-甲基硫丁基芥子油苷			√				
	2-羟基-4-戊烯基芥子油苷			√				
	4-戊烯基芥子油苷					√		
	1-甲基丙基芥子油苷							√
	1-甲基丁基芥子油苷					√		
	4-甲基亚磺酰基-丁基芥子油苷							√
	4-甲基亚磺酰基-3-丁基芥子油苷							√
	4-甲硫基-3-丁烯基芥子油苷							√
芳香类	2-苯乙基芥子油苷	√	√	√		√	√	√
吲哚类	吲哚-3-甲基芥子油苷	√	√	√	√	√	√	
	1-甲氧基-吲哚-3-甲基芥子油苷	√	√	√		√	√	√
	4-羟基-吲哚-3-甲基芥子油苷	√	√	√		√		√
	4-甲氧基-吲哚-3-甲基芥子油苷	√		√	√		√	√

（四）生理功能

临床医学研究表明，食用芸薹属蔬菜可以极大地降低胰腺癌、前列腺癌和结肠癌等多种癌症的发生率。植物化学和营养学研究表明，芸薹属蔬菜的抗癌活性主要来源于芥子油苷及其降解产物（表3-13），其中4-甲基硫氧丁基芥子油苷（俗称萝卜硫苷）降解形成的异硫代氰酸盐——萝卜硫素是迄今为止发现的抗癌活性最强的天然植物化学物质。迄今为止，已发现20多种天然的和人工合成的异硫代氰酸盐是致癌作用的有效抑制剂。目前研究认为，芥子油苷降解产物的抗癌机制是复杂的，但它们在解毒作用、诱导细胞周期停滞和细胞凋亡、改变雌性激素的代谢和抑制组蛋白去乙酰化方面的部分作用已经被阐明。除此之外，异硫代氰酸盐在抑制肿瘤侵袭、调节免疫、保护心血管和中枢神经系统及预防细菌感染等方面也发挥一定的作用。

表3-13　研究较为广泛的具有癌症化学防御功能的异硫代氰酸盐及其芥子油苷前体

芥子油苷（前体）	吲哚或异硫代氰酸盐	食物来源
4-甲基硫氧丁基芥子油苷	萝卜硫素 $H_3C-S-CH_2-CH_2-CH_2-CH_2-N=C=S$ (上方为双键O)	青花菜芽、青花菜、抱子甘蓝、结球甘蓝
2-丙烯基芥子油苷	丙烯基-异硫代氰酸盐 $H_2C=CH-CH_2-N=C=S$	结球甘蓝、辣根、芥菜
吲哚-3-甲基芥子油苷	吲哚-3-甲醇	青花菜、抱子甘蓝、结球甘蓝、花椰菜
2-苯乙基芥子油苷	苯乙基-异硫代氰酸盐 $-CH_2-CH_2-N=C=S$	豆瓣菜、白菜、萝卜
苄基芥子油苷	苄基异硫代氰酸盐 $-CH_2-N=C=S$	结球甘蓝、独行菜、印度水芹

（1）解毒作用　在动物不同组织和细胞致癌物的代谢中，阶段Ⅰ酶诱导前致癌物到致癌物的转变，而阶段Ⅱ酶则加速细胞中活化的致癌物的清除，如谷胱甘肽-S-转移酶、葡萄糖苷酸转移酶、醌还原酶和谷氨酸半胱氨酸连接酶等阶段Ⅱ酶在保护细胞免受由致癌物和活性氧造成的 DNA 损伤方面发挥着重要的作用。体内和体外实验均表明，异硫代氰酸盐能够调节阶段Ⅰ酶和阶段Ⅱ酶活性，如苯乙基-异硫代氰酸盐和萝卜硫素在体内和体外能够抑制阶段Ⅰ酶如细胞色素 P450（CYP）家族；很多异硫代氰酸盐特别是萝卜硫素是阶段Ⅱ酶如醌还原酶和谷胱甘肽-S-转移酶的强诱导物，在人体中，萝卜硫苷能够安全并有效地诱导受试者的上呼吸道黏膜阶段Ⅱ酶的表达。

（2）诱导细胞周期停滞和细胞凋亡　当 DNA 发生损伤时，细胞分裂周期通常会停滞以便进行 DNA 修复，如果损害不能修复，则会诱导细胞凋亡程序。细胞 DNA 受到损伤而细胞周期不能停滞时就会引起基因修饰，促成肿瘤的发生。异硫代氰酸盐可以延缓癌细胞的增殖并增强癌细胞的凋亡以阻滞肿瘤生长，如萝卜硫素处理能有效地诱导前列腺癌、结肠癌和其他癌细胞的细胞周期的停滞和凋亡；吲哚-3-甲醇在鼻咽、前列腺、乳房和子宫颈的癌细胞中也能发挥类似的诱导作用。此外，苄基异硫代氰酸盐在人体胰腺癌细胞中诱导的 DNA 损伤会造成 G2/M 细胞周期停滞和细胞的凋亡。丙烯基-异硫代氰酸盐能够通过阻滞有丝分裂而抑制人体 HT-29 结肠直肠癌细胞的增殖。

（3）改变雌性激素代谢　雌激素通过与雌激素受体结合发挥类似雌激素的效应，抑制雌激素的产生是治疗荷尔蒙敏感型癌症（如乳腺癌）的一种手段。吲哚-3-甲醇能够抑制 17β-雌二醇刺激诱导的雌激素响应基因的转录。此外，17β-雌二醇能够转变成 16α-羟雌甾酮（16α-OHE1）或 2-羟雌甾酮（2-OHE1），分别被认为是"坏的"和"好的"雌激素代谢物，摄入吲哚-3-甲醇的女性，泌尿中的 2-OHE1 的水平或 2-OHE1:16α-OHE1 的比值都有增加。

（4）抑制组蛋白去乙酰化　核小体组蛋白的乙酰化和去乙酰化对染色质结构和功能的改变来说是必须的，抑制组蛋白去乙酰化酶的活性在癌症治疗中是一种新的治疗策略。研究发现，萝卜硫素能够呈剂量依赖性抑制人结肠直肠癌细胞中组蛋白去乙酰化酶的活性，增加乙酰化组蛋白的数量。

（五）安全性

除对人体有益的方面外，芥子油苷及其降解产物也存在一些副作用。吲哚-3-甲醇被认为是双功能诱导物，即当与致癌物一起或在致癌物之前摄入吲哚-3-甲醇时，能够抑制动物体内癌症的发展，但在一些案例中，在致癌物质存在的情况下，摄入吲哚-3-甲醇又会促进癌症的发展。然而，在一项双盲、随机、安慰剂对照的Ⅰ期临床研究中，健康的志愿者摄入含有芥子油苷及降解产物异硫代氰酸盐的青花菜芽菜提取物，并没有发现临床上显著的副作用。此外，某些芥子油苷种类，如 2-丙烯基芥子油苷、2-羟基-3-丁烯基芥子油苷和 2-羟基-4 戊烯基芥子油苷是蔬菜苦味和辛辣味的来源；2-羟基-3-丁烯基芥子油苷的降解产物对哺乳动物有致甲状腺肿的天然毒性，因此富含 2-羟基-3-丁烯基芥子油苷的油菜籽粕不宜用作动物饲料。然而，对人类而言，一般的十字花科蔬菜如青花菜中，2-羟基-3-丁烯基芥子油苷的含量非常低，有毒性的降解产物的产生也依赖于其他很多辅因子，并且人类可以通过正常摄入碘来避免这种不良副作用。

二、烯丙基硫化物

我国传统医学认为，大蒜具有行滞气、暖脾胃、解毒和杀虫的功能，现代医学证明，大蒜具有抗癌防癌、抗菌消炎、降血压、降血脂、镇静止痛及提高机体免疫力等作用。这些药理作用与它含有的有机硫化物成分密不可分。大蒜中的有机硫化物主要是烯丙基硫化物，包括二烯丙基一硫化物（diallylsulfide，DAS）、二烯丙基二硫化物（diallyl disulfide，DADS）和二烯丙基三硫化物（diallyltrisulfide，DATS）等。

（一）结构与性质

烯丙基硫化物是一种无色至淡黄色带有特殊的大蒜气味的液体，不溶于水，混溶于乙醇、乙醚等有机溶剂，通常应保存于通风、低温、干燥的地方。DAS 化学式为 $C_6H_{10}S$，分子量为114.21；DADS 化学式为 $C_6H_{10}S_2$，分子量为146.28；DATS 化学式为 $C_6H_{10}S_3$，分子量为178.28。化学结构式如图 3-6。

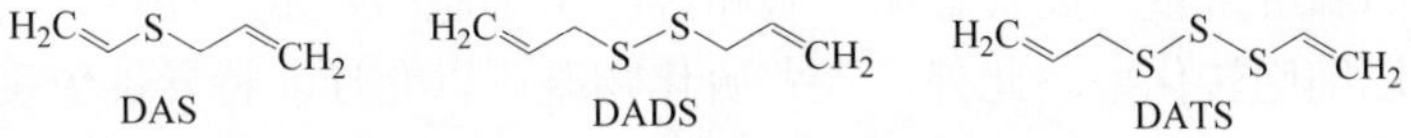

图 3-6　DAS、DADS 和 DATS 的化学结构式

（二）食物来源

烯丙基硫化物主要来源于大蒜等葱属植物，其中大蒜精油中的 DADS 占 60%。目前大蒜中的烯丙基硫化物来自两种转化途径。第一种途径是天然生物进化，主要形成水溶性的有机硫化合物，如 S-烯丙基半胱氨酸和 S-烯丙基硫基半胱氨酸。第二种转化途径是大蒜中的γ谷氨酰半胱氨酸化合物通过水解或氧化作用转变为蒜氨酸（alliin）。蒜氨酸可在低温贮存时自然积聚，本身无味，当大蒜被粉碎、压榨或咀嚼时，组织破裂，蒜氨酸与大蒜中所含蒜氨酸酶（alliinase）相遇而反应生成蒜辣素（allicin）。蒜辣素具有气味且极不稳定，立即分解为脂溶性的烯丙基硫化物如 DAS、DADS、DATS 等。

除大蒜外，韭菜中也含有较丰富的烯丙基硫化物，并且，产地与提取方法等对韭菜中烯丙基硫化物的成分及含量都有较大的影响。

（三）生理功能

烯丙基硫化物具有多种生物和药理学活性，特别是在各种化学致癌物质诱导的动物癌症模型中，有显著的癌症预防效果；此外，烯丙基硫化物还具有抗菌、降低心脑血管疾病发病率、提高免疫力以及防辐射等作用。

（1）预防癌症　大量流行病学研究表明，在长期摄取大蒜的地区，某些肿瘤（尤其是胃肠道和口腔肿瘤）的发生率大大降低；体外细胞和动物实验也证实大蒜中的烯丙基硫化物具有良好的抗癌、防癌作用。烯丙基硫化物对多种肿瘤细胞均有显著的抑制作用，如胃癌、肝癌、结肠癌、肺癌、乳腺癌、前列腺癌、卵巢癌、白血病和腺癌等，其中对肿瘤防治起重要作用的物质主要有 DADS，目前已发现它能够抑制多种人肿瘤细胞的生长，包括人结肠癌细胞（HCT-15）、人皮肤癌细胞（SK MEL-2）、人肺癌细胞（A549）、人乳腺癌细胞（KPL-1，MKL-F，MDA-MB-231，MCF-7，T47D）和人肝癌细胞（HepG2）等。DADS

抑制肿瘤细胞生长与其能调控致癌物代谢酶类、抑制细胞增殖、诱导肿瘤细胞凋亡和细胞周期停滞有关。

（2）抗菌作用　大蒜中的烯丙基硫化物具有广谱的抗菌消炎作用，对一些常见的革兰阳性菌、革兰阴性菌比如埃希氏菌、葡萄球、链球菌、卡他莫拉菌、克雷伯菌和幽门螺杆菌等，均有比较好的抵御活性，甚至耐酸性的结核分枝杆菌对大蒜硫化物也有一定程度的敏感性。烯丙基硫化物对多种致病真菌及病毒也均有抑制或杀灭作用，在较低浓度时对真菌主要有抑制作用，而在较高浓度时则可以杀死真菌。

（3）对心血管系统的作用　烯丙基硫化物可以通过降低胆固醇含量、降低红细胞比容、抑制血小板的活性、降低血液黏度及清除氧自由基等对心血管起作用。烯丙基硫化物可以降低血液中有害的胆固醇含量，可以预防动脉硬化及降低血糖和血脂，通过抑制体内纤维蛋白的增加，增强纤维蛋白溶解的活性，从而可以有效地消除或预防冠心病及心绞痛病人发生动脉粥样硬化及形成血栓。

（4）对免疫系统的调节作用　大蒜中的烯丙基硫化物具有良好的免疫调节作用，不仅可以增加实验动物的脾脏重量，以及吞噬细胞和淋巴 T 细胞的数量，还可以增强吞噬细胞的吞噬能力，提高淋巴细胞转化率。此外，大蒜硫化物既可以介导非特异性免疫，也可以介导特异性免疫。烯丙基硫化物可以激活单核巨噬细胞，并使其大量分化增殖，进一步释放白介素等细胞因子使 T 淋巴细胞和 B 淋巴细胞活化。

（四）安全性

大蒜中虽然含有很多对人体健康有益的成分，但若超过人体最大口服耐受量也会出现一定的副作用。将 100g 大蒜加 10mL 水匀浆、过滤后，人的最大耐受量为 25mL 滤液。空腹食用过量的大蒜也会引起很多不良反应，如胃肠不适、胀气和影响视力等。在大蒜的有机硫化物中，烯丙基硫化物的细胞毒性最小，因此，将烯丙基硫化物作为药物和功能食品，其副作用可以忽略不计。

第六节　植物雌激素

植物雌激素（phytoestrogens，PE）是植物中一类结构和功效类似于动物雌激素的天然杂环多酚类化合物，能够与雌激素受体（estrogen receptor，ER）结合，激活雌激素信号通路，启动下游靶基因的转录，发挥雌激素样或抗雌激素样作用，具有防治围绝经期综合征、骨质疏松、心血管疾病、代谢性相关疾病、癌症及调节大脑功能等多种药理作用。

一、结构和种类

植物雌激素的结构特征大多与雌二醇相同，包括一对羟基，具有相似的距离，以及存在一个酚环，后者对其能否吸附于雌激素受体起着决定性作用。按结构类型可将植物雌激素分为类黄酮类（包括黄酮、异黄酮、黄酮醇、二氢黄酮和查耳酮等，其中以异黄酮类为主）、木脂素类、香豆素类（coumestans）及二苯乙烯类（stilbenes）等，此外还有醌类、三萜类（triterpenoids）、甾醇类（sterols）以及真菌雌激素类（mycoestrogens）等（图 3-7）。

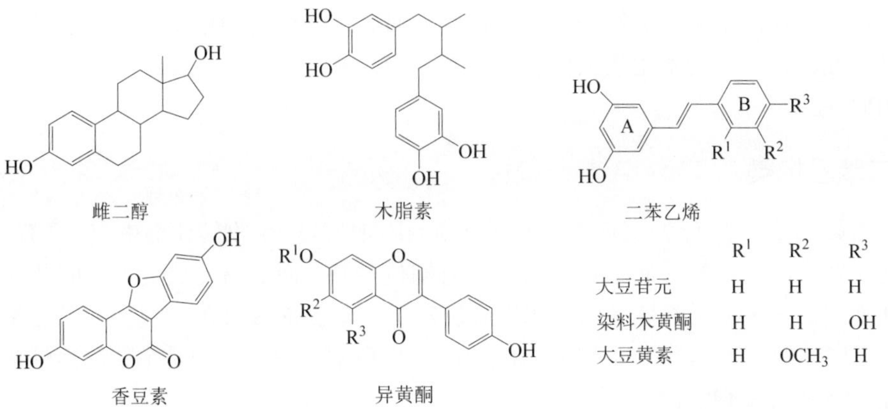

图 3-7 雌二醇、异黄酮、香豆素、木脂素及二苯乙烯的结构

（一）类黄酮类

具有雌激素样活性的黄酮主要包括异黄腐醇（isoxanthohumol）、芹菜素（apigenin）和黄芩素（baicalein）等。具有雌激素样活性的异黄酮包括黄豆苷元（daidzein）、染料木素（genistein）、黄豆黄素（glycitein）、刺芒柄花素（formononetin）、鹰嘴豆芽素 A（biochanin A）、黄腐酚（xanthohumol）、异黄腐酚（isoxanthohunol）、补骨脂二氢黄酮（bavachin）、新补骨脂异黄酮（neobavaisoflavone）、异补骨脂查尔酮（isobavachalcone）、葛根素（puerarin）、淫羊藿苷（icariin）、光甘草定（glabridin）和光甘草素（glabrene）等。其中黄豆苷元和染料木素是异黄酮类的两种标志物。

（二）香豆素类

香豆素类植物雌激素是结构中具有苯并α-吡喃酮母核基本骨架特征的顺式邻羟基桂皮酸内酯类化合物，其中雌激素样化合物有拟雌内酯（coumestrol）、蛇床子素（osthole）、异欧前胡素（isoimperatorin）、补骨脂素（psoralen）、异补骨脂素（isopsoralen）以及糖苷补骨脂苷（psoralenoside）和异补骨脂苷（isopsoralenoside）等。根据取代情况可将香豆素分为简单香豆素、呋喃香豆素、吡喃香豆素和异香豆素等。

（三）木脂素类

木脂素又称木脂体，与香豆素结构类似，具有 C_6—C_3 基本骨架，是一类主要通过对羟基苯乙烯单体氧化耦合而成的植物小分子次生代谢产物，大多呈游离状态，少数以糖苷形式存在于植物的木质部和树脂中。木脂素呈脂溶性，因而往往溶于一些植物油，如芝麻油、亚麻籽油或橄榄油；它们具有很强的抗氧化性，对芝麻油或橄榄油的高度氧化稳定性起着重要的贡献。根据其 C_6—C_3 单位是否通过边链的β位碳连接形成聚合体，可将木脂素分为两大类，即木脂素和新木脂素（neolignan），其中开环异落叶松树脂酚（secoisolariciresinol）和罗汉松脂素（matairesinol）是植物中含量最多的两种木脂素。此外，还包括落叶松树脂醇（lariciresinol）、松脂酚（pinoresinol）、异落叶松脂素（isolariciresinol）、桦皮树脂醇（medioresinol）、丁香脂素（syringaresinol）、去甲二氢愈创木酸（nordihydroguaiaretic acid）和脱水开环异落叶松脂酚（anhydrosecoisolariciresinol）等。木脂素的单体有桂皮醇、桂皮酸、丙烯苯和烯丙苯等，它们可脱氢形成不同的游离基，各游离基相互缩合可形成不同类型的木脂素。植物中存在的木脂素需经肠道菌群转化为哺乳动物体内的木脂素后才能呈现出一定的雌激素样活性。哺乳动物木脂素主要有肠内酯和肠二醇，它们的化学结构与雌激素的化学结构非常相似。

（四）二苯乙烯类

二苯乙烯类是一类1，2-二芳基乙烯化合物，由肉桂酸衍生物转化而来，因具有乙烯结构，光照会使其发生顺反异构。苯环A上通常含有间位羟基，而B环上常含邻、间或对位的羟基和甲氧基基团，二苯乙烯肉桂酸的取代模式决定了二苯乙烯B环的取代。二苯乙烯有单体、二聚体、三聚体及多聚体等多种形式，单体中反式-白藜芦醇被认为是主要的活性成分，具有多种药理活性（表3-14）。

表3-14　二苯乙烯化合物的结构特征

R^1	R^2	R^3	酚酸	二苯乙烯	英文名
H	H	H	肉桂酸	赤松素	pinosylvin
H	H	OH	香豆酸	白藜芦醇	resveratrol
OH	H	OH	2',4'-二羟基肉桂酸	羟基白藜芦醇	hydroxyresveratrol
H	OH	OH	咖啡酸	云杉素	piceatannol
H	OH	OCH₃	异阿魏酸	祁卢配基	rhapontigenin

注：此表基于图3-7二苯乙烯结构式。

（五）其他类

α-玉米赤霉素（α-zearalanol，α-ZAL）是一种真菌类新型植物雌激素，是α-玉米赤霉烯酮（α-zearalenone，ZEN）的还原产物，属于二羟基苯酸内酯类化合物，具有促生长效应，与高等植物的发育有关，具有广泛的应用前景。此外，还有蒽醌类化合物如大黄素、大黄酚、大黄酸和大黄素甲醚等，甾醇类如β-谷甾醇（β-sitosterol）、蜕皮甾酮（ecdysterone）和薯蓣皂苷元（diosgenin）等，三萜类如人参皂苷、三七皂苷、柴胡皂苷和黄芪皂苷等，酚类化合物包括双酚A（bisphenol A）和双酚AF（bisphenol AF）等。

二、园艺产品中的分布及含量

植物雌激素包括种类繁多的化学物质，其中类黄酮化合物是在各种蔬菜中最容易被检测到的植物雌激素（表3-15）。豆科植物被认为是类黄酮化合物的良好来源，同时也是木脂素和新木脂素的良好来源，其中含有的异黄酮类是一类具有强雌激素活性的化合物，包括染料木素和黄豆苷元。

在英国开展的一项关于高含量植物雌激素食物的研究显示，石刁柏、黄秋葵、欧防风、结球甘蓝、胡萝卜、笋瓜、番薯、豆瓣菜、青花菜和抱子甘蓝具有高含量的开环异落叶松脂素和相对低含量的罗汉松脂素，欧芹含有异黄酮类和木脂素类。该研究还表明，除了类黄酮化合物，蔬菜中最丰富的植物雌激素是木脂素和开环异落叶松脂素。在丹麦进行的一项有关植物雌激素的食品研究中发现，亚麻籽是木脂素最丰富的来源，而芸薹类和葱类蔬菜主要含有落叶松脂素和松脂素。对胡萝卜、花椰菜、结球甘蓝、洋蓟和卷心莴苣的木脂素组成进行研究，发现木脂素的主要成分都是开环异落叶松脂素。香豆素和拟雌内酯主要分布在豆科蔬菜中，且主要存在于芽菜中。

表 3-15　植物雌激素的种类、来源及代表化合物（改自朱迪娜等，2012 和 Gioia et al.，2019）

种类	植物来源	代表化合物
黄酮类	大豆、菜蓟、莳萝、旱芹、芫荽、茴香、辣椒、蒜、葱、笋瓜	异黄腐醇、8-异戊基柚皮素、芹菜素、藁蓄苷、黄芩素及其苷、木犀草素
异黄酮类	大豆、石榴、苹果、大蒜、洋葱、旱芹、欧芹、花椰菜、结球甘蓝、辣椒、黄瓜、胡萝卜、菜豆、豆角、番茄、茄子、菠菜、黄秋葵、韭菜、石刁柏、抱子甘蓝、西葫芦、茴香	黄豆苷元、染料木素、大豆黄酮、雌马酚、刺芒柄花素、葛根素、葛根异黄酮、鸢尾苷、新补骨脂异黄酮
黄酮醇类	茶叶、花椰菜、柚子	山柰酚
二氢黄酮醇类	沙棘、山楂、洋葱、芫荽、茴香、辣椒、花椰菜、蒜、葱	槲皮素、甘草苷、柚皮苷
查尔酮类	大豆	甘草查尔酮A、异甘草素、根皮素
香豆素类	黄豆芽	香豆雌酚、拟雌内酯、紫苜蓿酚、蛇床子素、补骨脂素、异补骨脂素、异欧前胡素
木脂素类	黄豆芽、石刁柏、笋瓜、菜蓟、菜豆、花椰菜、结球甘蓝、卷心莴苣、韭菜、洋葱、蒜、甜菜、羽衣甘蓝、黄秋葵、欧防风、胡萝卜、番薯、豆瓣菜、青花菜、抱子甘蓝、欧芹、亚麻籽、洋蓟	开环异落叶松脂素、罗汉松脂素、落叶松脂素、肠内脂、肠二醇、罗汉松脂酚、芝麻林素、五味子甲素、牛蒡苷元
二苯乙烯类	葡萄、花生、番茄、花椰菜、莴苣、旱芹、苋菜、芥菜、大白菜、辣椒、苦瓜、黄瓜、茄子、丝瓜、冬瓜、洋葱、胡萝卜、萝卜	白藜芦醇、赤松素、云杉素、祁卢配基

　　木脂素作为一些植物的微量组分，分布很广泛，存在于植物的根、根状茎、茎、叶、花、果实、种子以及木质部和树脂等部位，常见于夹竹桃科、马兜铃科等植物中，部分植物中木脂素含量较高。亚麻籽是开环-异落叶松脂醇最丰富的来源。芝麻中约含有 0.5%～1.0%的木脂素类化合物，其中最主要的木脂素类化合物为芝麻林素或芝麻明（sesamin）（表 3-16）。

表 3-16　常见食品中木脂素类化合物的含量（以湿基计）

食品	总木酚素（μg/g）	食品	总木酚素（μg/g）
亚麻籽饼粉	675	胡萝卜	3.5
亚麻籽粉	527	甘薯	3.0
大豆	8.6	结球甘蓝	2.3
燕麦麸皮	6.5	韭菜	2.0
小麦麸皮	5.7	小扁豆	17.9
燕麦	3.4	肾形豆	5.6
大蒜	4.1	梨	1.8
芦笋	3.7	李子	1.5

三、生理功能

　　植物雌激素具有多种生理功能，在围绝经期综合征，以及癌症和心血管疾病等的预防和治疗中发挥重要作用。

（一）对围绝经期综合征的作用

　　围绝经期综合征主要表现为月经变化、血管舒缩功能不稳定（如潮热、出汗）、乏力、情绪易激动、多虑、抑郁、心悸和失眠等，其出现的主要原因是卵巢功能的衰退，体内雌激素水平急剧下降，自主神经功能调节受到影响。现代医学一般认为，女性更年期综合征的症状严重程度与体内雌激素分泌减少的程度与速度呈正相关。绝经期女性用雌激素替代治疗（estrogen replacement therapy，ERT）可明显减轻绝经期症状，预防骨质疏松，降低心血管疾病发病率，但长期应用雌激素易产生高血凝状态、高血压、水肿等副反应，并增加乳腺癌及子宫内膜癌的发病危险。为此，人们致力于寻求雌激素替代物，其中作用比较温和的植物雌激素也可结合体内的雌激素受体，因其活性仅为内源性雌激素的 $(1/1000)\sim(1/10^5)$，故在体内具有双重调节作用。一方面，在体内雌激素水平较低时，可与雌激素受体结合发挥雌激素样作用；另一方面，在体内雌激素水平较高时，植物雌激素因竞争性与雌激素受体结合，阻止了强活性的内源性雌激素与雌激素受体的结合，有效地减弱了靶细胞对雌激素的应答，产生拮抗雌激素的作用。因此，近年来植物雌激素又被称为"选择性雌激素受体调节剂"。研究表明，采用植物雌激素大豆异黄酮治疗围绝经期综合征，可以显著降低 Kupperman 评分（更年期临床症状调查表），有效改善围绝经期综合征的临床症状，调节围绝经期综合征患者体内激素水平，且疗效与激素替代疗法无显著性差异；植物雌激素淫羊藿黄酮可对药物性卵巢去势后引起的雌激素水平低下而出现的更年期症状起到有效的预防和治疗作用，且不改变血清雌二醇浓度，不作用于子宫内膜。

（二）抗癌作用

与欧美国家相比，东亚国家人群由乳腺癌和前列腺癌致死的死亡率低很多。近 20 年的研究证实，这种差异是由东西方膳食的不同所致，东亚人群膳食中含有较多的大豆或豆制品，而后者富含植物雌激素，即大豆异黄酮。研究人员已证实，不同大豆制品都具有一定的抗癌活性，也提出了较多的抗癌机制，如类雌激素或抗雌激素活性、抑制与癌相关的酶系（包括酪氨酸激酶）、抑制癌细胞增殖以及血管增生等。

除异黄酮之外，其他类别的植物雌激素也可用于预防和治疗多种癌症，如乳腺癌、宫颈癌、卵巢癌、前列腺癌和结肠癌。植物雌激素黄腐醇对典型的乳腺癌、卵巢癌、前列腺癌和结肠癌细胞均表现出抗增殖活性；射干及其雌激素成分可以抑制前列腺癌细胞增殖以及控制与前列腺癌细胞肿瘤转化相关的一些基因的失调表达。

（三）对心血管疾病的作用

由于雌激素水平的降低，心血管疾病和动脉粥样硬化发生的风险在女性绝经后显著增加。植物雌激素具有抗动脉粥样硬化作用，可用于预防和治疗心血管疾病，主要表现为对脂质的调控、对血管内表皮的调控、对血管平滑肌增殖和移行的影响、舒张血管、抗氧化作用及对血小板的影响。研究发现，在绝经后妇女中使用富含 PE 异黄酮的制剂，可以抑制新的动脉粥样硬化病变的形成并减少现有病变的发展，缓解绝经期女性相关的血脂异常和脂肪肝。

（四）对骨质疏松的作用

绝经后骨质疏松症是由于绝经后女性体内雌激素水平下降，骨组织雌激素受体的表达减少，骨形成与骨吸收的动态平衡被打破。植物雌激素通过与细胞内的雌激素受体结合，调控基因转录，从而调节骨代谢（骨重建）平衡，促进成骨细胞的骨形成、抑制破骨细胞的骨吸收，诱导和调控骨髓间充质干细胞（BMSCs）向成骨细胞分化，维持骨形成与骨吸收的动态平衡，可显著改善由雌激素减少而引起的骨质疏松症。植物雌激素葛根素呈浓度依赖性促进体外培养的老年女性骨质疏松症患者成骨细胞增殖，有利于防治老年骨质疏松。

（五）对代谢性相关疾病的作用

随着雌激素水平降低，胰岛素抵抗、Ⅱ型糖尿病、高脂血症等代谢疾病的发病率也随之逐渐升高，植物雌激素的应用对这些疾病的防御具有有益作用。如，植物雌激素染料木素可显著改善绝经期女性的葡萄糖代谢，显著降低胰岛素水平和改善胰岛素抵抗；大豆异黄酮也可改善绝经后女性的葡萄糖代谢和胰岛素调节。

（六）对大脑功能的作用

雌激素在神经生长和再生、神经保护、认知和情绪调控中发挥着重要的生理作用，植物雌激素类天然药物作为雌激素的替代物，在中枢神经系统中也有广泛而重要的作用，且作用相对温和，毒副作用小。如，拮抗β-淀粉样蛋白（β-amyloid，Aβ）的毒性、减少 Aβ 的产生、改善胆碱能神经功能、抗氧化应激、清除自由基、降低神经纤维缠绕的主要组分 Tau 蛋白的过度磷酸化、抑制细胞凋亡以及改善脑血液循环和脑代谢等。研究表明，植物雌激素芒柄花黄素能够保护神经元受 N-甲基-D-天冬氨酸诱发的兴奋性毒性损伤，抑制细胞凋亡；槲皮素对原代培养的初生大鼠皮层神经元细胞具有保护作用。

（七）其他作用

植物雌激素可通过雌激素受体或者通过促进生成透明质酸、细胞外基质蛋白、胶原蛋白，来促进皮肤细胞增殖、血管扩增，防止细胞氧化和凋亡。研究表明，使用植物雌激素和选择性雌激素受体调节剂可显著延缓皮肤老化，如染料木素对卵巢切除小鼠有显著的抗抑郁作用。此外，植物雌激素对实验性自身免疫性甲状腺炎、糖尿病性视网膜病变、子宫内膜异位症以及肝细胞中的葡萄糖摄取功能障碍等方面也均具有治疗作用。

四、安全性

植物雌激素虽然对机体健康有助益作用，但是大剂量摄入可能会对生殖系统以及胎儿发育等产生一些副作用。如，绝经后女性补充植物雌激素可能会使体重增加，身体成分比例可能会发生变化；植物雌激素（大豆异黄酮、染料木黄酮、拟雌内酯）的代谢产物可通过胎盘屏障，到达胎儿体内，影响胎儿的造血功能。在动物实验中，羊食入三叶草（一种牧草）后会患上不育症，即所谓的三叶草病，是摄入过量植物雌激素致使动物生殖紊乱的典型实例。

五、开发应用

一些化妆品和护肤品中含有植物雌激素成分，如，以葛根异黄酮为活性物质的增白霜，添加白藜芦醇的抗皱精华，含有黄豆苷元的抗衰老乳液，等。此外，一些植物雌激素被应用于疾病的预防和治疗，如大豆异黄酮已被应用于预防乳腺癌、前列腺癌、心血管疾病以及骨质疏松症；芝麻及亚麻来源的植物雌激素对结肠癌、乳腺癌及前列腺癌等癌症也具有预防和治疗的效果。具有植物雌激素样效果的中草药已被应用于中药经典名方，如乌鸡白凤丸、当归补血汤、六味地黄丸等。另外，植物雌激素也可应用于畜牧生产中，在奶牛、蛋鸡、猪生产中添加植物雌激素，对提高奶牛生产性能、改善鸡蛋品质、提高产蛋量等方面具有重要作用。

第七节　植物甾醇

　　植物甾醇（phytosterols）是一种结构与胆固醇类似但具有多重生理活性的三萜烯，因其呈固态又称植物固醇。植物甾醇广泛分布于园艺植物的各个部分，如种子、花朵、根茎、枝干、叶子、果实等，被誉为"生命的钥匙"，具有十分重要的生理功能，如降低胆固醇、抗癌、保持生物内环境稳定、控制糖原和矿物质的代谢、调节应激反应等。人体自身不能合成甾醇，食物是获得甾醇的唯一来源。2010 年，我国批准植物甾醇为新资源食品。在日常饮食中摄入适量的植物甾醇，可以减少罹患心、脑血管等疾病的风险，因此，植物甾醇也被誉为"血管的清道夫"。

一、结构和种类

　　植物甾醇是 3 位碳原子上连接有羟基的甾体化物，在结构上的共同特点是都含有 1,2-环戊烷并菲甾核，且在甾核上一般还含有三个侧链，如胆固醇（cholesterol）。植物甾醇种类繁多，至今已发现 100 多种，常见的有 β-谷甾醇（β-sitosterol）、豆甾醇（stigmasterol）、菜油甾醇（campesterol）和菜籽甾醇（brassicasterol）等 4 种 4-无甲基甾醇，其分子的基本骨架由 3 个六元环和 1 个五元环组成，C-3 位连有一个羟基，C-17 位连有一个由 8~10 个碳原子构成的脂肪族侧链，C-5 位上为双键，如图 3-8 所示。植物甾醇主环，即甾核 3 位羟基，是植物甾醇的重要活性基团，植物甾醇通过它在自然界形成多种多样的衍生物，如甾醇脂肪酸酯、甾醇阿魏酸酯、甾醇葡糖苷和酰基甾醇葡糖苷等。

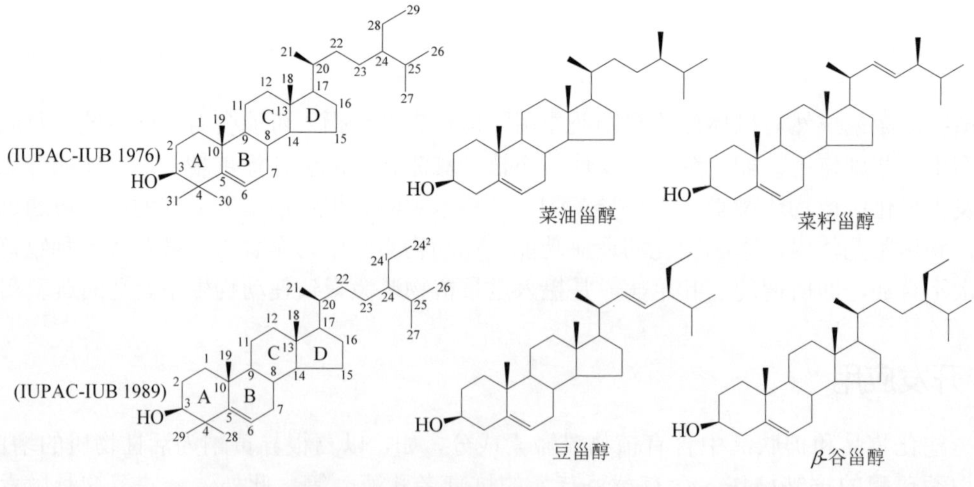

菜油甾醇　　菜籽甾醇　　豆甾醇　　β-谷甾醇

图 3-8　植物甾醇碳原子编号及常见植物甾醇的化学结构

二、理化性质

　　植物甾醇通常为片状或粉末状白色固体，在乙醇中结晶形成针状或菱片状晶体，在二氯乙烷中形成针刺状或长棱晶体。植物甾醇不溶于水，也不溶于酸碱，可溶于多种有机溶剂。各种植物甾醇熔点一般较高，均在 100℃以上，最高可达 215℃。植物甾醇主要表现为疏水性，但其结构中带有羟基基团，因而又具亲水性。在同一种物质结构中同时具有亲水基团和亲油基团，意味着该物质具有乳化性。植物甾醇的乳化性可通过对羟基基团进行化学改性而得以改善，这一特征使其具有调节和控制反相膜流动性的能力。

三、园艺产品中的分布及含量

植物甾醇是甾类化合物中的一类仲醇，在自然界分布广泛，主要以脂肪酸酯（植物甾醇酯）、甾醇糖苷和酰基甾醇糖苷等形式存在。园艺植物中植物甾醇主要有β-谷甾醇、豆甾醇、菜油甾醇和菜籽甾醇4种构型，是细胞膜的主要构成成分之一，也是维生素D、甾族化合物及多种激素合成的前体物质。表3-17～表3-19为植物甾醇在常见的蔬菜、水果、坚果及植物油中的含量。

表 3-17　各种蔬菜中植物甾醇含量　　　　　单位：mg/100g（FW）

名称	学名	β-谷固醇	菜油甾醇	豆甾醇	β-谷甾醇	樟脑甾醇	芸苔甾醇	Δ5-/Δ7-燕麦甾醇	总含量
中国香葱	*Allium tuberosum* RottLer ex Spreng.	11.9	0.6		0.5				13
韭菜	*Allium ampeloprasum* L.	7.3	0.61	0.06		0.09			8.06
洋葱头	*Allium cepa* L.	6.2	0.4	0.7	0.1				7.4
黄洋葱	*Allium cepa* L.	7	0.6	1.2					8.8
葱	*Allium fistulosum* L.	16.2	5.1		0.7				22
大蒜	*Allium sativum* L.	8.7	2	0.5					11.2
蒜薹	*Allium sativum* L.	10.6	1.3	0.6					12.5
小茴香	*Anethum graveolens* L.	15.5	1.6	13.3			0.2	0.2	30.8
芹菜	*Apium graveolens* L.	8.9	0.5	4.2	0.5	0.01			14.11
冬瓜	*Benincasa hispida* (Thunb.) Cogn.	0.8	0.1	0.2					1.1
红甜菜	*Beta vulgaris* L.	9.1	0.6	5.7				0.2	15.6
欧洲油菜	*Brassica napus* L.	10.3	2.7						13
羽衣甘蓝（煮）	*Brassica oleracea* L.var.*acephala*	7.4	0.91	0.38	0.11	0.07			8.87
花椰菜	*Brassica oleracea* L.var.*botrytis*	21.6	7.2	1.6					30.4
花椰菜	*Brassica oleracea* L.var.*botrytis*	26	9.5	3.7	0.06				39.26
甘蓝	*Brassica oleracea* L.var.*capitata*	9.4	2.8	0.2	0.35				12.75
甘蓝	*Brassica oleracea* L.var.*capitata*	10.4	2	1.2					13.6
抱子甘蓝	*Brassica oleracea* L.var.*gemmifera* DC.	27.7	7.1	0.3			0.2		35.3
抱子甘蓝	*Brassica oleracea* L.var.*gemmifera* DC.	34	8	0.38					42.38
青花菜	*Brassica oleracea* L.var.*italica* Plenck	34.5	5.3	0.7	0.4		0.3	0.2	41.4
菜心	*Brassica rapa* var.*chinensis* （L.） Kitamura	6.8	1.6	0.03	0.06	0.03			8.52

名称	学名	β-谷固醇	菜油甾醇	豆甾醇	β-谷甾醇	樟脑甾醇	芸苔甾醇	Δ5-/Δ7-燕麦甾醇	总含量
菜心	*Brassica rapa* var.*chinensis*（L.）Kitamura	10.3	2.2	2					14.5
菜心	*Brassica rapa* var.*chinensis*（L.）Kitamura	12.2	0.3	2.5	0.2				15.2
芜菁	*Brassica rapa* L.	13	3.3	0.26	0	0			16.56
芜菁	*Brassica rapa* L.	8.5	1.4		0.3				10.2
辣椒	*Capsicum annuum* L.	4.9	2	0.33					7.23
绿辣椒	*Capsicum annuum* L.	8.1	2.8	0.8	1.1	0.4			13.2
甜辣椒	*Capsicum annuum* L.	16.4	4.2	0.2					20.8
菊苣	*Cichorium endivia* L.var.*latifolium Lam*	10.4	1.3	4.3	1.3				17.3
芫荽	*Coriandrum sativum* L.	9.3	1.1	7.9	0.4				18.7
黄瓜	*Cucumis sativus* L.	3.8	0.2	2.9	0.3	0.1		0.2	7.5
西葫芦	*Cucurbita pepo* L.	7.3	0.4	8.4	0.4	0.2			16.7
胡萝卜	*Daucus carota* L.	14	2	3	0.2	0.3			19.5
茴香	*Foeniculum vulgare* Mill.	5.1	0.35	4.3	0.02				9.77
黄豆芽	*Glycine max*（L.）Merr.	7.5	1.8	5.4	0.5				15.2
红薯	*Ipomoea batatas*（L.）Lam.	6.6	2.3	0.6	0.4				9.9
绿扁豆	*Lablab purpureus*（L.）Sweet	8.6	1.4	3.9	0.7				14.6
生菜	*Lactuca sativa* L.	16.7	3.3	7.9	3.1	0.2			31.2
紫菜	*Pastinaca sativa* L.	18	2.8	7.3	0.19	0			28.29
欧芹	*Petroselinum crispum*（Mill.）Fuss	13.6	1.2	11.5			0.2		26.5
菜豆（冷冻）	*Phaseolus vulgaris* L.	5.4	0.8	3.6					9.8
豌豆	*Pisum sativum* L.	41.4	5.6	4	2.7			1	54.7
雪豌豆	*Pisum sativum* L.var.*saccharatum*	14	1.4	2	0.3				17.7
白萝卜	*Raphanus sativus* L.	3.8	1.2	0.1					5.1
萝卜	*Raphanus sativus* L.	4.4							4.4
番茄	*Solanum lycopersicum* L.	2.4	0.28	1.7	0.23	0.05		0.4	5.06
茄子	*Solanum melongena* L.	2	0.2	0.6	0.1				2.9
马铃薯（煮）	*Solanum tuberosum* L.	2.7	0.23	0.38	0.56				3.87
马铃薯	*Solanum tuberosum* L.	1.8	0.2	0.9	0.7				3.6
菠菜	*Spinacia oleracea* L.	5.4	0.8	2.9	0.8	0.7			10.6
菠菜（冷冻）	*Spinacia oleracea* L.		0.2				0.3	0.4	0.9
豇豆	*Vigna unguiculata*（L.）Walp	19.4	3.8	6	0.6				29.8
甜玉米粒	*Zea mays* L.convar.*saccharata* var.*rugosa*	15.2	5.4	1.5				1.5	23.6
生姜	*Zingiber officinaLe* Roscoe	9.9	1.4	1.5	2	0.2			15

注：名称与学名重复但数据不同的项目为不同参考文献中所测得的数据。

表 3-18 常见水果中植物甾醇的含量 单位：mg/100g（FW）

名称	含量	名称	含量
红提	5.42	桂圆	15.42
桃	7.41	菠萝	16.66
苹果	10.89	木瓜	16.86
樱桃	11.37	猕猴桃	17.47
草莓	11.86	山楂	23.27
荔枝	12.06	芒果	24.44
香蕉	12.57	橘子	25.53
杏	13.37	橙子	28.47
梨	13.93		

表 3-19 常见坚果中植物甾醇的含量 单位：mg/100g（FW）

名称	含量	名称	含量
板栗	7.76	香榧子	175.02
核桃	307.71	杏仁	154.67
开心果	481.7	葵花籽	276.14
腰果	156.9	花生	169.93
榛子	173.86	莲子	109.11
松子	244.93	南瓜子	156.81

表 3-20 常见食用植物油中的植物甾醇含量（张志旭等，2014） 单位：mg/100g（FW）

名称	含量	名称	含量
山茶油	117.92	葵花籽油	372.26
茶油	280.63	胡麻油	432.68
花生油	245.12	菜籽油	517.14
橄榄油	269.23	芝麻油	559.27
红花油	270.45	玉米胚芽油	1032.07
大豆油	307.34		

蔬菜的植物甾醇含量［0.9～54.7mg/100g（FW）］较低，其中叶菜类普遍高于果菜类；水果的植物甾醇含量与蔬菜相当，为 5.42～28.47mg/100g；除含淀粉较多的板栗以外，坚果类植物甾醇含量较高，在 100～500mg/100g 之间。植物甾醇是植物生长过程中重要的次生代谢产物，植物新细胞和新组织生长需要植物甾醇的参与，此时植物甾醇合成旺盛。植物甾醇在种子中含量较高，种子萌发后合成速度逐步减小，同时，植物甾醇作为作用底物形成配糖生物碱、皂苷、卡烯内酯等其他代谢产物，导致叶、花、果实等部位植物甾醇含量大幅度降低。由于植物甾醇是脂溶性物质，植物油大多是从植物种子中提取出来的，植物油中植物甾醇的含量高于大多数非种子的植物甾醇含量，表 3-20 列出了植物甾醇在各种植物油中的含量。

四、生理功能

植物甾醇在拮抗胆固醇、预防心血管疾病方面表现出良好的效果，同时还具有调节生长、促进蛋白质合成、抗炎、抗氧化、抗癌、免疫调节及类激素等生理功能。

（一）降低胆固醇

补充植物甾醇和甾烷醇可使血液中总胆固醇（TC）和低密度脂蛋白胆固醇（LDL-C）的含量降低，而高密度脂蛋白胆固醇（HDL-C）和甘油三酯（TG）水平未见变化。植物甾醇二十二碳六烯酸可降低载脂蛋白酶缺失的小鼠血浆胆固醇水平，补充植物甾醇可显著降低血清TC、LDL-C、HDL-C 以及 TG 含量。植物甾醇半琥珀酸酯和山梨糖醇琥珀酸酯具有降低血液胆固醇、增加粪便胆固醇含量的作用，并能促进肝 X 受体（liver X receptor，LXR）α 亚型的表达，及胆固醇 7α 羟化酶和粪便总胆汁酸不同程度的表达。

机体内的胆固醇平衡是一个极其复杂的过程，主要包括从食物中直接摄取、机体自身合成、吸收、转化及排泄等步骤，这些过程又受多种因子调控。植物甾醇和胆固醇在体内吸收的过程如图 3-9 所示，植物甾醇和胆固醇在空肠顶侧端以混合胶团（mixed micelles，MM）的形式通过转运蛋白 Niemann–Pick C1 Like 1（NPC1L1）被肠上皮细胞吸收，在肠上皮细胞中，固醇被乙酰辅酶 A /胆固醇乙酰基转移酶 2（acetyl-CoA acetyltransferase 2，ACAT2）酯化，并以乳糜微粒的形式进入血液。植物甾醇的酯化效率低于胆固醇，未酯化的植物甾醇通过 ATP-binding cassettes G5/8（ABC G5/8）分泌回空肠顶侧端。在肝细胞中，大部分植物甾醇通过肝细胞 ABC G5/G8 转化为胆汁，空肠中植物甾醇的较低吸收和肝脏中的快速排出导致植物甾醇在血清中含量很少，但是小部分植物甾醇能够抵抗这种机制，最终以极低密度脂蛋白的形式进入血液，植物甾醇、植物甾醇酯也因此具有降低血清中胆固醇的功效。每天从膳食中摄入 2g 植物甾醇，可降低低密度胆固醇（LDL-C）浓度约 10%，随着植物甾醇摄入的增多，胆固醇的吸收率以及血清中的胆固醇水平也随之降低。植物甾醇与辛伐他汀联合使用，可减少外源性胆固醇从肠道进入血液的量。

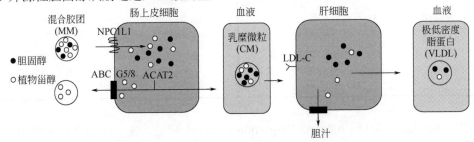

图 3-9 胆固醇和植物甾醇在体内的吸收过程

（二）抗氧化作用

β 谷甾醇可抑制超氧阴离子并清除自由基。在油脂中加入 0.08% 植物甾醇能最大程度降低油脂的氧化水平，并且其抗氧化能力随着浓度的上升而增强，该抗氧化性可能与甾醇通过 1、2 键位的脱水转换成甾醇烯类物质有关。植物甾醇的抗氧化作用在煎炸过程的初始阶段最明显，表明其具有良好的热稳定性。添加植物甾醇的高级菜籽油在高温条件下的抗氧化、抗聚合性能增强。植物甾醇与维生素 E 或其他抗氧化药物联合应用时，其抗氧化效果可与之协同，产生更强的叠加效果。

（三）类激素作用

因植物甾醇的化学结构与雌激素类似，可能具有雌激素的活性。植物甾醇与合成甾体类激素的肾上腺、肝脏、睾丸和卵巢等组织有高度亲和性，因此认为它可作为甾类激素的前体来合成甾体类激素。

（四）抗炎退热作用

β-谷甾醇有类似于皮质醇（氢化可的松）和强的松等皮质类固醇激素的较强的抗炎作用，其对由棉籽酚移植引起的肉芽组织生成和由角叉胶在鼠身上诱发的水肿都表现出了强烈的抗炎作用。在β-谷甾醇对人大动脉内皮细胞的抗炎活性的研究中发现，β-谷甾醇显著抑制血管黏附分子1（vascular cell adhesion protein 1，VCAM-1）和细胞间黏附分子1（intercellular cell adhesion molecule 1 ICAM-1）的表达。谷甾醇的退热镇痛作用与阿司匹林类似，但因其有不会引起溃疡的特点而为不可服用阿司匹林的患者提供了新的治疗替代药物。豆甾醇、环木菠萝甾醇、菠菜甾醇等都具有明显的抗炎和退热作用，且无传统抗炎退热药物的副作用，因而可作为辅助抗炎症药物而长期使用。此外，植物甾醇改善动脉粥样硬化病变的功能也可能与其抗炎作用有关。

（五）其他生理功能

免疫调节：植物甾醇作为免疫调节因子，能够刺激T淋巴细胞增殖。给马拉松运动员服用β-谷甾醇及其糖苷混合物，受试者在经过马拉松长跑之后免疫抑制较轻。

抗癌作用：长期食用富含植物甾醇来源食品的人患癌症的概率较低，膳食添加2%的植物甾醇（95%β-谷甾醇、4%菜油甾醇和1%豆甾醇）能降低30%由甲基亚硝基脲（MNU）诱发的结肠肿瘤发病率。

五、安全性

植物甾醇属于无毒物，其普遍的存在形式甾醇酯的安全性已经得到了世界多个国家的认可。1999年，美国食品与医药管理局批准，添加了植物甾醇酯的食品可以使用"有益健康"的标签。2004年，欧盟委员会批准植物甾醇酯在黄油涂酱、牛奶类产品及优酪乳类等食品中使用。2007年，英国食品标准局给予植物甾醇酯健康成分的审批。2010年，我国允许植物甾醇酯作为新资源食品在食品中添加（中华人民共和国卫生部食品安全综合协调与卫生监督局，2010年第3号新资源食品公告）。

六、开发应用

植物甾醇作为功能性成分被广泛应用于制备预防心血管疾病的药物，以其为主要成分的片剂、咀嚼片等已有出售。国外市场已经成功开发出添加植物甾醇酯的人造奶油、黄油、食用油等保健食品。此外，植物甾醇可用于合成调节水、蛋白质、糖和盐代谢的甾醇激素，这一特点可用于制作高血压药和口服避孕药等几乎所有的甾体类药物。豆甾醇可用于多种甾体皮质激素药物的制造，由于其具有降胆固醇、抗炎退热和拮抗肠癌、宫颈癌、皮肤癌、肺癌、前列腺癌等功能而被广泛运用。

第八节　皂　　苷

皂苷（saponins），又称皂素、皂角苷、碱皂体等，它的水溶液经振摇后能产生大量持久的、肥皂样的泡沫，故名皂苷。皂苷是苷元为三萜或螺旋甾烷类化合物的一类糖苷，在园艺植物中主要存在于百合科、薯蓣科、石竹科、玄参科、豆科、五加科中。皂苷是多种药物的有效成分，具有抗肿瘤、抗菌、解热、镇静和抗抑郁等生物活性，被称为"百草之王"的人参中发挥主要功效的组分就是人参皂苷。

一、结构和种类

皂苷按母核结构可分为甾体皂苷和三萜皂苷。甾体皂苷由甾体皂苷元和糖缩合而成，主要存在于薯蓣科、百合科和玄参科等植物中。甾体皂苷元为螺旋甾烷类，以环戊烷多氢菲为母核的甾体皂苷元骨架包含 27 个碳原子，共有 A、B、C、D、E、F 六个环，分子中含有多个羟基，大多在 C-3 位有羟基取代。按 F 环的闭合状态，甾体皂苷主要可分为三种类型（图 3-10）：螺甾烷型，如知母皂苷 A Ⅲ、重楼皂苷Ⅰ；呋甾烷型，如原拔葜皂苷；变形螺甾烷型，如颠茄皂苷 A。螺甾烷型皂苷最为常见，而呋甾烷型皂苷的 C-26 位糖苷键易被酶解，F 环随之环合成为相应的螺甾烷型皂苷。

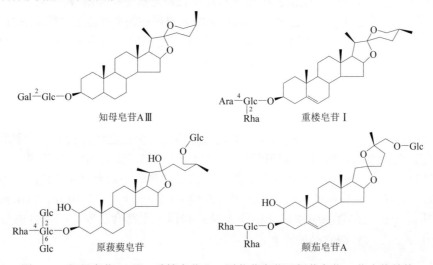

图 3-10　知母皂苷 A Ⅲ、重楼皂苷Ⅰ、原拔葜皂苷及颠茄皂苷 A 化合物结构

三萜皂苷是由三萜苷元、糖基、糖醛酸等组成的 C_{30} 萜类化合物，具有代表性的三萜骨架，包括四环的达玛烷型、甘遂烷型、环菠萝烷型、葫芦烷型和五环的齐墩果烷型、乌苏烷型、羽扇豆烷型等。三萜皂苷由异戊二烯途径合成，在 2,3-氧化鲨烯环化酶（2,3-oxidosqualene cyclases，OSCs）作用下使 2,3-氧化鲨烯环化形成三萜类骨架，然后经细胞色素 P450 单加氧酶、糖基转移酶等化学修饰，最终形成不同的三萜皂苷终产物，如图 3-11 所示。

二、理化性质

皂苷多为无定形粉末，多数具有苦而辛辣味，其粉末对人体黏膜具有强烈刺激性，但甘草皂苷有显著而强烈的甜味，对黏膜刺激性弱。皂苷亲水性基团为糖，亲脂性基团为苷元，当两种基团比例适当时具有表面活性；此外，皂苷还具有吸湿性。皂苷水溶液经强烈振摇能产生持久性泡沫，且不因加热而消失。甾体皂苷溶于水，易溶于热水、稀醇，难溶于石油醚、苯、乙醚等亲脂性溶剂；三萜皂苷多具有羧基，因此又称酸性皂苷，多溶于水，振摇后可生成胶体溶液，并有持久性似肥皂溶液的泡沫。甾体皂苷和三萜皂苷常具有溶血、毒鱼及毒贝的作用，但并不是所有的皂苷都具有溶血作用，如以人参二醇为苷元的皂苷则无溶血作用。

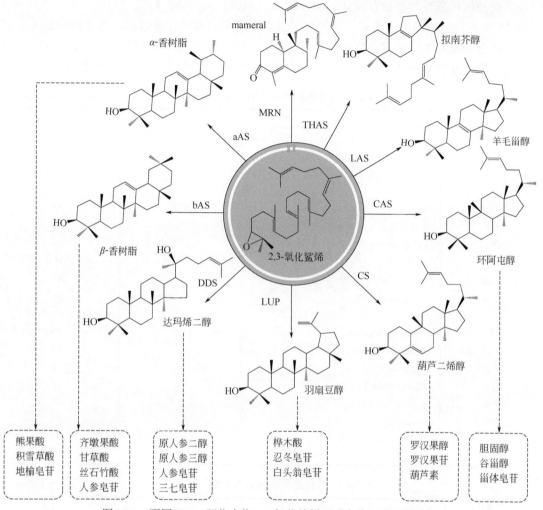

图 3-11　不同 OSCs 环化底物 2,3-氧化鲨烯形成各类三萜骨架简图

虚框内代表对应的下游产物。各 OSCs 名称：aAS，α-香树脂醇合成酶；bAS，β-香树脂醇合成酶；DDS，达玛烯二醇合成酶；LUP，羽扇豆醇合成酶；CS，葫芦二烯醇合成酶；CAS，环阿屯醇合成酶；LAS，羊毛甾醇合成酶；THAS，拟南芥醇合成酶；MRN，mameral 合酶

三、园艺产品中的分布及含量

在各种豆类等蔬菜中均可检测到皂苷，如芦笋、羽扇豆、扁豆、大豆、鹰嘴豆、豌豆等（表 3-21、表 3-22）。甾体皂苷主要存在于薯蓣科、百合科和玄参科等中，是生产甾体激素类药物的重要基础原料。目前，从百合属植物鳞茎中分离得到的甾体皂苷类化合物共有 82 种，包括螺甾烷醇类皂苷 13 种、异螺甾烷醇类皂苷 39 种、变形螺甾烷类皂苷 7 种和呋甾烷醇类皂苷 23 种。百合中甾体皂苷主要以异螺甾烷醇型皂苷为主，所含的糖基组成种类也较多，包括葡萄糖、鼠李糖、木糖、阿拉伯糖和半乳糖，其中绝大多数含有鼠李糖和葡萄糖。苦瓜的根、茎、叶及果实中均含有皂苷，且以三萜皂苷为主，已分离出 40 多种三萜皂苷，包括葫

芦素烷型、齐墩果烷型、乌苏烷型、豆甾醇类、胆甾醇类及谷甾醇类皂苷等。其中，苦瓜籽中总皂苷的含量约为 0.432‰。韭菜中含有多种皂苷，主要从韭菜的种子中分离得到。不同来源的芦笋中提取分离的甾体皂苷从结构到性质上都有很大差别，同一来源的芦笋不同部位提取分离到的甾体皂苷类型也有差异，如分别从白芦笋、绿芦笋，以及芦笋根、茎、叶中分离得到 27 种不同结构的甾体皂苷，芦笋的根盘中原薯蓣皂苷的含量最高，达 7.8～10g/kg，而在其营养茎和拟叶中原薯蓣皂苷的含量较低；白芦笋中原薯蓣皂苷较绿芦笋高，无论绿芦笋还是白芦笋，从笋尖到基部，总甾体皂苷和原薯蓣皂苷的含量均呈现逐渐升高的趋势。

表 3-21　各种蔬菜中皂苷的含量（干重）　　　　　　　单位：mg/100g

物种	学名	部位	含量
龙葵	*Solanum torvum* Sw.	成熟果实	8.6±2.6
		未成熟果实	16.9±9.4
芦笋	*Asparagus officinalis* L.	根	9.2～17.1
		茎	15
大蒜	*Allium sativum* L.	鳞茎	2.9
甜菜	*Beta vulgaris* L.	茎	58
鹰嘴豆	*Cicer arietinum* L.	豆	56
		叶	286.5
大豆	*Glycine max*（L.）Merr	豆	43
苜蓿	*Medicago sativa* L.	生豆	56
		新芽	87
四季豆	*Phaseolus vulgaris* L.	豆	13
扁豆	*Phaseolus vulgaris* L.	豆	19
芸豆	*Phaseolus vulgaris* L.	豆	16
青豆	*Pisum sativum* L.	豆	11
菠菜	*Spinacia oleracea* L.	叶和茎	47
蚕豆	*Vicia faba* L.	豆	3.5
绿豆	*Vigna radiata*（L.）R. Wilczek	豆	5.7
		根	27

表 3-22　各种蔬菜中皂苷的含量（鲜重）　　　　　　　单位：mg/100g

物种	学名	部位	含量
空心莲子草	*Alternanthera philoxeroides* Griseb	叶	176
苋菜	*Amaranthus tricolor* L.	叶	169
皱果苋	*Amaranthus viridis* L.	叶	164
落葵	*Basella alba* L.	叶	261.7
甜菜	*Beta vulgaris* L.var. *bengalensis* Hort.	叶	286.5
芋头	*Colocasia esculent*（L.）Schott	叶	368.5
南瓜	*Cucurbita moschata* Duchesne	花	159
		叶	143.5
芫荽	*Eryngium foetidum* L.	叶	256.5
水菠菜	*Ipomea aquatica* Forsk	叶	229.5～436.5
野薄荷	*Mentha arvensis* L.	叶	128.5
马齿苋	*Portulaca oleracea* L.	叶	166.5

四、生理功能

皂苷通常被称为非挥发性的表面活性化合物，疏水性皂苷元和亲水性糖基的结合使皂苷具有两性且能够融入生物膜系统。甾体皂苷的药理活性已得到全世界普遍的关注，不同来源的甾体皂苷从结构到性质上都有很大差别，同属不同种植物中的甾体皂苷也具有不同的药理活性。三萜皂苷也具有广泛的药理作用，如抗血小板、降低胆固醇、抗肿瘤、抗 HIV、抗炎和抗菌等，也可作为免疫佐剂、杀虫剂和杀菌剂使用。另外，三萜皂苷元也表现出重要的生物活性，如大豆皂醇 B 有保肝功能，齐墩果酸和熊果酸具有抗炎和抗肿瘤活性等。

皂苷对正常细胞没有毒性，对癌细胞具有较强的抵抗活性，能够抑制癌细胞的增殖，促进癌细胞的衰亡，保持细胞分化、增殖与衰亡的动态平衡，维持正常细胞周期，以完成正常的新陈代谢活动。

皂苷对人类的免疫系统具有调节作用，如促进细胞毒性 T 细胞的活化，提高自然杀伤细胞和淋巴因子激活杀伤细胞的活性，对肿瘤细胞产生杀伤作用，提高机体的免疫功能。

植物皂苷可以调节脂肪酸生成和代谢关键酶的活性，进而控制脂肪酸的合成；阻止外源性胆固醇在肠道的吸收，并与内源性胆固醇形成不溶于水的复合物，从而排到体外；降低肝脏中脂质含量，减少脂质的重吸收，降低对肝脏的伤害；促进血管平滑肌细胞的增殖。植物皂苷通过以上途径保持血浆中脂质含量处于正常水平，维持正常的脂肪代谢，降低发生高脂血症的风险。

植物皂苷具有良好的抗血栓作用，主要通过减少血小板的凝集、改善血液黏度、改变血液的流动性来防止血栓形成。皂苷对病原微生物如真菌和细菌具有抑制及杀灭作用。一般认为皂苷可以破坏真菌细胞膜的半透性，因此皂苷抗菌功能的应用范围不仅局限于农业领域，还可以拓展到医药卫生、环境保护、食品保健等方面。

五、开发应用

天然存在的皂苷化合物是植物的天然保护剂，不仅对昆虫和软体动物有毒，而且一些种类还具有较强的抗真菌或者细菌的效果。人参皂苷或大豆皂苷对肿瘤细胞或者癌细胞有相当的毒性，但对正常细胞没有太大的影响，说明膳食来源的皂苷安全可靠。随着提取技术的进步，在探明皂苷复杂结构的基础上，这一类活性物质具有的抗菌、抗血栓、抗肿瘤、抗糖尿病和降脂等广谱功效将被广泛运用于医疗、食品、饲料等行业。药用产品的开发目前已初具规模，市场上皂苷类药物主要有人参皂苷、柴胡皂苷和三七皂苷等。

第九节　柠檬烯

柠檬烯为单萜类化合物，是一种柠檬味的无色油状液体，存在于多种水果（主要是柑橘类）、蔬菜和香料中。柠檬烯用途广泛，功能多样，具有抗肿瘤、抗炎症、抗菌抑菌、祛痰平喘、利胆溶石和防腐保鲜等多种作用，常用于医药、食品加工和日化等多个领域。

一、结构和种类

柠檬烯（limonene），化学名称为 1-甲基-4-（1-甲基乙烯基）环己烯，分子量 136.23，分子式 $C_{10}H_{16}$。柠檬烯属于单环单萜，具有三种同分异构体，通常以其 D-异构体（D-isomer）形式存在，又称苧烯，结构简式如图 3-12，种类与来源见表 3-23。

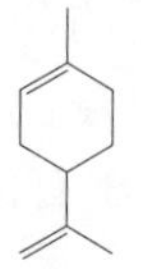

图 3-12　柠檬烯的结构简式

表 3-23　柠檬烯的种类与来源

名称	别名	来源
DL-柠檬烯	二聚异戊二烯	在植物中存在的含量最少，主要存在于多种黄松木节挥发油中，如油松油、马尾松油、赤松油、云南松油等，也是在樟脑合成过程中的一种副产物。除此之外，DL-柠檬烯也存在于香草、柠檬草等的挥发油中
L-柠檬烯	左旋柠檬烯	在植物中含量较低，主要存在于松针、薄荷、留兰香等植物挥发油中
D-柠檬烯	右旋柠檬烯	是柠檬烯的主要存在形式，在黄蒿子油、柑橘油、柠檬油、橙皮油、柚子油等植物挥发油中较为普遍。由于柑橘类植物的挥发油 D-柠檬烯含量高达 90%以上，柑橘类是天然 D-柠檬烯的最重要来源

二、理化性质

柠檬烯是一种柠檬味的无色油状液体，不溶于水，易与酒精混合，易溶于正己烷、丙酮、乙酸乙酯等有机溶剂。因结构中含有不饱和键，稳定性不高，尤其是在受热和有光照的条件下，容易发生氧化反应。现有的柠檬烯提取方法主要分为有机溶剂浸提法、蒸馏法（分为水蒸气共蒸、减压蒸馏和分子蒸馏）、超临界 CO_2 萃取法和超声波辅助提取法等。

三、食物来源及摄入量

柠檬烯是一种天然成分，在柑橘类水果（特别是其果皮）、香料和草药的精油中含量较高，如橙皮精油中柠檬烯的质量分数高达 90%～95%，食品调料、葡萄酒和一些植物油（大麦油、米糠油、橄榄油、棕榈油）都是该类化合物的丰富来源。一个体重为 60kg 的人，每天从天然食物或香料中摄入的柠檬烯约为 0.27mg/kg（体重）。

四、生理功能

（一）抗癌

柠檬烯具有癌症的预防和治疗作用。D-柠檬烯抗癌机制主要有化学预防作用、抑制细胞周期与诱导细胞凋亡以及抑制肿瘤的侵袭与转移等。

1. 化学预防作用

D-柠檬烯对化学因子引起的啮齿类动物乳腺癌、淋巴癌、肺癌、胃癌、皮肤癌、肝癌以

及致癌因子 *H-Ras* 突变诱发的大鼠乳腺肿瘤均具有化学预防作用，主要包括：①抗氧化：自由基造成的氧化损伤对癌症的产生及发展有着重要作用，抵抗氧化损伤能很好地预防癌症，而富含 D-柠檬烯的精油提取物是一种良好的抗氧化剂；②抗炎症：炎症反应与癌症具有密切的关系，NF-κB 是联系炎症反应与癌症的中介分子之一，D-柠檬烯能通过 NF-κB 信号通路达到预防炎症及癌症发生的功效。

2. 抑制细胞周期和诱导细胞凋亡

体内的致癌基因和抑癌基因调控着癌细胞的生长与凋亡，抑制致癌基因的表达及活化抑癌基因能有效抵抗癌症的发生。常见的致癌基因有 *c-Myc*、*Ras*、*c-Jun*，抑癌基因有 *Bcl-2*、*Bax*、*Cx32*、*Cx43*、*p53* 等。*Bax*、*Bcl-2* 与 *p53* 在促进细胞凋亡中发挥重要作用，D-柠檬烯诱导细胞凋亡常与 *Bax*、*Bcl-2* 及 *p53* 有关，*Bax/Bcl-2* 升高有利于细胞凋亡，而 *p53* 基因能促使细胞停滞于 G_0/G_1 期。

3. 抑制肿瘤的侵袭与转移

Fascin-1 是一种重要的胞质蛋白，它决定着细胞微丝骨架的分布和活动，可能在细胞迁移、侵袭以及细胞间信息交流等过程中发挥作用。D-柠檬烯通过下调 Fascin-1 蛋白表达，调控乳腺癌细胞微丝结构，进而抑制体外侵袭。环氧合酶-2（cyclooxygenase-2，COX-2）是一种膜结合蛋白，主要通过促进肿瘤血管生成、加速肿瘤细胞侵袭转移、抑制免疫功能及抑制细胞凋亡等机制而导致或促进癌症的发展。D-柠檬烯则能抑制 COX-2 的表达，降低鸟氨酸脱羧酶的活性，阻止胸腺嘧啶掺入 DNA 中，从而起到抑制癌症的效果。

（二）祛痰平喘、利胆润石

D-柠檬烯能作用于呼吸道黏膜，促进呼吸道黏膜黏液分泌增加，减弱支气管平滑肌的自发活动，缓解支气管痉挛，从而有利于痰液的排出，达到消除痰涎，减轻或制止咳喘的功效。柠檬烯能够促使括约肌松弛而使结石排除，从而减少结石对胆囊黏膜的刺激，减少胆结石的产生，并能改善患者的体质，不但能达到治愈的目的，还能防止结石复发。

五、吸收、分布、代谢和排泄

人与大鼠经口摄入的柠檬烯均可被完全吸收，其半衰期约为 24h。柠檬烯及其代谢产物在大鼠全身分布，并表现出对脂肪组织有亲和性。此外，D-柠檬烯虽然在人体和动物中分布广泛，但大部分都随尿液和气体等排出，不会在体内积累。

六、安全性

20 世纪 90 年代世界卫生组织就宣称柠檬烯不具备遗传毒性和致癌性；我国 GB 2760—2014《食品安全国家标准　食品添加剂使用标准》已规定 D-柠檬烯为允许使用的香料之一，同时 D-柠檬烯也是规定中允许使用的柠檬油萜烯和甜橙油萜烯的主要成分；联合国粮食与农业组织对 D-柠檬烯每日允许摄入量未做限制规定，且认为在目前的使用剂量［欧洲：660ug/（kg·d）；美国：210ug/（kg·d）］下，D-柠檬烯没有安全性问题。对 D-柠檬烯诱发肿瘤机制的研究证明，D-柠檬烯对人无任何致癌性或肾毒性危险，但也有实验表明，D-柠檬烯可能导致人体出现肺活量下降、支气管高反应性以及过敏性湿疹等症状。

纯净的柠檬烯对人体及动物几乎没有影响，而其在暴露的情况下易与氧气（O_2）、臭氧（O_3）、氮氧化合物（NO_x）等物质反应，从而对动物、人体和环境造成一定的影响，如柠檬烯氧化物常对人和动物的神经系统产生作用，能刺激人的三叉神经，且在臭氧存在下会对人眼造成刺激；此外，氧化的柠檬烯对皮炎病人有增敏作用。D-柠檬烯在臭氧环境中产生二次有机气溶胶（secondary organic aerosol，SOA），进一步产生甲醛，且臭氧分解柠檬烯产生的羰基化合物和过氧化物能吸收紫外线。因此，在工业生产中应尽量避免由柠檬烯过度暴露而带来的不良影响。

七、开发应用

柠檬烯具有柠檬样香味而被广泛用于食品、肥皂和香水生产中。在农药中，如杀虫剂、驱虫剂，以及狗和猫的驱虫剂中，柠檬烯被注明为活性成分。柠檬烯还可以作为绿色有机溶剂以代替许多有毒的烷烃类化合物来提取油脂。目前国家市场监督管理总局已批准了部分以柠檬烯为主要成分的药物，市面上出售的柠檬烯胶囊，适用于胆囊炎、胆管炎、胆结石、胆道术后综合征以及消化不良等的治疗。柠檬烯具有抗炎、抗氧化、镇痛、抗癌等多种与人体健康相关的效用，有望发展成为一类应用于人类疾病控制领域的重要的植物性保健品或药物。

第十节　果低聚糖

果低聚糖属于低聚糖类，可从菊芋、洋葱、芦笋、菊苣等多种植物中获得，其中，菊芋和菊苣是果低聚糖重要的商业来源；也可以通过微生物发酵方法人工合成。果低聚糖具有热量低、无致龋性、有助于肠道吸收离子、降低血脂和胆固醇水平、促进双歧杆菌生长的功能，被添加到各种食品，如饼干、酸奶、婴儿奶制品、甜点和饮料中。

一、结构和种类

果低聚糖（fructo-oligosaccharides，FOS），是果糖低聚物的俗称，由具有末端葡萄糖基团的一连串果糖基通过 β（2-1）糖苷键连接而成。由于人体消化酶特异分解 α-糖苷键，果低聚糖的这一结构决定了它不会被人体消化酶降解。根据结构特点，果低聚糖主要分为三类，即菊糖、低聚果糖（oligofructose）和短链果低聚糖（short chain fructo-oligosaccharides）。

菊糖是由 β（2-1）糖苷键连接的果糖基聚合物，一端通过 α（1-2）键与葡萄糖基连接，聚合度为 2～60 个果糖单体，平均为 12 个单元。菊糖可以从多种植物家族（单子叶植物和双子叶植物）中获得，然而工业上只有菊苣被用来生产菊糖，这个过程与用甜菜生产糖的过程相似。

低聚果糖是由菊糖酶解产生的全果低聚糖，即全部由 β-D-果糖通过 β（2-1）糖苷键连接而成，聚合度低于 20，商业产品的平均聚合度往往为 9。

短链果低聚糖是蔗果低聚糖，即以蔗糖为基础，在其果糖残基上通过 β（2-1）糖苷键结合 1～3 个果糖分子所构成的 3 种短链低聚果糖及其混合物，包括蔗果三糖（1-kestose，GF2）、蔗果四糖（nistose，GF3）和蔗果五糖（1F-fructofuranosylnystose，GF4），其中果糖基单位（F）连接在蔗糖的 β（2-1）位置（图 3-13）。

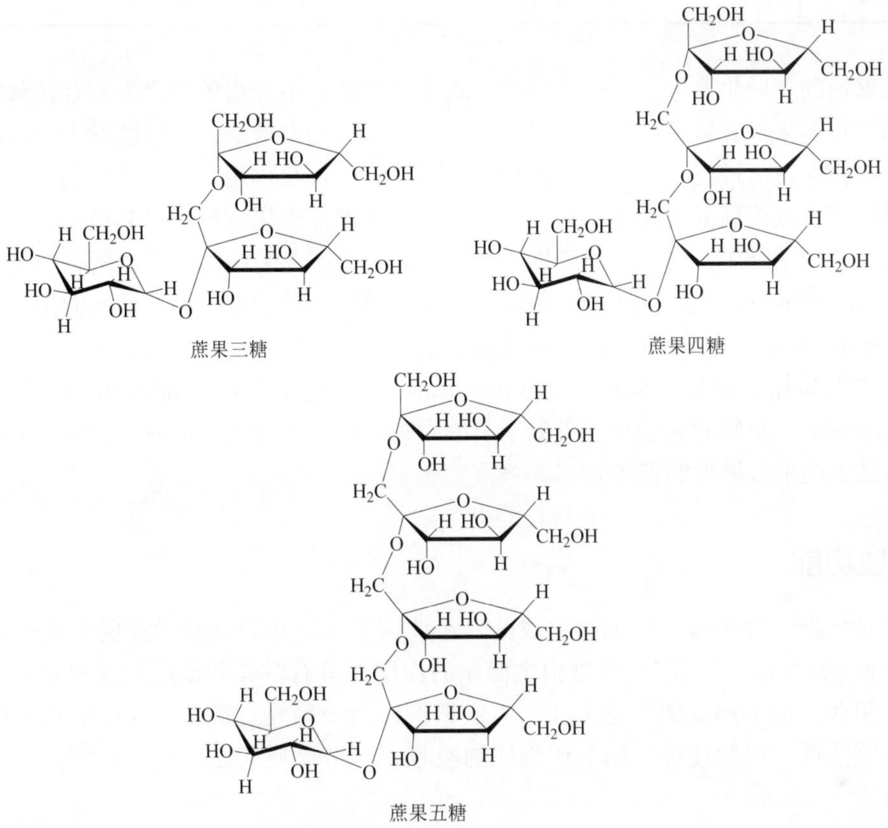

图 3-13　短链果低聚糖的化学结构

二、理化性质

果低聚糖是水溶性化合物，热值很低，仅为 2.276kJ/g。果低聚糖链的长度越长，其甜度越低，如短链果低聚糖的甜度是蔗糖的 40%，全果糖低聚物的甜度为蔗糖的 30%。

在低 pH 或高温条件下，果低聚糖的稳定性比其他低聚糖差，尤其是两者结合时。在酸性条件下，果糖单位之间的 β（2-1）键可以部分水解。此外，食物基质可以影响果低聚糖的稳定性。

果低聚糖具有很强的吸湿性，其保水能力与蔗糖和山梨醇相当，因此，很难在大气条件下长时间保持稳定的冻干产品。此外，果低聚糖具有良好的溶解性、耐碱性、赋形性、非着色性和抗老化性等特性。

三、膳食来源与工业化生产

果低聚糖作为一种碳水化合物储备，在很多植物及其制品，如菊芋、洋葱、芦笋、菊苣、韭葱、大蒜、小麦、雪莲果、番茄、香蕉和蜂蜜等中均有分布，蒲公英和牛蒡中也含有一定量的菊糖。菊芋和菊苣所含菊糖是重要的果低聚糖的商业生产来源，其中菊苣根中菊糖含量可达 70%（以干重计）。几种常见植物中菊糖的含量见表 3-24。

表 3-24　常见植物中的菊糖含量（何小维等，2006）

植物名称	小麦	洋葱	韭菜	天冬	菊芋根	大蒜	大丽花块茎
菊糖含量/%	1～4	2～6	10～15	10～15	13～20	15～25	15～20

果低聚糖的工业生产涉及从微生物源（真菌或细菌）中分离的具有果糖苷转移酶活性的酶的作用。短链果低聚糖的商业化规模生产常采用微生物发酵法，即以蔗糖为基料，利用黑曲霉等微生物在发酵过程中所产生的 β-果糖基转移酶的催化作用，进行分子间果糖基转移反应而制得，所得低聚糖的聚合度≤5，平均为 3.7。生产低聚果糖则是以菊糖为底物，在菊糖酶的作用下裂解菊糖中 β（2-1）键产生。基于裂解的模式，菊糖酶可分为两种类型：①外切菊糖酶（exoinulinase，EC 3.2.1.80）催化终端果糖单元，从菊糖中释放游离的果糖；②内切菊糖酶（endoinulinase，EC 3.2.1.7）催化随机裂解菊糖中的 β（2-1）糖苷键，从而生成不同链长度的果低聚糖，例如，菊粉三糖（inulotriose）、菊粉四糖（inulotetrose）和菊粉五糖（inulopentose）。植物材料的供应受到季节的影响，植物来源的酶的应用较少，因此微生物来源的酶是生产果低聚糖的首选。

四、生理功能

益生元是指一种不被消化的食物成分，在体内可通过选择性刺激结肠中某种或某些细菌的生长和/或活性，从而起到促进宿主健康的作用，具有营养和治疗的双重功效，因而受到消费者和食品加工产业的广泛关注。果低聚糖作为一种具有益生元效应的膳食纤维，具有改善肠道菌群、缓解便秘、影响矿物质的吸收、调节脂质代谢、调节免疫力和降低患癌风险等功效。

1. 益生元效应

饮食中的果低聚糖能避免小肠的酶解，保持原有结构进入盲肠，并且不随粪便排出，而是在结肠中完全发酵。这种发酵是由结肠中的细菌水解酶介导的，果低聚糖被水解成单糖或双糖，运输到细胞内部，在那里代谢成短链脂肪酸（short chain fatty acids，SCFAs）、L-乳酸、二氧化碳和氢气。短链脂肪酸中的乙酸盐、丙酸盐和丁酸盐是细菌酵解反应的主要终产物，可以酸化结肠，有助于双歧杆菌和乳酸菌等有益菌的生长，抑制有潜在致病性的菌种的生长。此外，短链脂肪酸的吸收会影响宿主的代谢，其中乙酸盐和丙酸盐影响碳水化合物和脂质代谢，丙酸盐减少肝脏糖异生并抑制肝脏尿素的形成；乙酸盐是一种强酸，可以降低 pH 值，在致病菌产生可能的前致癌物之前有效地消除致病菌；而丁酸盐是能量的重要来源，同时也是肠道黏膜细胞生长和分化的调节因子。

2. 缓解便秘

每日摄入果低聚糖可以增加微生物量和气体的产生，增加结肠的盲肠容量。代谢产生的短链脂肪酸可被人类结肠上皮细胞吸收和利用，促进它们的增长以及对盐和水的吸收，通过渗透压增加盲肠食团的湿度，增加肠道蠕动。盲肠食团湿度的增加能够促进其通过结肠，缩短运输时间，减少重新吸收水分的时间。以上所有这些因素都增加了粪便的重量，并使其更加柔软。

3. 影响矿物质的吸收

摄取果低聚糖对钙、镁、铁和锌的吸收有积极的影响。膳食纤维可结合矿物质，减少矿物质在小肠的吸收，到达结肠后，果低聚糖等可溶性纤维被发酵，结合的矿物质被释放出来以供吸收。并且，果低聚糖在结肠发酵产生的高浓度短链脂肪酸降低了结肠的 pH 值，增加了矿物质，尤其是钙和镁的溶解性和可吸收性。

4. 调节脂质代谢

果低聚糖可以降低血清脂质、血液甘油三酯及血清胆固醇水平，降低糖尿病和肥胖的风险，其可能的机制主要有以下三种：①果低聚糖可降低进食后血液中出现的葡萄糖峰值。②果低聚糖在结肠中产生短链脂肪酸，其中丙酸盐和醋酸盐可抑制胆固醇的产生和脂肪的生成途径。③血清胆固醇浓度的变化与肠道菌群的变化有关。果低聚糖具有益生元效应，有助于乳酸菌等的生长，一些嗜酸乳杆菌能同化胆固醇，而另一些则抑制通过肠壁吸收胆固醇。在 11 项果低聚糖补充饮食（8～20g/d）对人体血脂影响的研究中，有 3 项观察到血清甘油三酯水平显著降低，而有 5 项研究观察到总胆固醇和 LDL-胆固醇水平适度降低。

5. 增强免疫力，降低癌症风险

双歧杆菌及其代谢产物可提高巨噬细胞和 NK 细胞的活性，促进抗体的产生及其他免疫因子的分泌，从而提高机体的防御能力，而果低聚糖可增殖双歧杆菌，故摄食果低聚糖可增强机体的免疫力。果低聚糖还可促进维生素 B_1、维生素 B_2、维生素 B_3、维生素 B_6、维生素 B_{12} 与叶酸的合成，进而提高人体的新陈代谢水平，增强机体免疫力和抗病力。

五、摄入量与安全性

1. 摄入量

果低聚糖在日常食用的蔬菜和水果中普遍存在。在北美洲，人均摄入菊糖和低聚果糖为 1～4g/d（以平均体重 75kg 计算），其中约有 0.5%人群的摄入量为平均摄入量的 10 倍；在欧洲，人均摄入量为 3～11g/d。

2. 安全性

在健康志愿者中测定短链果低聚糖的最大有效剂量（不引起腹泻的最高剂量）和 50%有效剂量（50%受试对象发生腹泻的剂量），结果表明，男性和女性每天摄入的短链果低聚糖的最大有效剂量分别可达 21g 和 24g；而男性和女性的 50%有效剂量分别为 55g/d 和 50g/d。果低聚糖是肠道气体的重要来源，快速产生的气体可能会导致腹痛、打嗝、肠胃胀气、胃部肿胀和肠道痉挛。然而，这些不良影响的出现和强度取决于果低聚糖的摄入剂量和人体耐受度。

研究人员在体内和体外的多项研究中评价了短链果低聚糖的毒性。在体外进行的微生物回复突变试验（microbial reverse mutation assay）、哺乳动物细胞基因突变分析（mammalian gene mutation assay）和非常规 DNA 合成（unscheduled DNA synthesis）试验中均未发现短链果低聚糖有潜在的基因毒性。在大鼠体内进行的亚慢性和慢性毒性试验中，长期摄入短链果低聚糖对大鼠的无副作用水平为每天 2170mg/kg（体重），而摄入大量短链果低聚糖后观察到的副作用仅为稀便和腹泻。欧盟已将天然来源的菊糖和由菊糖制备的果低聚糖列为食物或食物添加组分，美国 FDA 也批准其为安全类添加剂（generally recognized as safe，GRAS）。

六、开发应用

果低聚糖作为生物防腐剂的应用越来越受到关注，它们能够延长食品的货架期，减少或消除病原微生物，提高食品的整体质量。此外，果低聚糖有助于乳制品成型，降低冷冻甜点的冰点，增加低脂饼干的酥脆度，以及像糖一样作为麦棒的黏结剂，但是具有热量更低、纤维丰富和其他营养属性等益处。添加有果低聚糖的饮料既营养又保健，且口感好，风味独特。目前，一系列满足不同人群需要的果低聚糖功能性饮品已被开发出来，如营养性无糖饮料、运动饮料、低热量饮料等。

参 考 文 献

[1] 曹甜，刘晓艳，丁心，等. 柠檬烯的研究与应用进展[J]. 农产品加工，2017（16）：51-54.

[2] 陈君石，闻芝梅. 功能性食品的科学[M]. 北京：人民卫生出版社，2002.

[3] 郭长江，徐静，韦京豫，等. 我国常见水果类黄酮物质的含量[J]. 营养学报，2008（2）：130-135.

[4] 郭长江，徐静，韦京豫，等. 我国常见蔬菜类黄酮物质的含量[J]. 营养学报，2009，31（2）：185-190.

[5] 何湘漪，何洪巨，范志红，等. 烹调方法对 3 种叶菜中类黄酮和类胡萝卜素的影响[J]. 中国食品学报，2016，16（7）：276-282.

[6] 何小维，罗志刚，彭运平. 菊苣低聚果糖的研究与开发[J]. 食品工业科技，2006（8）：183-185，189.

[7] 黄巧娟，黄林华，孙志高，等. 柠檬烯的安全性研究进展[J]. 食品科学，2015，36（15）：277-281.

[8] 黄巧娟，孙志高，龙勇，等. D-柠檬烯抗癌机制的研究进展[J]. 食品科学，2015，36（7）：240-244.

[9] 皇秋秋，杜加欢，尹俊玉，等. 芦笋甾体皂苷合成与调控的研究进展[J]. 植物生理学报，2020，56（7）：1395-1407.

[10] 纪春晓. 烯丙基二硫化物的结构修饰及抗癌活性研究[D]. 长沙：中南大学，2010.

[11] 金晶，张永吉，张永泰. 蔬菜皂苷的生物活性与应用研究进展[J]. 现代农业科技，2018（20）：57-59.

[12] 李从文，魏云林. 植物雌激素的特性及其应用研究进展[J]. 基因组学与应用生物学，2020，39（3）：1264-1269.

[13] 李桂兰，凌文华，郎静，等. 我国常见水果和蔬菜中花色素的含量[J]. 营养学报，2010，32（6）：356-359.

[14] 李颖畅. 植物花色苷[M]. 北京：化学工业出版社，2013.

[15] 李颖畅，孟宪军，周艳，等. 金属离子和食品添加剂对蓝莓花色苷稳定性的影响[J]. 食品科学，2009（9）：80-84.

[16] 李云霞，林涛，杨晓江. 植物雌激素在皮肤抗衰老中的作用及应用[J]. 中国美容医学，2014，23（21）：1850-1851.

[17] 凌文华，郭红辉. 植物花色苷[M]. 北京：科学出版社，2009.

[18] 凌文华，郭红辉，等. 膳食花色苷与健康[M]. 北京：科学出版社，2014.

[19] 刘莉. 蔬菜营养学[M]，天津：天津大学出版社，2014.

[20] 刘星，余江丽，刘敏，等. 近 10 年甾体皂苷的生物活性研究进展[J]. 中国中药杂志，2015，40（13）：2518-2523.

[21] 刘雅倩，刘珍秀，高波，等. 柠檬烯在农药领域的应用进展[J]. 中国植保导刊，2019，39（8）：24-28，69.

[22] 刘阳，韦京豫，蒲玲玲，等. 不同季节蔬菜中类黄酮物质含量的差异[J]. 营养学报，2010，32（6）：

587-591.

[23] 刘宗利, 李克文, 王京博, 等. 低聚果糖的理化特性、生理功效及其应用[J]. 中国食品添加剂, 2016（10）：211-215.

[24] 鲁海龙, 史宣明, 张旋, 等. 植物甾醇制取及应用研究进展[J]. 中国油脂, 2017, 42（10）：134-137.

[25] 罗祖良, 张凯伦, 马小军, 等. 三萜皂苷的合成生物学研究进展[J]. 中草药, 2016, 47（10）：1806-1814.

[26] 马莹娟, 尚玉莹, 王德杰, 等. 柿叶黄酮类化合物对 D-半乳糖致衰老小鼠的抗炎抗氧化神经保护作用[J]. 复旦学报（医学版）, 2015, 42（1）：7-12, 30.

[27] 马兆成, 徐娟. 园艺产品功能成分[M]. 北京：中国农业出版社, 2015.

[28] 施洋, 候宝林, 吴胜利, 等. 植物雌激素的研究进展[J]. 亚太传统医药, 2019, 15（11）：172-176.

[29] 宋佳玉, 张清伟, 刘金宝, 等. 龙眼壳粗黄酮提取物体内外抗肿瘤研究[J]. 食品研究与开发, 2016, 37（3）：40-43.

[30] 唐传核. 植物生物活性物质[M]. 北京：化学工业出版社, 2005.

[31] 王冬生, 韩婧, 康文博, 等. 植物雌激素防治骨质疏松作用的机制进展[J]. 中国骨质疏松杂志, 2016, 22（5）：632-640.

[32] 王秋兰, 高晓民, 张煦. 白花蛇舌草总黄酮对 BGC-823 胃癌细胞增殖和凋亡的影响[J]. 现代中西医结合杂志, 2015, 24（21）：2289-2292.

[33] 王晓倩, 何剑斌, 寇云. 植物雌激素在畜牧生产中应用的研究进展[J]. 中国畜牧兽医, 2013, 40（1）：213-216.

[34] 王优, 赖宜生, 张奕华. 环肽类化合物的合成与生物活性研究进展[J]. 药学进展, 2008（10）：440-446.

[35] 向明钧, 周卫华, 石发宽, 等. 茶树花黄酮类物质抗肿瘤作用研究[J]. 食品工业科技, 2013, 34（12）：157-160.

[36] 谢心美, 郝海鑫, 何剑斌. 植物甾醇的生理功能及其应用[J]. 草业科学, 2013, 30（12）：2105-2109.

[37] 薛延团, 张晓凤, 张得钧. 植物甾醇降血脂作用的研究进展[J]. 华西药学杂志, 2019, 34（1）：92-97.

[38] 闫爱新, 田桂玲, 叶蕴华. 非蛋白氨基酸对生物活性多肽的修饰及其构效关系的研究进展[J]. 有机化学, 2000（3）：299-305.

[39] 尹艳, 关红雨, 张夏楠. 甾体皂苷生物合成相关酶及基因研究进展[J]. 天然产物研究与开发, 2016, 28（8）：1332-1336.

[40] 张同, 赵婷, 惠伯棣. 类胡萝卜素在食物中的分布[J]. 食品科学, 2010（17）：487-492.

[41] 张志旭, 昌超, 刘东波. 天然植物甾醇的来源、功效及提取研究进展[J]. 食品与机械, 2014, 30（5）：288-293, 298.

[42] 赵延福, 张慧, 李慧, 等. 天然类胡萝卜素功能性产品的开发和应用[J]. 中国食品添加剂, 2017（8）：154-159.

[43] 赵元, 郑红霞, 徐颖, 等. 中药植物雌激素的研究进展[J]. 中国中药杂志, 2017, 42（18）：3474-3487.

[44] 甄艳杰, 刘靓靓, 赵雨薇, 等. 槲皮素对大鼠皮层神经元的雌激素样作用研究[J/OL]. 中国药理学通报, 2020（12）：1744-1749.

[45] 周丹蓉, 林炎娟, 方智振, 等. 理化因子对'芙蓉李'花色苷稳定性的影响[J]. 热带作物学报. 2019, 40（2）：73-78.

[46] 周路, 徐宝成, 尤思聪, 等. 植物甾醇生理功能及安全性评估研究新进展[J]. 中国粮油学报, 2020, 35（6）：196-202.

[47] 朱迪娜, 王磊, 王思彤, 等. 植物雌激素的研究进展[J]. 中草药, 2012, 43（7）：1422-1429.

[48] 朱源, 李检秀, 李坚斌, 等. 药用植物中四环三萜皂苷合成生物学研究进展[J]. 广西科学院学报, 2020,

36（3）：309-316.

[49]　左玉. 植物甾醇研究与应用[J]. 粮食与油脂，2012，25（7）：1-4.

[50]　Arumugam A，Razis A F A. Apoptosis as a mechanism of the cancer chemopreventive activity of glucosinolates：a review[J]. Asian Pac J Cancer P，2018，19（6）：1439-1448.

[51]　Badshah H，Ali T，Rehman Su，et al. Protective effect of lupeol against lipopolysaccharide-induced neuroinflammation via the p38/*c*-Jun *N*-terminal kinase pathway in the adult mouse brain[J]. J Neuroimmune Pharmacol，2016，11（1）：48-60.

[52]　Barros M P，Rodrigo M J，Zacarias L. Dietary carotenoid roles in redox homeostasis and human health[J]. J Agr Food Chem，2018，66（23）：5733-5740.

[53]　Bendich A . Dietary reference intakes for vitamin C，vitamin E，selenium，and carotenoids institute of medicine washington [J]. Nutrition，2001，17（4）：364-364.

[54]　Butturini E，Paola D R，Suzuki H，et al. Costunolide and dehydrocostuslactone，two natural sesquiterpene lactones，ameliorate the inflammatory process associated to experimental pleurisy in mice[J]. Eur J Pharmacol，2014，730：107-115.

[55]　Di G F, Petropoulos S A. Phytoestrogens，phytosteroids and saponins in vegetables：biosynthesis，functions，health effects and practical applications[J]. Adv Food Nutr Res，2019，90：351-421.

[56]　Dierckx T，Bogie J F J，Hendriks J. The impact of phytosterols on the healthy and diseased brain. [J]. Curr Med Chem，2019，26（37）:6750-6765.

[57]　Fang J. Classification of fruits based on anthocyanin types and relevance to their health effects[J]. Nutrition，2015，31：1301-1306.

[58]　Flores-Maltos D A，Mussatto S I，Contreras-Esquivel J C，et al. Biotechnological production and application of fructooligosaccharides[J]. Crit Rev Biotechnol，2016，36（2）:259-267.

[59]　Gioia F D，Petropoulos S A. Phytoestrogens，phytosteroids and saponins in vegetables：biosynthesis，functions，health effects and practical applications[J]. Advances in Food and Nutrition Research，2019，90:351-421.

[60]　Higdon J V，Delage B，Williams D E，et al. Cruciferous vegetables and human cancer risk：epidemiologic evidence and mechanistic basis[J]. Pharmacol Res，2007，55（3）：224-236.

[61]　Hu X J，Song W R，Gao L Y，et al. Assessment of dietary phytoestrogen intake via plant-derived foods in China[J]. Food Addit Contam A，2014，31（8），1325-1335.

[62]　Huber L S，Hoffmann-Ribani R ，Rodriguez-Amaya D B. Quantitative variation in Brazilian vegetable sources of flavonols and flavones[J]. Food Chem，2009，113（4）：1278-1282.

[63]　Jakobek L，Matic P. Non-covalent dietary fiber—Polyphenol interactions and their influence on polyphenol bioaccessibility [J]. Trends Food Sci Tech，2019，83：235-247.

[64]　Kaulmann A，Bohn T. Carotenoids，inflammation，and oxidative stress-implications of cellular signaling pathways and relation to chronic disease prevention[J]. Nutr Res，2014，34（11）：907-929.

[65]　Kim S J，Cho H I，Kim S J，et al. Protective effects of lupeol against *d*-Galactosamine and lipopolysaccharide-induced fulminant hepatic failure in mice[J]. J Nat Prod，2014，77（11）：2383-2388.

[66]　Konar N，Poyrazo L E S，Demir K，et al. Effect of different sample preparation methods on isoflavone，lignan，coumestan and flavonoid contents of various vegetables determined by triple quadrupole LC-MS/MS[J]. J Food Compos Anal，2012，26（1/2）：26-35.

[67]　Lídia Cedó，Marta Farràs，Lee-Rueckert M ，et al. Molecular insights into the mechanisms underlying the

cholesterol-lowering effects of phytosterols[J]. Curr Med Chem，2019，26（37）：6704-6723.

[68] Mandrich L，Caputo E. Brassicaceae-derived anticancer agents：towards a green approach to beat cancer[J]. Nutrients，2020，12（3）：868.

[69] Raffa D，Maggio B，Raimondi M V，et al. Recent discoveries of anticancer flavonoids[J]. Eur J Med Chem，2017，142：213-228.

[70] Rowles III J L，Erdman Jr J W. Carotenoids and their role in cancer prevention[J]. BBA-Mol Cell Biol L，2020，1865（11）：158613.

[71] Sabater-Molina M，Larqué E，Torrella F，et al. Dietary fructooligosaccharides and potential benefits on health. [J]. J Physiol Biochem，2009，65（3）:315-328.

[72] Santos-Buelga C，Gonzalez-Paramas A M，Taofiq O，et al. Plant phenolics as functional food ingredients[J]. Advances in Food and Nutrition Research，2019，90:183-257.

[73] Shapiro T A，Fahey J W，Dinkova-Kostova et al. Safety，tolerance，and metabolism of broccoli sprout glucosinolates and isothiocyanates：a clinical phase I study[J]. Nutr Cancer，55（1）：53-62.

[74] Silva I D，Gaspar J，Costa G da G，et al. Chemical features of flavonols affecting their genotoxicity. Potential implications in their use as therapeutical agents[J]. Chem-Biol Interact，2000，124（1）：29-51.

[75] Singh S P，Jadaun J S，Narnoliya L K，et al. Prebiotic oligosaccharides：special focus on fructooligosaccharides，its biosynthesis and bioactivity[J]. Appl Biochem Biotech，2017，183:613-635.

[76] Soundararajan P，Kim J S. Anti-carcinogenic glucosinolates in cruciferous vegetables and their antagonistic effects on prevention of cancers[J]. Molecules，2018，23（11）：2983.

[77] Sung L C，Chao H H，Chen C H，et al. Lycopene inhibits cyclic strain-induced endothelin-1 expression through the suppression of reactive oxygen species generation and induction of heme oxygenase-1 in human umbilical vein endothelial cells[J]. Clin Exp Pharmacol Physiol，2015，42（6）：632-639.

[78] Vauzour D，Rodriguez-Mateos A，Corona G，et al. Polyphenols and human health: prevention of disease and mechanisms of action [J]. Nutrients，2010，2：1106-1131.

[79] Weber D，Grune T. The contribution of β-carotene to vitamin A supply of humans[J]. Mol Nutr Food Res，2012，56（2）：251-258.

[80] Yanaka A，Fahey J，Fukumoto A，et al. Dietary sulforaphane-rich broccoli sprouts reduce colonization and attenuate gastritis in Helicobacter pylori-infected mice andhumans[J]. Cancer Prev Res，2009，2（4）:353-360.

[81] Zare M，Norouzi Roshan Z，Assadpour E，et al. Improving the cancer prevention/treatment role of carotenoids through various nano-delivery systems[J]. Crit Rev Food Sci，2020：1-13.

[82] Zeng A，Hua H，Liu L，et al. Betulinic acid induces apoptosis and inhibits metastasis of human colorectal cancer cells in vitro and in vivo[J]. Bioorgan Med Chem，2019，19（27）：2546-2552.

[83] Zhang Z，Chen X，Chen H，et al. Anti-inflammatory activity of β-patchoulene isolated from patchouli oil in mice[J]. Eur J Pharmacol，2016，781：229-238.

[84] Zhu Y，Ling W，Guo H，et al. Anti-inflammatory effect of purified dietary anthocyanin in adults with hypercholesterolemia: a randomized controlled trial[J]. Nutr Metab Cardiovasc Dis，2013，23（9）：843-849.

第四章
园艺产品中营养和生物活性物质的影响因子与调控

园艺产品是人类膳食中维生素和矿物质等营养物质和有益健康的生物活性物质的主要来源。我国园艺产业长期以来一直把产量作为优先指标，导致了优质与高产的不对称发展。随着人民生活水平的提高，消费者呼唤优质的园艺产品，园艺产品中的营养与生物活性物质逐渐成为关注的焦点。

园艺产品中营养和生物活性物质的含量受到诸多因素的影响，主要分为内在和外在影响因子，其中内在影响因子是由园艺植物的遗传特性决定的；外在影响因子包括园艺植物生长发育过程中的环境因子、园艺产品的栽培、采收及采后等因子。本章以采前、采中和采后相结合的全产业链视角，探讨了影响园艺产品中营养和生物活性物质的因子及其有效的调控方式，包括遗传调控、环境控制、栽培措施以及有效的采收和采后处理等，以期减少园艺产品中营养与生物活性物质的损失，并以园艺产品中重要的功能成分芥子油苷和类胡萝卜素为例，详细介绍了其合成途径和调控方式。

第一节　内在影响因子与遗传调控

园艺产品中营养与生物活性物质的种类及含量主要由园艺植物的遗传因素决定，包括园艺植物的种类和品种、砧木和接穗，以及营养和生物活性物质合成途径中相关因子的调控。根据这些内在影响因子，可通过杂交、嫁接和基因工程等手段对园艺植物中营养和生物活性物质的组分和含量进行遗传调控，从而改善园艺产品的营养与品质。

一、内在影响因子

（一）种类和品种

在蔬菜、水果等园艺产品中，不同种类和品种间营养和生物活性物质的含量各有差异。比如不同种类园艺植物中，以十字花科芸薹属蔬菜中芥子油苷含量最为丰富；在芸薹属蔬菜中，甘蓝类芥子油苷含量最高，白菜类最低，芥菜类位于两者之间；白菜类中，小白菜、菜心及薹菜中芥子油苷的种类和含量也不同。不同园艺产品中的花青素种类和数量也有较大的差异，其中，葡萄、蓝莓和矮牵牛中花青素的种类较为丰富，花青素的含量也一般较高。此外，园艺产品中营养与生物活性物质的含量受品种的遗传特性影响也较大。如，富士苹果和国光苹果虽均为己糖积累型果实，但富士果实积累的果糖最多，果糖/葡萄糖（F/G）值为 1.56，而国光积累的葡萄糖最多，F/G 值仅为 0.68；在不同的石榴品种中，果皮颜色与果实风味及酸组分和含量有着密切关系，同皮色石榴品种中，甜石榴品种的还原型抗坏血酸含量显著高于酸石榴品种，而柠檬酸含量则是酸石榴显著高于甜石榴，苹果酸在青皮石榴中的含量较高。

（二）砧木和接穗

在瓜类蔬菜或果树的嫁接繁殖中，砧木和接穗的遗传背景也会影响果实中营养和生物活性物质的种类和含量。如，对不同嫁接组合的黄瓜进行栽培，黄瓜果实中的硝酸盐、氨基酸、单宁和可滴定酸的含量均会存在一定的差异；以不同品种的柑橘作为砧木或接穗，果实中可溶性固形物含量会有一定差异。

（三）营养和生物活性物质合成途径相关因子

园艺产品中营养和生物活性物质合成途径相关因子是园艺植物中一类较为重要的内在影响因子，具体包括关键酶、相关转录因子和信号分子等。

1. 关键酶

园艺产品中营养和生物活性物质在植物体内的产生和积累依赖于一系列的酶促反应，相关酶基因的表达水平和酶活性直接决定了该物质的合成积累量。

蔗糖合成酶（sucrose synthase，SS）、蔗糖磷酸合成酶（sucrose phosphate synthase，SPS）和转化酶（invertase，Ivr）是果实中糖代谢的关键酶，其中，蔗糖合成酶既能催化蔗糖合成又能催化蔗糖分解；蔗糖磷酸合成酶可催化合成蔗糖的不可逆反应，是催化蔗糖合成的关键性酶；转化酶又包括酸性转化酶（acidic invertase，AI）和中性转化酶（neutral invertase，NI），催化蔗糖分解为单糖。另外，蔗糖在细胞质中合成的主要限速酶是细胞质中的 1,6-二磷酸果糖酶和磷酸蔗糖合成酶。因此，在园艺产品中糖的积累与以上五种酶基因的表达情况和酶的活性变化有关。

在园艺植物中，维生素 C 的从头合成途径涉及 GDP-甘露糖焦磷酸化酶（GDP-mannose pymphosphorylase，GMP）、葡萄糖-6-磷酸异构酶（phosphoglucose isomerase，PGI）和甘露糖-6-磷酸异构酶（phosphomannose isomerase，PMI）等 9 种酶，其中 GDP-甘露糖焦磷酸化酶是限速酶。在果实花青素的生物合成途径中，苯丙氨酸解氨酶（phenylalnine ammonialyase，PAL）、查尔酮合成酶（chalcone synthase，CHS）和 UDP 葡萄糖类黄酮.3.O.葡萄糖基转移酶（UDP flavonoids.3.O.glucosyl transferase，UFGT）是关键酶，其中苯丙氨酸解氨酶是限速酶。改变这些代谢酶基因的表达情况会对相应物质的合成产生重要的影响。

2. 转录因子

在园艺植物营养和生物活性物质的代谢途径中，许多酶基因的表达往往会受到一些转录因子的调控。在番茄中，NAC 转录因子与番茄红素的代谢相关，沉默 SINACs 影响番茄果实中番茄红素的积累；苹果中 MYB 类转录因子 MdMYB1 和 MdMYB10，以及 bHLH 类转录因子 MdTTL1 均可以调控花青素的合成和积累，进而调控果实的颜色；梨中的 MYB 类转录因子 PyMYB10 可调控类黄酮生物合成基因的表达。

3. 信号分子

信号分子，如各种内源激素和糖类小分子物质等都能在一定程度上参与园艺产品中营养和生物活性物质的代谢调控，进而影响其在园艺产品中的含量。

在香蕉采后成熟过程中，内源激素乙烯是果实品质（口感、香味、颜色等）相对应的糖分、芳香物质和类胡萝卜素含量等重要的影响因子。乙烯作为一种信号分子与相应的受体结合，能诱发一系列生理变化的发生，如淀粉转变为糖、果实中酶的活动性变化并改变酶的活动方向等，从而达到品质调控的目的。茉莉酸和脱落酸能促进花青素合成基因的表达，进而诱导增加植物中花青素的含量。除植物激素外，蔗糖也可诱导花青素的合成，并且蔗糖还是植物激素调控花青素合成的先决条件，而赤霉素能抑制蔗糖诱导的植物花青素合成基因的表达。

二、遗传调控策略

随着对园艺产品中营养与生物活性物质内在影响因子的逐渐深入了解，越来越多的遗传调控策略被应用，来改变园艺产品中营养与生物活性物质的含量，目前主要包括杂交手段调控、嫁接手段调控和基因工程调控。

（一）杂交手段调控

杂交，包括种内杂交和种间的远缘杂交，是常规育种中进行高营养价值新品种培育和创制的主要手段。

1. 种内杂交

种内杂交是同一物种内不同品种个体间的有性交配。由于杂交亲本遗传基础接近，亲和力强，易获得杂种，因此种内杂交是茶树杂交育种的常用方法。通过合理的亲本选配，茶树中会产生基因重组和互作，杂交后代易出现超亲本的新类型。茶树杂交种金牡丹和黄玫瑰的选育就是通过选配铁观音（♀）与黄金桂（♂）杂交，然后从 F1 中分离单株，经 20 多年的试验研究与生产示范，最后育成综合性状优异，茶多酚、氨基酸等生化成分和萜烯醇类及其氧化物、酯类、内酯类、酮类等乌龙茶香气特征成分含量丰富的新品种。

2. 远缘杂交

远缘杂交是不同种间、属间甚至亲缘关系更远的物种之间的杂交，是创造园艺植物新种质的重要途径。目前通过远缘杂交已经育成许多园艺植物新品种。

在蔬菜中，番茄一般品种中干物质含量为 4%，糖分 2%，维生素 C 11mg/100g。用栽培番茄与秘鲁番茄进行远缘杂交，育成富含维生素 C 的早熟番茄品种，果实中干物质含量达到 7%～11%，糖分含量高达 5.0%～6.8%。

在果树中，"味帝""味王""味馨""风味玫瑰""味厚"和"风味皇后"都是筛选出的杏与李种间杂交的新品种，其果实中的可溶性固形物含量均在 14% 以上，其中"味王"的可溶性固形物含量超过了 18%。"甘金"是以甘金系元帅苹果为母本，苹果梨作父本，杂交选育而成的新品种，其果肉绿黄色，肉质脆嫩，味香甜，可溶性固形物达到15%。

茶树中也有通过远缘杂交选育优质茶树品种的例子。茶种中的云南大叶茶作母本，毛叶茶种之汝城变种作父本。分析远缘杂交后代株系的主要品质成分，发现株系的春茶茶多酚、儿茶素和嘌呤碱含量均高于云南大叶茶，而游离氨基酸含量比父、母本都高。

（二）嫁接手段调控

我国是最先发明植物嫁接技术的国家，早在一千多年前就开始利用嫁接技术来改良植物品质。目前在蔬菜、果树和茶树等园艺植物中，可使用砧木通过嫁接手段调节园艺产品中营养和生物活性物质的含量。

在蔬菜中，对茄子进行嫁接，以自根苗"绿茄王"为对照，以"托鲁巴姆"和"毛粉802"为砧木时，嫁接苗果实中的可溶性蛋白和维生素C的含量得到显著提高。果树中，葡萄的嫁接栽培是较为常见的，而砧木对葡萄果实的品质会产生较大的影响，如当比较5BB、SO4两种砧木的夏黑葡萄嫁接苗和夏黑葡萄自根苗时，嫁接在5BB砧上及自根苗的果实品质要优于嫁接在SO4砧上的果实品质。因此，选择适宜的砧穗组合是葡萄优质高效生产的重要基础。

茶树中也可以通过嫁接手段改变茶叶营养与生物活性物质的含量，进而提升茶叶的品质。以铁观音作为接穗，分别以金萱、黄棪、大叶乌龙、肉桂、佛手和梅占6个品种为砧木进行嫁接，嫁接后茶树新梢的内含物均发生了较明显的变化。从生化角度看，铁观音嫁接后，增加了茶叶中鲜爽度成分。

（三）基因工程调控

随着对园艺植物中营养和生物活性物质代谢网络认识的逐步深入，以及分子克隆和遗传转化技术的飞速发展，通过基因工程调控园艺产品品质已发展为具有广阔应用前景的热点研究领域。根据园艺产品中营养与生物活性物质代谢途径中的相关因子，可采用的基因工程调控策略主要有：基于代谢途径中关键酶基因的调控、对代谢途径相关的关键转录因子的调控及对信号途径的调控。

1. 基于关键酶基因的调控

园艺植物中营养与生物活性物质的合成是由代谢途径中的关键酶的表达来决定的。应用基因工程技术控制某一特定营养与生物活性物质合成的关键酶或限速酶活性，以及在植物中引入新的代谢产物合成途径，均可提高转基因植物中目标产物的含量或合成外源物质，有效地改变园艺产品的品质。前一种策略可通过强启动子与关键酶基因的嵌合转化，后一种策略往往采用次生代谢物合成途径中下游一个或若干个有关酶基因的协同转化。

在园艺产品中，糖分是影响果蔬风味和决定其品质的重要因素，而花青素则是决定园艺产品色泽的主要生物活性物质，它们的代谢途径已较为清楚。目前，在菠菜、番茄、柑橘和梨等园艺植物中均已克隆到SPS、SS和Ivr的编码基因，因此可通过基因工程的策略，应用过量表达和反义RNA的技术增加或减少糖分代谢途径中关键酶基因的表达量，最终改变园艺产品中糖分的含量。例如，番茄中反义抑制转化酶Ivr的基因表达后，可以使成熟果实中的转化酶活力大大下降，从而导致己糖含量下降50%，蔗糖含量增加5倍；SPS过量表达使番茄果实的SPS活力提高2.4倍，SS活力增加约1/4，从而使番茄果实中蔗糖含量大幅增加。另外，果实中的酸性转化酶（AI）对果实膨大期间的己糖积累和蔗糖/己糖比例调节具有重要作用，日本梨幼果期 *PsS-AIV1* 的过量表达可促进蔗糖向己糖的水解，而果实膨大期 *PsS-AIV2* 的过量表达可以促进液泡中己糖的大量积累。

目前，苹果、葡萄、草莓、蓝莓、月季和矮牵牛等许多园艺植物花青素合成途径中几乎所有的酶基因，包括查尔酮合成酶（chalcone synthase，CHS）、查尔酮异构酶（chalcone isomerase，CHI）、黄烷酮-3-羟化酶（flavanone-3-hydroxylase，F3H）、二氢黄酮醇还原酶（dihydroflavonol-4-reductase，DFR）、花青素合成酶（anthocyanidin synthase，ANS）、UDP-葡萄糖类黄酮-3-*O*-葡萄糖转移酶（UGFT）和甲基转移酶（methyl trans-ferase，MT）等的基因都已被成功克隆。因此，可通过基因工程的手段改变单个或多个花青素合成途径中的关键酶基因，实现对园艺产品色泽形成的调控。目前，运用较为广泛的是观赏植物的基因工程改良，世界上第一例基因工程改变矮牵牛花色便是通过外源导入酶基因实现的。1992 年澳大利亚与日本的两家公司合作向蔷薇中导入类黄酮-3',5'羟化酶基因（*Flavonoid-3',5'-hydroxylase*，*F3'5'H*）获得成功，同年该公司在矮牵牛中导入该基因获得蓝色矮牵牛。1988 年，荷兰自由大学在世界上首先采用反义基因法获得矮牵牛花色变异新品种，他们将 *CHS* 反向导入矮牵牛植株后，使得转基因植株表现出不同程度的花色变异。目前，将蓝色三色堇的 *F3'5'H* 转入月季获得的蓝色月季，已在多个国家商品化生产。

对于部分不利于营养品质或加工品质的物质，可通过抑制其合成途径中有关基因的表达，减少该物质的合成，从而提高植物产品的品质。茶和咖啡中的咖啡因对人体具有许多副作用，为降低茶叶或咖啡中的咖啡因含量，可以利用反义 RNA 技术或 RNA 干涉技术促使咖啡因生物合成途径中关键酶基因的沉默，从而抑制咖啡因的生物合成。

2. 基于转录因子的调控

在园艺产品营养与生物活性物质代谢途径中，一些转录因子可同时调控多个酶基因的表达，进而改变物质的合成积累量。因此，通过调节转录因子激活多个结构基因的协同表达，或将特定的转录因子在不同的植物中进行异源表达，抑或采用基因沉默技术抑制转录因子的表达，可有效地提高或降低转基因植物中营养与生物活性物质的含量，从而实现园艺产品品质的改良。目前已分离鉴定了大量调控营养与生物活性物质代谢基因表达的转录因子，为开展园艺植物营养与生物活性物质的基因工程调控奠定了基础。

苹果中的 MYB 类转录因子 MdMYB6 在拟南芥中异源表达，可以调控拟南芥中的蔗糖合成酶基因 *AtSUS1*，蔗糖运输酶基因 *AtSUC1*、*AtSUC2* 和 *AtSUC3* 表达；将甜橙中的 MYB 类转录因子 CsMYB8 转入番茄中进行过表达，可以降低转基因番茄果实中蔗糖、葡萄糖、果糖和乳糖等主要二糖和单糖的含量，同时可以增加淀粉的含量。

金鱼草中的 *Delila* 基因（DEL）编码的 bHLH 类蛋白可以调控花冠花青素的合成，将金鱼草中的 *DEL* 转入番茄中，发现番茄果实中积累了大量花青素，并呈现出不同程度的紫色。草莓中分离出的 *FaMYB1* 编码一个相对较短的 MYB 蛋白，在成熟和过熟的果实中表达，在烟草中异源表达可明显抑制花中花青素的积累。苹果中的 *MdMYB6* 基因能够抑制转基因拟南芥中花青素的生物合成，花青素生物合成基因 *CHS*、*CHI*、*DFR* 和 UDP-半乳糖类黄酮-3-*O*-糖基转移酶（UDP-glucose flavonoid 3-*O*-glucosyltransferase gene）基因 *UF3GT* 受到抑制，花青素合成调控基因 *PAP1*、*PAP2* 也受到了抑制。

某些转录因子是园艺植物体内营养与生物活性物质合成的抑制子，通过基因工程技术抑制这类转录因子的表达，能够促进相关化合物的合成。如，草莓果实类黄酮代谢途径中，MYB

类转录因子 FaMYB1 能够抑制类黄酮合成下游的一些酶基因，*FaMYB1* 基因在烟草中的过量表达引起了花青素和类黄酮化合物的减少，相反，抑制 *FaMYB1* 就会增加花青素和类黄酮化合物的积累。

3. 基于信号途径的调控

园艺植物生长发育的过程中，各种信号转导途径可相互作用，共同调控体内代谢产物的合成和积累，最终影响园艺产品的品质。例如，外源施加葡萄糖可以诱导十字花科作物中芥子油苷的合成积累，赤霉素和茉莉酸则可与之发挥协同作用；蔗糖、葡萄糖、果糖和甘露醇都可以促进青花菜芽菜中花青素的积累，其中，蔗糖的效果最好；油菜素内酯（brassinosteroids，BR）参与吲哚类芥子油苷的合成调控；2,4 表油菜素内酯（2,4-epibrassinolide，EBR）单独处理或者与氯化钠结合处理均可影响青花菜芽菜中芥子油苷的积累。在番茄果实组织中，MADS-box 家族转录因子 RIN 可以和乙烯受体基因 *ETR3* 的启动子互作，进而调控番茄中类胡萝卜素的积累。苹果中茉莉酸信号转导组分 MdJAZ 可通过与 MdbHLH3 互作来调控苹果中花青素和原花色素的合成。

第二节　环境影响因子与栽培调控

除遗传因素这类内在影响因子外，存在于园艺植物生存环境中的温度、光照、水分和土壤等各种环境因子也影响着植物生长发育的进程和生长质量。通过合理利用栽培措施等手段人为调控环境因子，可以很好地调控园艺产品中营养和生物活性物质的合成积累，改善园艺产品的品质。

一、环境影响因子

（一）温度

温度是影响园艺产品中营养和生物活性物质最重要的环境因子之一，如果实成熟过程中，糖分的转化和可溶性固形物的含量与气温有密切关系。苹果果实成熟期间花青素的积累主要受温度影响，最佳积累温度为 15～25℃，在此温度段，类胡萝卜素的合成和叶绿素的分解随温度升高而增加。在一定范围内，决定葡萄果实含糖量的主要气象因素是高于 10℃的有效积温，温度对含糖量的增加和含酸量的降低均起促进作用；高温影响葡萄叶片的光合作用，抑制葡萄果实生长，同时高温还造成果实中有机酸和可溶性固形物的含量降低；另外，高温抑制葡萄果皮中花青素的合成，改变花青素的组成成分。昼夜温差也是影响园艺产品品质的重要因素之一。在昼夜温差大的环境下，由于夜间温度低，呼吸作用的消耗也降低，而白天高温使叶片制造的有机物质和糖分增加，促进了糖分积累。我国吐鲁番地区葡萄果实糖含量最高能达 30%，这与当地 7～8 月份昼夜温差大有一定关系。

（二）光照

光照一般可通过改变植物体内的生理生化过程进而影响园艺产品的品质，主要从光照强度（光强）、光质、光照长度三个方面发挥作用。

光照强度（light intensity）会影响叶片的光合作用，进而影响有机物的积累。在光照较强的地方，栽培一些阳生植物如西瓜、南瓜、黄瓜、番茄、茄子、芋和豆薯等，会明显提高果实的含糖量。与低光强和中光强处理相比，高光强处理下的生菜中，类胡萝卜素和维生素 C 的含量较高（见表 4-1）。如果种植一些对光照要求比较低的阴生植物如生姜、茼蒿、芹菜、莴苣和菠菜，就需要选择光照强度较弱的地方，否则会严重影响生长，导致食用品质下降。

表 4-1　不同光强对生菜叶片中类胡萝卜素和维生素 C 含量的影响

处理	类胡萝卜素/（mg/g）（FW）	维生素 C/（μmol/g）（FW）
低光	0.12±0.01b	6.18±0.36b
中光	0.15±0.03b	7.04±0.56b
高光	0.25±0.02a	11.63±0.58a

注：不同字母代表同列数值之间在 $P<0.05$ 水平具有显著差异。

光质（light quality）又称光的组成，是指具有不同波长的太阳光谱成分。同化作用吸收最多的是红光，因此红光有利于园艺产品中碳水化合物的合成，而蓝紫光能促进蛋白质和有机酸的合成，短波的蓝紫光和紫外线有利于花色素和维生素的合成。

光照长度也称光周期（photoperiod），指一天中日出至日落的理论时数。长日照有利于园艺产品体积增大、色泽发育和内含物等品质的提高，如对四年生玫瑰露葡萄进行长日照处理的结果表明，处理后可溶性固形物、游离酸和花青素含量等均有所增加。在光周期对植物抗氧化能力影响的研究中发现，洋葱的 POD 活性随着光照时间的延长而提高。此外，光周期还会影响植物体内多酚的积累，烟草体内酚类化合物合成代谢水平随着光照时间的延长而上升。

（三）水

水是绿色植物进行光合作用最主要的原料，是原生质体的主要成分。园艺产品多为柔嫩多汁的器官，含水量 90%以上，所以水分也是影响园艺产品品质的重要因素之一。一般来说，含水量降低，植物体内的纤维素就会发达，产品组织开始硬化，苦味产生，从而影响品质；含水量过高时，糖、盐的相对浓度就会降低，蔬菜风味变淡，耐贮性、抗病性减弱，产量和效益降低。园艺产品体积的增加与需水量呈线性关系，其产量随灌水量的增加而增加，但灌水利用效率随之减少，品质下降，表现在超量灌溉时园艺产品含水量最高，可溶性糖、粗蛋白含量最低，而缺水又无灌溉条件时会严重影响园艺产品的正常生长，长时间缺水造成的影响往往难以通过后期灌溉补水弥补。

（四）土壤

土壤作为农业生产的基本资料，不仅可以保存和转化养分，还可以涵养水源并循环利用。土壤可以提供园艺植物生长所需的各种矿质营养元素和有机质等，影响园艺产品的品质。

土壤中矿质营养的丰缺程度与园艺植物的生长发育、产量和品质的形成有着密切的关系，如，园艺产品中的维生素 C 的含量与土壤中 P 元素的含量呈显著的正相关关系，与碱解氮的含量则呈负相关关系。然而土壤中碱解氮含量的降低，虽然增加了园艺产品中维生素 C 的含量，却会造成产量的降低。同矿质营养一样，有机营养在园艺植物生长发育过程中也起着不可替代的作用。有机质在土壤中经过一系列的合成和分解过程，转变为单糖类、氨基酸类和维生素类等小分子活性有机物被植物根系吸收，有利于园艺产品风味品质的形成。酸碱度是土壤重要的理化性质之一，不同的园艺产品都有其自身生长发育所适宜的土壤酸碱度。整体来看，土壤酸碱度主要影响园艺产品单果重、可溶性糖含量和可溶性固形物含量。

（五）CO_2浓度

CO_2是植物光合作用的原料，其浓度的高低对光合速率有较大的影响。在适宜浓度范围内，浓度越大，植物光合速率越大。大气中CO_2的体积分数仅为0.03%，远低于光合作用所需的最适浓度（大气浓度的3～5倍），导致园艺植物生长速度较慢。在日光温室、塑料大棚等保护设施内，由于设施的封闭性，外界气体与温室气体较难实现流通、交换，因此CO_2匮乏更为明显。特别是当光照充足、园艺植物生长迅速和光合代谢旺盛时，CO_2匮乏所带来的问题，比如产量下降、品质降低和生长缓慢等更为突出。但若CO_2浓度过高，常引起蔬菜作物叶片卷曲，甚至严重变形，影响光合作用的正常进行，严重时几乎达到凋萎的程度。此外，二氧化碳浓度过高还会影响园艺植物对氧气的吸收，不能进行正常的呼吸作用而影响生长发育，加速衰老。因此，选择适宜的CO_2施肥浓度，对提高园艺植物光合效率、提升园艺产品品质和增加产量十分重要。

二、栽培调控

根据影响园艺产品品质形成的环境影响因子，通过相应的温度、光照、灌溉、施肥、气体、植物生长调节剂和一些特殊栽培技术调控，可以改变园艺植物的栽培环境，以增加园艺产品中的营养成分和生物活性物质的含量，提高园艺产品的品质。

（一）温度

对于不同的园艺植物，通过调控其不同生长阶段中的温度，能够实现所得园艺产品中营养物质及生物活性物质含量的最大化。例如，桃果实发育后期，高温有利于光合作用和糖分积累，温度较低会形成大量苹果酸导致全糖含量低，因此，桃二次膨大后期，白天温度控制在25～30℃，降低夜间温度，控制在8～10℃，增大昼夜温差，能够促进营养物质积累。

（二）光照

LED（light-emitting diode）作为一种新型优质光源，可以根据植物的生长需要对其发光光谱进行精确调控，如，在LED红光下添加适量的蓝光更有利于番茄和莴苣幼苗中碳水化合物的积累。红光处理下，番茄果实番茄红素含量增加显著，但维生素C含量降低；蓝光处理下，番茄果实维生素C含量、可溶性蛋白含量均显著提高；红蓝组合光处理下，番茄果实可溶性蛋白的含量显著提高。

园艺产品的生长发育要有适宜的光照，但并非越强越好，设施内光照过强，容易发生日灼现象，遮光是一种较为常见的栽培措施。根据遮光目的，可分为光合遮光和光周期遮光。遮光设施中遮阳网最为常用，其遮光率与网的颜色、网孔大小和纤维粗细有关。采用不同遮光率的遮阳网进行樱桃树体覆盖，可降低果实裂果率，延迟果实成熟期，提高果实品质，其中，使用 65%、75% 遮光率的遮阳网覆盖后，果实可食率、可溶性固形物含量高于对照。

（三）灌溉与湿度

近年来，日光温室在改进原有地面灌水技术的基础上，引进了滴灌、渗灌、微喷灌和无压灌溉等先进灌水技术。不同灌水方式不仅影响作物的生长发育、产量及水分利用效率，而且影响产品的品质。如滴灌与畦灌相比，可使黄瓜可溶性糖含量提高 4%；在温室中采用无压灌溉，与沟灌相比并不降低作物产量，且能够提高作物水分利用率和水分生产率，使黄瓜、番茄的维生素 C、可溶性糖、总糖和无机磷含量明显提高。

另外，高湿也会影响园艺产品的品质。湿度越大，园艺产品含水率、淀粉和维生素 C 含量越高，可溶性固形物和可溶性糖含量反而越低。所以为避免园艺植物生长环境湿度过大而导致营养成分的下降，必要时需采取一些除湿的措施，如通风等。

（四）施肥

通过施肥可以为植物提供生长发育所必需的营养元素。氮是植物需要量最大的元素，是生物体构建的重要基础条件，对植物生长发育和物质转化起着关键作用。适量施用氮肥可以显著提高园艺产品中可溶性固形物以及含氮物质如氨基酸、蛋白质、有机酸和胡萝卜素等的含量，但若施氮过量，会降低其非氮源营养成分如维生素 C、总糖和可溶性糖等的含量。其次，氮肥影响植物油的品质。在种植初期施以一定的氮肥，可以提高油酸的含量，改善籽粒产量和粒重。磷肥也是一种常用的肥料，它可以作用于不同园艺产品的不同时期，对园艺产品的生长具有决定性作用，如磷肥可以增加园艺产品中粗蛋白的含量，也是合成蔗糖、淀粉及脂肪等物质的源动力。钾是植物细胞中含量最为丰富的金属元素之一，缺钾土壤中施用适量钾肥，能显著提高园艺产品中可溶性固形物的含量，提高果实的糖分和维生素 C 的含量，改善糖酸比，提升果实内在品质，并能增加果实单果质量，提高果实外观品质。

有机肥（organic fertilizer）含有多种有机酸、肽类以及包括氮、磷、钾在内的丰富的营养元素，不仅能为园艺植物提供全面营养，而且肥效长，可增加和更新土壤有机质，促进微生物繁殖，改善土壤的理化性质和生物活性。例如，在施氮量相同的条件下，有机肥与尿素配合施用与单一施用尿素相比，西瓜果实中总糖、可溶性固形物、维生素 C 含量更高及口感评价效果更好；在氮、钾施用量相同的前提下，猪粪与化肥配施与单一施用化肥相比，番茄果实中总糖、赖氨酸含量较高，而可滴定酸含量较低。

（五）CO_2

CO_2 加富已成为人们控制设施环境、调控作物光合作用、促进作物生长和提高作物产量的重要手段。在日光温室、塑料大棚等保护设施内通过 CO_2 加富处理，能够较大幅度提高上午 8:00～12:00 的光合速率和光能利用率，从而促进植物中可溶性糖的积累。目前，国内普遍采用碳酸氢铵与硫酸反应法进行 CO_2 施肥；此外还有有机肥发酵法，即利用微生物在适宜的温度、湿度和气体条件下，将有机物分解释放出二氧化碳气体，达到 CO_2 施肥的效果。

苗期进行 CO_2 加富处理的黄瓜在开花结果期继续进行高温、CO_2 加富处理，会显著降低黄瓜果实内的亚硝酸盐含量，提高黄瓜果实内维生素 C、可溶性蛋白和可溶性糖含量，促进黄瓜果实的生长和品质提升。另外，CO_2 施肥还能够提高樱桃番茄、草莓、油桃等果实中可溶性糖的含量。桃树在 CO_2 加富处理后生长健壮，生物量增加，单果质量、单株产量、可溶性糖含量、可溶性固形物含量和维生素 C 含量均有显著提高。

（六）植物生长调节剂

植物生长调节剂是指人工合成的具有与天然植物激素相似作用的化合物和从生物中提取的天然植物激素，包括细胞分裂素、赤霉素、乙烯、生长素、脱落酸、茉莉酸和油菜素内酯等。

1. 细胞分裂素

细胞分裂素是腺嘌呤的衍生物，主要的生理作用是促进细胞分裂、诱导芽分化、促进侧芽发育、消除顶端优势、抑制器官衰老、增加坐果和改善果实品质等。常见的人工合成的细胞分裂素有激动素、6-苄基腺嘌呤（6-BA）和玉米素等。在苹果果实膨大期对叶片喷施一定浓度的激动素、玉米素或 6-BA 都能提高苹果果实的抗氧化活性，提高果实内的总糖、总酸和蛋白质的含量。

2. 赤霉素

赤霉素突出的生理作用是促进茎的伸长，促进植株快速生长。在葡萄果实发育早期使用赤霉素，可在不同程度上提高果实糖分含量。葡萄属于酒石酸型果实，主要为酒石酸，其次是苹果酸，此外还含有少量草酸、柠檬酸等有机酸。合理使用赤霉素或赤霉素、氯吡脲共同施加处理葡萄花和果实可促进有机酸的降解，浓度过高时则会使得果实中有机酸含量升高。

3. 乙烯

乙烯是气体，难以在田间应用，直到开发出液态的乙烯利，才为农业生产提供了实用的乙烯类植物生长调节剂。在葡萄果实膨大后期用一定浓度的乙烯利处理，可以促进葡萄提前着色和成熟，还会对葡萄果实品质产生一些影响，如导致果实可滴定酸含量降低、糖酸比增大。乙烯对植物体内花青素的积累和果实着色有促进作用，如乙烯能够显著促进葡萄、樱桃等果实着色和花青素的合成。

4. 生长素

生长素通过改变细胞壁可塑性来影响细胞伸长，刺激形成层分裂，且引起次生木质部的分化。果实积累的糖主要为果糖、葡萄糖和蔗糖，另外有少量糖醇如山梨醇、肌醇。在这几种糖中，果糖甜度最高，其次是蔗糖和葡萄糖。在番茄花期施用外源生长素类物质 PCPA 和 2,4-D 后，番茄果实的整个发育过程中，蔗糖含量较低，葡萄糖含量变化较小，但明显提高了果实成熟时果糖含量；此外 PCPA 和 2,4-D 能够提高早、中期番茄果实中淀粉含量，尤其是花后 35 天。

5. 脱落酸

脱落酸存在于植物的许多器官，如叶、芽、果实、种子和块茎中。脱落酸是一种生长抑制剂，也是一种重要的成熟激素。葡萄果皮中花色苷的生物合成受到脱落酸的调节，利用脱落酸处理可有效增加花色苷含量，促进果实着色，提高果实品质。

6. 茉莉酸

以茉莉酸（jasmonic acid，JA）和茉莉酸甲酯（methyl jasmonate，MeJA）为代表的茉莉酸类物质是一种广泛存在于植物体中的新型植物生长调节物质，具有广谱的生理效应，不仅能提高植物体对逆境胁迫的抵御能力，而且能在植物体生长发育过程中发挥重要的调节作用。在园艺作物生产中，可以应用茉莉酸改善果实色泽、香气，提高果实品质，降低果实冷害，抑制真菌发展，提高贮藏品质，等。比如，用茉莉酸甲酯处理黑彩李与皇家罗莎李后，果实体积、质量均有增加，总酚含量与抗氧化活性均升高或增强，果实品质得到改善；用茉莉酸甲酯处理山莓和黑莓，果实中总酚、花色苷含量升高，抗氧化活性增强。此外，茉莉酸甲酯处理还可以提高葡萄果实中白藜芦醇含量，促进水果、蔬菜中番茄红素与维生素 E 等脂溶性化学成分的合成，改善园艺作物品质。

7. 油菜素内酯

油菜素内酯又被称为芸苔素内酯（brassinolides，BRs）或是油菜素甾醇类物质。在作物上应用的主要有油菜素内酯（BR）和 2,4-表油菜素内酯（EBR）。外源喷施 EBR 于"赤霞珠"葡萄果穗，可在一定程度上增加果实中花色苷、总酚和单宁的积累，0.10mg/L 的 EBR 处理对蔗糖转化酶活性有较好的提高作用，从而影响了果实可溶性总糖的含量。

除上所述外，噻苯隆（thidiazuron，TDZ）是一种具有生长素和细胞分裂素双重作用的植物生长调节剂，作为落叶剂在我国棉花种植中大量应用，而在甜瓜种植中被广泛作为坐果剂替代授粉。在营养成分方面，噻苯隆的使用能够引起甜瓜中维生素 C 和柠檬酸含量的大幅降低，特别是高浓度的噻苯隆，对挥发性风味组成和滋味影响较大。

（七）特殊栽培技术

1. 植株调整

园艺产品的种植过程中不可避免地要进行植株调整，植株调整不仅对园艺产品的产量有影响，而且会显著影响产品品质。植株调整可以平衡植株的营养器官和果实的生长状况，使产品器官增大，营养含量升高。在具体的生产实践中用到的植株调整的方法主要有：摘叶、束叶和整形修剪等。

摘叶是在采收前一段时间把影响果面受光的叶片剪除，以提高果实的受光面积，增加果实对直射光的利用率，从而避免果实局部绿斑，促进果实全面着色的一种措施。在"赤霞珠"葡萄转色前期和中期摘除葡萄果穗及果穗以下的全部叶片，可显著增加果实含糖量、降低酸度，摘叶处理对果实糖酸比、总酚等果实品质指标均有不同程度的提高。

束叶的技术主要用在花椰菜和大白菜等作物生产上。花椰菜束叶主要是保护花球洁白柔嫩，不被害虫叮咬和光照变色，提高产品的外观品质和食用品质。

整形修剪在果树生产中具有十分重要的作用和意义。果树栽培的密度、树形及选择的修剪方式都会影响果树冠层的光照、温度、相对湿度等，从而影响冠层结构和树体营养平衡，最终影响果实品质。红富士苹果通过提高干高，疏除近地面生长过旺的主枝，减少单株枝量，增加短枝比例，从而增加整体树冠光照，使苹果的硬度降低，维生素 C 含量增加。

瓜类蔬菜和番茄、茄子等茄果类蔬菜等，如果任其自然生长则，枝蔓过繁、结果不良。整枝能够充分发挥园艺产品的生育特性，协调营养生长与生殖生长之间养分竞争的矛盾，借助人为措施控制养分向生长中心的运转。如，对日光温室内番茄采用结果枝一边倒的整枝方式，比采用单秆整枝和连续摘心整枝方式在产量和品质上都具有明显的优势，果实番茄红素累积量最大。

2. 套袋

以果实为产品器官的园艺产品，可以通过果实套袋技术保护果实并提高产品营养品质。套袋后，袋内光照强度减弱，花色苷合成酶、苯丙氨酸解氨酶、查尔酮合成酶等的表达受到抑制，花色苷、叶绿素和简单酚类的合成受到抑制，果皮的叶绿素含量显著减少，果实表面黄化呈乳白色或浅绿色。和正常的绿色果实相比，去袋后的黄化果实只需少量光辐射就能形成大量花色苷，如去袋后 13h，花青苷合成酶类被激活，4～8 天后果实着色超过不套袋果。研究表明，套袋的黄化苹果在去袋照光后，表皮和亚表皮几乎同时形成花色苷，而不套袋果首先在表皮形成花色苷，然后随果实成熟花色苷合成部位渐渐内移，这也是套袋的黄化苹果在去袋后迅速着色的一个重要原因。

3. 人工授粉和花期放蜂

人工授粉和花期放蜂可以提高设施蔬菜和果树的授粉受精效果，使种子发育正常、分布均匀，果实大、果形正。蜜蜂授粉生产的芝麻香瓜的含糖量及维生素 C 的含量，比传统授粉分别提高 9.1% 和 18.3%。蜜蜂授粉的草莓果实中，维生素 C、可溶性糖含量和总糖含量均显著高于人工授粉的果实，而总酸含量间差异不显著，蜜蜂授粉果实的糖酸比显著高于人工授粉的果实，使得果实明显甜于人工授粉的果实。

第三节　采收与采后处理的影响与调控

从大田到餐桌，园艺产品在达到一定成熟度之后需要经历采收、运输、贮藏及加工等多种环节，这些环节都影响着园艺产品的营养和生物活性物质的含量，处理不当会给果蔬品质造成十分严重的损失，这也是制约我国园艺产品发展的重要因素。因此，了解采收及采后环节对园艺产品的营养和生物活性物质的影响，通过改进采收手段和采后处理方法来尽可能地保持园艺产品中营养和生物活性物质的含量，对减少园艺产品损耗，保持其品质具有极其重要的意义。

一、采收对园艺产品中营养和生物活性物质的影响与调控

采收是园艺产品生产过程中的最后一个环节，也是影响园艺产品贮藏效果及采后营养品质的关键步骤，而采收期及采收方法是影响采收环节中的两个重要因素，直接关系着采收的成败，对园艺产品中营养和生物活性物质产生重要影响。联合国粮农组织的数据显示，发展中国家在采收过程中，由采收期以及采收方法不当而造成的果蔬损失高达 8%～10%。因此，在园艺产品采收过程中，选择合适的采收期和采收方法，可大大减少产品损失、保持产品中营养和生物活性物质的含量、提高产品贮藏性。

（一）采收期对园艺产品营养及生物活性物质的影响

每种园艺产品都具有其适宜的成熟收获期，过早或过晚采收都会影响产品的品质。维生素 C、糖类、可溶性蛋白和纤维素等是园艺产品中的重要营养物质，其含量是构成园艺产品营养品质的重要因素，并在很大程度上受到采收期的影响。例如，苦瓜在授粉后第 14～19 天，维生素 C 含量随着采收期的延长呈现逐渐下降趋势；可滴定酸含量在 15 天时达到最高值，下降至 16 天时缓慢上升；纤维素含量随采收期先上升后下降，在第 16 天时达到最高值，因此，苦瓜在授粉后 16～17 天时综合品质最佳，宜进行采收。番茄在采收初期其可滴定酸含量达到最高，随采收时间的延长可滴定酸含量逐渐降低；采收后期番茄果实中维生素 C、可溶性固形物和还原糖含量都极显著地高于采收初期和采收中期果实中的含量，其中，采收后期番茄果实中的维生素 C 含量为初期果实中的 2.2 倍、中期果实中的 1.6 倍。

采收期还会影响园艺产品中类黄酮化合物、萜类化合物以及生物碱等生物活性物质的含量。番茄成熟度越高，其番茄红素的含量也越高。苦瓜在授粉后 14～19 天，其多糖含量随采收期延长逐渐增加，至授粉后 19 天含量最高；黄酮含量随采收期先降低后升高再降低再升高，在第 17 天达到最大值；皂苷含量随采收期先升高后降低再升高，在授粉第 16 天时达到最高值。

由此可见，园艺产品中的营养与生物活性物质的含量因其采收期不同而有所差异，只有在园艺产品达到适宜的成熟度时进行采收，才能最大化地保持园艺产品中的营养和生物活性物质，保证园艺产品在收获后具有良好的品质和耐贮性。在实际生产过程中，应根据园艺产品的种类及用途，综合园艺产品的色泽、坚实度或硬度、果实形态、果梗脱离程度、生长期及营养物质含量等参考指标来确定其采收期，以期在采收时具有最佳的品质和产品性能。

（二）采收方法

园艺产品的采收方法主要可分为人工采收和机械采收。人工采收可以根据园艺产品种类、形状的不同等进行灵活的采收与处理，在采收过程中对园艺产品造成的机械损伤较少，可以很好地保持园艺产品中营养和生物活性物质，但所耗费的人力、物力及时间较多。机械采收能快速完成采收，且在采收后能尽快地进行包装处理，因此采收这一过程对园艺产品所造成的营养及生物活性物质的损耗较低。但机械采收不能进行选择性的采收，且极易对园艺产品造成机械损伤，使糖类、可溶性固形物等营养物质及酚类等生物活性物质快速降解，造成园艺产品品质下降。

两种采收方式各有利弊，有效的采收需要根据园艺产品的特性与采收目的来选择合适的采收方式，通过改进园艺产品本身的条件及两种采收方式的有机结合，来提高园艺产品的采收效率及营养品质。

二、采后处理对园艺产品中营养和生物活性物质的影响与调控

园艺产品从采收到进入餐桌，需要经历贮藏、运输、加工等环节，根据园艺产品的种类、贮藏时间及销售目的，还需要进行一系列的采后处理（postharvest handling）来减少园艺产品的营养和生物活性物质的损失。采后处理一般包括贮藏和加工两大方面，其中，贮藏主要包括冷藏、气调贮藏、化学处理，以及臭氧处理、辐照保鲜等其他贮藏方式；加工主要包括速

冻、干制、腌制、酿制和制汁等方式。对园艺产品采用合适的采后处理方式，可以减少园艺产品的营养损失，从而提高园艺产品的营养品质。

（一）贮藏

1. 冷藏

采收后，园艺产品在一般的环境温度下代谢活动十分旺盛，维生素 C、糖类、可溶性蛋白等重要的营养物质和类黄酮化合物、萜类化合物、生物碱等重要的生物活性物质迅速降解。冷藏可以降低园艺产品呼吸及其他代谢强度，抑制园艺产品水分蒸发、成熟软化及发芽等过程，从而有效减少园艺产品中营养物质和生物活性物质的损失，维持园艺产品营养品质，并延长园艺产品贮藏寿命。以青花菜为例，在 10℃环境温度下贮藏 9 天时，其维生素 C 和叶绿素含量下降近 50%，胡萝卜素和可溶性糖含量下降近 30%；而在 0℃低温环境下，其各种营养成分含量变化不大；在 20℃下贮藏 7 天后，青花菜花球中萝卜硫苷下降将近一半，而在 4℃贮藏温度下则没有明显的下降。在冷藏过程中，结合真空预冷技术，能够大大抑制青花菜的呼吸速率和乙烯释放量，减少维生素 C、叶绿素的损失；结合冷链物流技术，在压差预冷后，用聚苯乙烯泡沫箱加冰 0℃冷藏运输和 4℃用收缩膜包装销售 2 天，青花菜的维生素 C、叶绿素、可溶性糖和可溶性蛋白等营养物质含量均维持在较高水平。

因此，园艺产品在采收之后尽快进行冷藏，可以减少营养物质和生物活性物质的损失。冷藏过程应注意保持温度的稳定性，避免出现波动，温度波动会刺激产品体内水解酶活性，加速呼吸，造成糖分的损失和品质的降低。此外，将其他的手段和技术运用到园艺产品的冷藏中，能够有效增强冷藏效果，并能拓展冷藏的应用范围，对园艺产品的贮藏保鲜具有重要意义。

2. 气调贮藏

气调贮藏通过调节产品贮藏环境中的气体成分及浓度，来降低园艺产品的呼吸作用强度，减少物质消耗，能够有效延缓园艺产品中营养和生物活性物质的降解，维持园艺产品品质。

在一定的范围内，降低贮藏环境中 O_2 浓度，增大 CO_2 浓度，可以降低园艺产品的呼吸强度、减少乙烯生成量、降低可溶性固形物和不溶性果胶等物质的分解速度、提高维生素 C 的保存率，还能抑制黑芥子酶的活性，减缓芥子油苷的降解。青花菜小花球在 10%氧气和 5%二氧化碳的气调环境下进行贮藏，其萝卜硫苷的降解速度相比于空气环境显著减缓，芥子油苷含量显著增加。但在降低 O_2 浓度时，应以能维持园艺产品正常生理活动、不发生缺氧障碍为限，多数园艺产品无氧呼吸的 O_2 浓度为 2%～2.5%；CO_2 浓度应控制在园艺产品的忍受临界浓度之内，一般为 15%，否则会导致 CO_2 中毒，发生生理病害。

在气调贮藏中，除了气体成分及浓度起着关键性作用之外，温度和相对湿度也影响着园艺产品的气调贮藏效果。在不影响园艺产品正常生理代谢的范围内，降低温度并保持温度稳定，能够有效增加气调贮藏的效果，延缓维生素 C、可溶性固形物、芥子油苷等营养和生物活性物质的降解；维持较高湿度，也能增加气调贮藏的效果，有效减少园艺产品的水分损失，对提高水溶性营养物质的保存率尤为重要，一般要求贮藏环境中的相对湿度为90%～93%。

在实际的生产应用过程中，气调贮藏是气体组分及浓度、温度、湿度等环境因素综合作用的效果，因此，应根据园艺产品的种类及贮藏特性，综合 O_2 浓度、CO_2 浓度、温湿度等的作用，寻找各因素的最佳组合，以期达到最优的贮藏效果。

3. 化学处理

对采后的园艺产品施加化学药剂进行化学处理，能够减少园艺产品的生理消耗及生理病害，减缓其营养及生物活性物质降解，延缓腐败变质，保持其营养品质。目前应用于生产的化学药剂主要为 1-甲基环丙烯（1-methylcyclopropene，1-MCP）。1-MCP 是一类重要的乙烯受体抑制剂，在常温下较为稳定，无毒无味，几乎不影响环境，且具有很强的保鲜效果，被广泛应用于园艺产品保鲜中。对黄花菜用 250μL/L 的 1-MCP 处理，贮藏 3 天后，其可溶性糖和维生素 C 含量显著高于对照；1-MCP 能大大降低黄花菜失重率、开花率和腐烂率，明显改善黄花菜贮藏时的营养品质。此外，1-MCP 还能显著延长青花菜花球和芥蓝花薹的贮藏品质，减少芥子油苷的损失；但对芥蓝的叶子进行 1-MCP 处理后，其脂肪类和吲哚类芥子油苷均没有明显变化，说明将 1-MCP 运用于花球类的芸薹属蔬菜的采后处理中比运用于叶菜类的芸薹属蔬菜更有效，即 1-MCP 对园艺产品的作用具有差异。因此，在实际的应用过程中，应根据园艺产品的特性来合理地选择采后处理方式。

除了 1-MCP 处理之外，赤霉素处理也能显著抑制香蕉、番茄等果实的后熟变化，减少果实营养和生物活性物质的损耗。

4. 其他贮藏

在园艺产品的贮藏中，减压贮藏、辐射贮藏、臭氧贮藏等贮藏方式也起着重要的作用。减压贮藏一方面可以在低压条件下保持低氧气浓度，抑制果实内乙烯的产生；另一方面还能把果实释放的乙烯排出贮藏环境，从而达到保鲜效果。减压贮藏能有效抑制水蜜桃果实中维生素 C 含量的降低；有效减弱苹果的呼吸强度，减缓苹果中可溶性固形物的减少速度。辐射贮藏通过辐射来干扰园艺产品的基础代谢、延缓园艺产品成熟及衰老、抑制营养及生物活性物质的降解和灭菌保鲜。利用铯-137 伽马辐射处理菠菜，菠菜内维生素 C 及芦丁、玉米黄质、β-胡萝卜素、紫黄质等生物活性物质含量均增加；用 1μmol/L 钼（Mo）溶液浸泡柑橘，柑橘果皮中酚类、类黄酮等生物活性物质也有所增加；短波紫外线辐照处理，可显著提高甜樱桃果实的抗氧化活性，保持樱桃在常温贮藏环境下的可滴定酸含量，提高总酚、总黄酮和花色苷含量。由此可见，辐射贮藏在园艺产品的保鲜及营养品质改善方面也发挥着重要的作用。臭氧具有超强的氧化能力，可氧化破坏园艺产品产生释放的乙烯，降低果实呼吸强度，抑制酶活性，减缓淀粉和维生素降解速度；同时，臭氧对各种病原菌具有强烈的抑制作用甚至致死效应，可抑制霉菌活动，防止果实腐烂。

（二）加工

1. 速冻

速冻是指通过人工制冷技术来降低园艺产品的温度，控制园艺产品的酶活力和微生物活动，从而达到长期贮藏的效果。速冻过程要求在极低的冻结温度下，在 30min 或更短时间内将新鲜园艺产品的中心温度迅速降至冻结点，使 80% 以上的水分在短时间内冻结成冰晶，冻结完成后，将速冻后的产品置于冷冻环境中保存。

速冻可以有效地降低园艺产品中各种酶的生物活性，减少产品中糖类、蛋白质、维生素C和矿物质等营养物质和类胡萝卜素、芥子油苷和类黄酮等生物活性物质的损失，但在贮藏的过程中，园艺产品中各种营养和生物活性成分仍有损失。如未经烫漂处理的冷冻豌豆，在-2℃贮藏环境下，其维生素C含量急剧下降，在-12℃下降速度变慢，在-18℃变化较为平缓。有些未经过预先烫漂处理的果蔬，在贮藏过程中会积累羰基化合物和乙醇等物质，产生挥发性异味，脂类含量较高的果蔬也会因为氧化作用而产生异味。

在食用前，需要对速冻产品进行解冻，而解冻过程中园艺产品中的营养和生物活性物质也会遭受损失。在正常情况下，园艺产品中的结合水与原生质体、胶体、蛋白质和淀粉等物质结合；在冻结时，结合水从中分离，原生质体、胶体和蛋白质分子受压凝集，蛋白质因为无机盐过于浓缩产生盐析作用而变性；当产品解冻时，与结合水结合的这些物质由于不能再重新与水分结合而流失，且这种流失在园艺产品组织受到损伤时表现得更为严重。

因此，在园艺产品的速冻贮藏过程中，应当对冻结前、冻结、冻结后贮藏及解冻等各个环节加以注意，以减少园艺产品中营养和生物活性物质的流失。在冻结前，可根据实际情况对园艺产品进行热烫预处理，还可在烫漂溶液中加入碳酸钠来维持绿叶菜类中的叶绿素，并通过延长热烫时间保证热钝化酶效果。在冻结时，应注意进行快速冻结，尽可能快地使园艺产品的中心温度达到-18℃以下，使其大部分水分冻结成冰晶。在贮藏过程中，一般-12℃能够抑制微生物的活性，但化学变化仍在进行；在-18℃时，化学变化变得缓慢，营养物质和生物活性成分损失较为缓慢。在解冻时，可用热处理或化学处理等方法抑制或破坏产品中的酶活，如，蔬菜一般可采用热烫处理，果品可加入抗坏血酸等抗氧化剂来减少氧化或加入糖浆减少与氧气接触的机会，从而减少园艺产品中的营养及生物活性物质的损耗。

2. 干制

干制在我国具有悠久的历史，早在《齐民要术》中就有相关记载。枣、柿、葡萄、龙眼、香菇和金针菇等果蔬在经过干制工艺后，已成为中国著名的土特产并销往国内外。

干制对园艺产品中的营养物质及生物活性物质具有较大的影响。园艺产品在加热干燥脱水的过程中，其碳水化合物尤其是葡萄糖和果糖易被分解和氧化，含量减少；维生素C在高温和氧化的双重作用下被降解，损失为16%～40%；维生素B_1对热敏感，其含量也降低；矿物质和蛋白质较为稳定，含量基本不变。此外，类胡萝卜素也会遭受氧化损失，未经酶钝化处理的蔬菜在经过干制后其胡萝卜素的损失率高达80%。因此，在生产过程中，应根据原料的种类和品种，选择适宜的干燥温度和时间，同时对园艺产品进行预处理。

近年来，关于园艺产品干制的研究不断深入，冷冻干燥等先进干制设备及技术得以应用，加工技艺逐渐改进，逐步实现了园艺产品干制品包装贮藏的机械化与自动化，干制品的产量及质量都大大提高，为果蔬干制生产开拓了广阔前景，为园艺产品的贮藏加工提供了重要参考。

3. 腌制

腌制是指利用食盐来降低园艺产品中的水分含量，保持园艺产品的食用及营养品质，增强其贮藏性能。腌制由于方法简单、成本低廉、保存容易且产品风味较佳而成为我国最普遍的一种蔬菜加工处理方法，如四川榨菜、扬州酱菜、萧山萝卜干和云南大头菜等，这些腌制蔬菜因其独特的风味受到国内外广大消费者的喜爱。

蔬菜的腌制过程是一个缓慢而复杂的过程，园艺产品水分渗出、微生物发酵、蛋白质分解以及其他生物化学反应的发生，对园艺产品中的营养和生物活性物质的变化起着重要的作用。园艺产品在经过发酵性腌制处理之后，其含糖量会大大降低甚至完全消失，其含酸量会相应地增加，新鲜黄瓜的含糖量为 2%，腌制黄瓜为 0%；新鲜黄瓜的含酸量为 0.1%，腌制黄瓜为 0.8%。而经过非发酵性腌制处理后，园艺产品的含酸量几乎无变化，其中盐腌制品由于糖分的扩散其含糖量降低，酱腌制品与糖醋腌制品由于从环境中吸收大量糖分而含糖量大大增加。维生素 C 的含量随着腌制时间的增加损耗增大，且损耗的程度与腌制时的盐浓度呈正相关，即盐浓度较低时，腌制环境呈酸性，维生素 C 损耗较少。此外，维生素 C 在腌制过程中的保存情况还与园艺产品腌制的状态有关，即当腌制品与空气接触时，其维生素 C 极易降解；当腌制品经过反复冻结与解冻后，维生素 C 含量也将大大降低。维生素 B_1、维生素 B_2、烟酸、烟酰胺等维生素较为稳定，在腌制过程中变化不大。腌制过程中，园艺产品中的矿物质含量也有明显变化，其中盐腌制品中的钙含量增加，磷含量和铁含量减少，而酱腌制品中的钙、磷、铁等矿物质含量均明显增加。

综上所述，在腌制园艺产品的过程中，应注意盐溶液的浓度，并按紧压实、隔绝空气，同时应避免将园艺产品置于其冰点温度以下的环境中进行贮藏。此外，为保持腌制品的脆性口感，可在腌制前将原料放入澄清石灰水进行短时间的浸泡，钙离子可与果胶酸作用生成果胶酸钙，保持腌制品爽脆的口感。

4. 其他加工处理方法

除了速冻、干制、腌制外，还有酿制、罐藏、制汁儿等方法，在园艺产品的加工中也发挥着重要作用。酿制以果实为原料，通过微生物发酵而生产出果酒，这是一个复杂的化学过程，在此过程中，多种化学反应发生，多种中间产物及新产物形成，影响着园艺产品中的营养和生物活性物质的种类及含量。罐藏是将园艺产品预处理及灭菌后密封在容器中，对园艺产品在密闭真空环境下进行贮藏的方法。因为园艺产品几乎与氧气隔绝，所以其受到的氧化作用较少，维生素 C 等易被氧化的物质能较为稳定地保存，含糖量、含酸量及蛋白质含量变化因园艺产品种类及处理方式不同而有所差异。制汁儿是以园艺产品的汁液为基料，辅以水、糖、酸及香料等调配成果蔬汁饮料。在制汁儿的过程中，蔗糖会发生转化，其转化程度受到贮藏温度的影响；维生素 C 的保存也受到温度、酸碱度等的影响；类胡萝卜素、花青素和黄酮类色素受到温度、贮藏时间、氧气、光和金属含量的影响。

第四节　园艺产品中功能成分的合成与调控

园艺产品中含有丰富的生物活性物质，合理食用可以降低疾病发生的风险，因此在通过饮食实施疾病的化学预防中发挥重要作用。近年来，功能性食品科学得到迅猛发展，植物化学和临床医学等研究已经确定了多种来源于园艺产品的功能成分，包括来源于十字花科蔬菜的芥子油苷和来源于番茄等园艺作物的类胡萝卜素等。随着正向遗传学和系统生物学的发展，园艺作物中重要功能成分的代谢途径得到解析，为我们通过化学调控和代谢工程等方法进行作物的品质改良奠定了坚实的基础。

一、芥子油苷的生物合成与调控

芥子油苷是一类含氮含硫的次生代谢产物，主要存在于十字花科（Brassicaceae）植物，如油菜（*Brassica napus*）、萝卜（*Raphanus sativus*）、甘蓝（*Brassica oleracea*）、白菜（*Brassica rapa*）、芥菜（*Brassica napus*）等，以及模式植物拟南芥（*Arabidopsis thaliana*）中。芥子油苷及其降解产物具有抗癌活性，并与作物的风味息息相关，是园艺产品中非常重要的功能成分。目前，芥子油苷的生物合成途径及调控网络已逐渐被解析。

（一）芥子油苷的生物合成途径

芥子油苷的合成起源于氨基酸，通常由 β-D-硫葡萄糖基、硫化肟基团和来源于氨基酸的侧链（R）组成，在植物细胞中一般稳定存在于液泡中。根据侧链氨基酸的不同，芥子油苷可以分为三类：来源于甲硫氨酸等的脂肪类芥子油苷，来源于色氨酸的吲哚类芥子油苷，及来源于苯丙氨酸的芳香类芥子油苷。目前在不同植物中已经鉴定到超过 200 种芥子油苷。芥子油苷的合成途径主要包括 3 个阶段：特定前体氨基酸的侧链延伸、核心结构的形成和氨基酸侧链的次级修饰（图 4-1）。

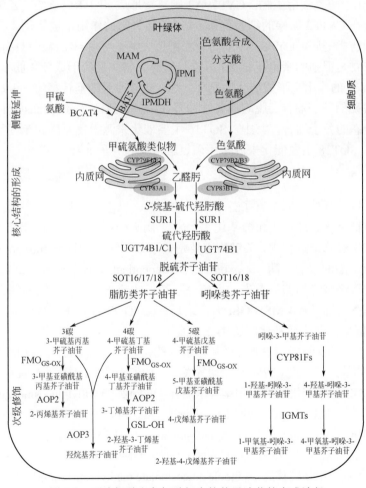

图 4-1 甲硫氨酸和色氨酸衍生的芥子油苷的合成途径

1. 侧链延伸

甲硫氨酸和苯丙氨酸只有作为芥子油苷的合成前体时才会进行侧链延伸。首先，氨基酸前体在胞质体内的侧链氨基酸氨基转移酶 4（branched-chain aminotransferase 4，BCAT4）的作用下去氨基，形成相应的 2-酮酸；然后通过质体转运体胆汁酸转运子（bile acid transporter 5，BAT5）将其转运到叶绿体，之后在叶绿体中进行 3 个反应：在苹果酸合酶（methylthioalkylmalate synthase，MAM）的作用下与乙酰辅酶 A 发生缩合反应，形成 2-甲硫烷基苹果酸；之后在异丙基苹果酸异构酶（isopropylmalate isomerase，IPMI）的作用下异构化，形成 3-甲硫烷基苹果酸；最后在异丙基苹果酸脱氢酶（isopropylmalate dehydrogenase，IPMDH）作用下进行氧化脱羧反应，形成侧链多一个亚甲基的 2-酮酸；新产生的这个 2-酮酸在叶绿体中的侧链氨基酸氨基转移酶 3（branched-chain aminotransferase 3，BCAT3）的作用下经过转氨基作用，形成相应的侧链延长的氨基酸，并从叶绿体转运至胞质中进入核心结构形成反应。

2. 核心结构的形成

芥子油苷核心结构形成起始于 CYP79 家族的细胞色素 P450 单加氧酶（cytochromes P450）氧化氨基酸前体形成醛肟。CYP79B2 和 CYP79B3 催化色氨酸形成吲哚-3-乙醛肟；CYP79F1 和 CYP79F2 催化甲硫氨酸衍生物；CYP79A2 则负责形成来自苯丙氨酸的乙醛肟。然后，这些乙醛肟进一步在 CYP83 家族的细胞色素 P450 单加氧酶的作用下被氧化。其中，CYP83A1 可以有效催化脂肪类醛肟，CYP83B1 对芳香类醛肟尤其是吲哚-3-乙醛肟具有更强的亲和力。乙醛肟的代谢产物是很强的亲电子试剂，可以与硫醇类物质反应形成硫化肟基团，进而在 C-S 裂解酶（C-S lyase）的作用下形成硫代肟基酸，然后通过葡萄糖基转移酶（glucosyltransferase）的 S 糖化形成脱硫的芥子油苷。脱硫的芥子油苷在磺基转移酶（sulfotransferase）的作用下硫酸化，形成完全态的芥子油苷，其中，SOT16 主要催化来源于色氨酸和苯丙氨酸的脱硫芥子油苷，SOT17 和 SOT18 主要催化来源于甲硫氨酸的脱硫芥子油苷。

3. 次级修饰

次级修饰与侧链延伸一同丰富了芥子油苷的结构。以十字花科植物为例，脂肪类芥子油苷的次级修饰包括氧化、羟基化和烯基化等，最终形成 3 碳、4 碳、5 碳脂肪类芥子油苷。在脂肪类芥子油苷次级修饰过程中，关键酶主要是黄素单加氧酶（flavin monooxygenase，FMO）及依赖于 2-酮戊二酸的双加氧酶（2-oxoglutarate-dependent dioxygenase，2ODD）。以 4C 脂肪类芥子油苷的次级修饰为例：首先，甲硫烷基芥子油苷在黄素单加氧酶的作用下形成 4-甲基亚磺酰基丁基芥子油苷（4-MSB-GSL），之后在 2ODD2 催化下形成烯基化脂肪类芥子油苷，在 2ODD3 催化下形成羟基化脂肪类芥子油苷。

吲哚类芥子油苷的次级修饰主要有羟基化和甲氧基化，此过程主要依赖于细胞色素 P450 单加氧酶的一个小的基因亚家族 *CYP81Fs*。研究发现，由 CYP81Fs 表达的酶具有催化芥子油苷吲哚环羟基化反应的能力，催化吲哚-3-甲基芥子油苷（indol-3-ylmethylglucosinolate，I3M）生成 4-羟基-吲哚-3-甲基芥子油苷（4-hydroxy-indol-3-ylmethylglucosinolate，4OHI3M）或者 1-羟基-吲哚-3-甲基芥子油苷（1-hydroxy-indol-3-ylmethylglucosinolate，1OHI3M）。其中，CYP81F2、CYP81F3 以及 CYP81F1 催化 I3M 形成 4OHI3M，CYP81F4 催化 I3M 转化为 1OHI3M。这些羟基化的中间产物在吲哚类芥子油苷甲基转移酶 1（indole glucosinolate methyltransferase 1，IGMT1）和 IGMT2 的作用下转化为 4-甲氧基-吲哚-3-甲基芥子油苷（4-methoxy-indol-3-ylmethylglucosinolate，

4MOI3M）及 1-甲氧基-吲哚-3-甲基芥子油苷（1-methoxy-indol-3-ylmethylglucosinolate，1MOI3M）。

（二）采前和采后因子对芥子油苷代谢的影响

植物体内芥子油苷的生物合成受到多种因素，包括发育阶段、内部信号分子、外部环境条件以及生物和非生物胁迫等的精密调控。不同的采前和采后处理均会影响作物中芥子油苷的代谢。

1. 采前因子

采前因子主要指在园艺植物采收前对园艺产品生长发育、产量和品质形成有影响的各种因子，包括光等环境因子，肥料、植物激素、糖类和盐分等化学因子。

（1）光　光作为关键的环境因子，在植物的整个生命周期中都发挥着重要的作用，植物已经进化出复杂的光感应系统接收和传导光信号。光主要在光周期和光质两方面影响芥子油苷的积累。光周期能够影响芥子油苷在拟南芥和芸薹属蔬菜中的含量。拟南芥中芥子油苷的含量在长日照光周期下比在短日照下更高，并且长日照能够增加快速生长的甘蓝茎中脂肪类芥子油苷的含量。光质对芥子油苷的水平也有一定的影响。在光周期的末期，用红光短暂处理比用远红光处理的豆瓣菜中 2-苯乙基芥子油苷的含量高；羽衣甘蓝中 2-丙烯基芥子油苷的含量在 640nm 的红光下达到峰值。

（2）肥料　芥子油苷是一类含氮含硫的次生代谢物质，其含量也受氮、硫养料所影响。氮的施加能促进芸薹属植物，如油菜、印度芥菜中芥子油苷的积累。但是，青花菜中芥子油苷的含量在氮素缺乏时更高，青花菜花球和茎中萝卜硫苷的含量随着氮浓度的增加（从 0 到 400kg/hm^2）逐渐减少。在对芥子油苷含量的调节中，施加硫肥比氮肥更为重要，在多项研究中，硫的施加均可以增加芥子油苷的含量。除此之外，氮和硫的互作也能够影响芥子油苷的积累。白菜中脂肪类和芳香类芥子油苷的含量在低氮高硫供给下增加，在高氮供给下降低，而吲哚类芥子油苷的含量因高硫和高氮供给而升高。除了氮和硫，施加其他肥料也能影响芥子油苷的含量。研究表明，两个青花菜栽培种（"calabrese"和"southern star"）中总芥子油苷的含量因施加有机肥和生物有机肥而增加，可能是因为有机肥和生物有机肥可以作为另外一种形式的矿质营养，以改善土壤的结构和微生物量。

（3）植物激素　茉莉酸、水杨酸、生长素和油菜素内酯等植物激素能够调节芥子油苷的代谢。茉莉酸和茉莉酸甲酯能提高油菜、芥菜、白菜和芥蓝中吲哚类芥子油苷的含量，而脂肪类和芳香类芥子油苷的含量保持不变。油菜叶片中总芥子油苷的含量在 150mg/mL 茉莉酸甲酯处理下增加 20 倍。茉莉酸处理的甘蓝中，芥子油苷的含量提高了 2～3 倍，其中吲哚类芥子油苷的含量升高 3～20 倍。水杨酸也能有效地增加黄花芥蓝、油菜及拟南芥叶片中 4-甲氧基-吲哚-3-甲基芥子油苷的积累。外源的生长素处理青花菜的毛状根，会增加芥子油苷特别是吲哚类芥子油苷的积累，然而，生长素的效应会随着所用生长素类型和浓度不同而变化。较低浓度（0.1mg/L）的吲哚乙酸处理青花菜的毛状根会产生最高含量的芥子油苷，0.1mg/L 的吲哚丁酸次之，而 1mg/L 的萘乙酸处理产生的芥子油苷的含量最低。油菜素内酯是一类广泛分布于植物界中的多羟基甾体，结构上类似于动物和昆虫中的类固醇激素，具有低毒、高效和环境友好等特点，目前这一类植物生长调节剂在生产上已得到广泛的应用。单独的表油菜素内酯处理能够降低拟南芥中芥子油苷的积累，但在青花菜中则呈现剂量效应；2nmol/L 表油菜素内酯和 40mmol/L 氯化钠共同处理青花菜芽菜时，总芥子油苷的含量及萝卜硫苷的含量都显著增加，可有效改善蔬菜的营养品质。

（4）糖类　糖类不仅仅是大多数生物体主要的碳和能量来源，也是植物生命周期中调节许多发育和代谢过程的信号分子。糖可以诱导很多芸薹属蔬菜，如青花菜、芥蓝和小白菜中芥子油苷的积累。用不同种类的糖，包括蔗糖、葡萄糖、果糖和甘露醇处理青花菜芽菜，总芥子油苷和萝卜硫苷的含量都有增加，其中蔗糖的效应最强。

（5）盐分　盐胁迫能够显著增加芸薹属蔬菜中总芥子油苷的积累。100mmol/L 氯化钠处理 5 天和 7 天苗龄的萝卜芽菜，能够提高 4-甲硫基-3-丁烯基芥子油苷和总芥子油苷的含量。100mmol/L 氯化钠处理也能增加 7 天苗龄青花菜芽菜中 4-甲基硫丁基芥子油苷、吲哚-3-甲基芥子油苷、4-羟基-吲哚-3-甲基芥子油苷的含量。

2. 采后因子

在采后贮藏或加工阶段，园艺产品的采后品质会下降，尤其当产品不能得到有效的冷藏时，许多营养物质包括芥子油苷会快速损失。许多方法可以维持园艺产品采后阶段的品质，降低营养损耗，如冷藏、气调（controlled atmosphere，CA）贮藏、气调包装（modified atmosphere packaging，MAP）贮藏、1-甲基环丙烯处理和加工等。

（1）冷藏　园艺产品在采收后不可避免地会遇到一些逆境，其中对园艺产品的外观品质和营养品质影响最为明显的是温度。以青花菜为例，青花菜的食用部分是花球器官，由肉质花茎、已形成的幼花蕾和长花梗组成，均是幼嫩的组织，采收后代谢十分旺盛，室温下（20～25℃）1～2 天就会失绿转黄且萎蔫，各种营养成分包括萝卜硫苷、维生素 C 等迅速降解。研究发现，在 20℃下贮藏 7 天后，青花菜花球中萝卜硫苷下降接近一半，而在 4℃下贮藏时则没有明显的下降。因此在采后贮藏中尽快使园艺产品处于低温环境，可以显著地延缓品质损失。

（2）气调贮藏　气调贮藏是指人为地调控贮藏环境中各气体成分的浓度并保持稳定，是一种非常有效的维持蔬果品质的采后技术，可以减缓生物活性物质的降解。青花菜就是其中一种受益于气调贮藏的蔬菜。青花菜小花球在 5℃加上 21% O_2、10% CO_2 的条件下贮藏 20 天后，其萝卜硫苷的含量显著高于在空气中贮藏时的含量，而在低氧气调（1% O_2）处理下，其萝卜硫苷的含量则显著降低。类似的，芥子油苷的降解在空气中比在气调环境下（10% O_2+5% CO_2）更高。二氧化碳浓度升高引起黑芥子酶失活，可以解释在二氧化碳浓度升高的气调条件下萝卜硫苷降解的减少。

（3）MAP 贮藏　冷藏和气调非常适合于园艺产品的采后贮藏，但是冷藏和气调设施在发展中国家还不够普及，而在这些国家和地区，园艺产品的贮藏、运输和销售过程中又不可避免地会遇到高温等逆境。在这种情况下，可采用简单经济的薄膜包装，能够有效地延缓采后腐烂和维持外观品质。如将青花菜小花球用 0.04mm 厚的聚乙烯薄膜袋包装，分为无孔、2 个孔和 4 个孔三组，分别贮藏在 4℃或者 20℃。结果表明，在 4℃ 23 天或者 20℃ 5 天的存储过程中，与贮藏在空气中相比，这三种 MAP 处理均可延缓小花球中芥子油苷的下降，其中无孔的效果最为显著，2 个孔和 4 个孔的次之。

（4）1-甲基环丙烯（1-MCP）处理　1-MCP 作为一种有效的乙烯作用抑制剂，广泛应用于园艺产品的采后处理中。1-MCP 处理能有效地延长青花菜花球和芥蓝花薹的贮藏寿命、保持外观品质、减少健康有益成分如芥子油苷等的损失。但是芥蓝作为叶菜时，采前用乙烯利和 1-MCP 处理后，脂肪类和吲哚类芥子油苷都没有明显的变化。

（5）加工　加工操作是另外一种可控因子，可通过食品处理器的最优化来减少园艺产品中植物化学物质的损失。家庭或者工厂化的加工方式可分为加热型（如漂烫、巴斯德杀菌、干制和罐藏）和非加热型（高压处理、脉冲电场、紫外线、臭氧和超声处理）。园艺产品的加工过程会造成植物化学物质含量的明显降低，如，花椰菜经烫漂（96~98℃）3min 会损失 31%的脂肪类芥子油苷及 37%的吲哚类芥子油苷。与传统的加热型加工不同，非加热型技术能够最小化芥子油苷等生物活性物质的损失。

（三）芥子油苷的代谢工程

芥子油苷组分中有些对人类健康有益，有些则影响作物的风味或者具有抗营养效应，因此，改良芥子油苷的组分和含量以满足消费者的需求是新品种选育的重要目标。近年来，芥子油苷代谢途径及其调控网络的逐步解析，为通过代谢工程的方法人为改善作物中芥子油苷的组分和含量提供了良好的理论支撑，也为基于代谢工程的芥子油苷的靶向合成奠定了基础。

1. 园艺作物中芥子油苷的代谢工程

目前，园艺作物中主要通过过量表达或者沉默芥子油苷合成、降解和转运，以及调控因子相关基因来达到靶向改善芥子油苷组分和含量的目的。

（1）基于关键酶基因　芥子油苷的生物合成由多步酶促反应完成，将合成途径中关键酶基因克隆、重组后导入植物细胞中，通过提高代谢途径中关键酶的活性和数量增加代谢强度，可提高特定芥子油苷产物的含量。CYP79 家族的细胞色素 P450 单加氧酶是芥子油苷核心结构形成中最为关键的酶，研究者将拟南芥中 *CYP79B2*、*CYP79B3* 及 *CYP83B1* 克隆，转化到白菜中以调控吲哚类芥子油苷的合成，结果发现，单个 *CYP79B2* 或 *CYP79B3* 的过表达并不影响吲哚类芥子油苷的水平，而 *CYP79B2* 或 *CYP79B3* 与 *CYP83B1* 共表达可以显著地增加吲哚-3-甲基芥子油苷、4-羟基-吲哚-3-甲基芥子油苷和 4-甲氧基-吲哚-3-甲基芥子油苷的含量，同时过表达这三种基因对吲哚类芥子油苷的影响比其中两种基因的过表达效果更明显。类似地，将脂肪类芥子油苷合成中的关键结构基因 *MAM1* 和 *CYP83A1* 在白菜中过表达，可以实现对白菜中脂肪类芥子油苷水平的调控。在 *MAM1* 的转基因株系中，3-丁烯基芥子油苷和 4-戊烯基芥子油苷的水平升高，而在 *CYP83A1* 的转基因株系中，所有种类的脂肪类芥子油苷的含量均增加。在芜菁毛状根中过表达 *FMO*GS-OX，可以使得脂肪类芥子油苷的含量显著上升。此外，在油菜中过表达 *BnUGT74B1*，脂肪类和吲哚类芥子油苷的含量都升高，并增强了对核盘菌和灰霉菌的抗性。这些结果表明，人为改变一个或多个芥子油苷合成基因的表达水平可以特异地影响芥子油苷合成途径，靶向提高芥子油苷的含量。然而，遗传转化也存在着许多不确定性。比如，在白菜中过表达 *CYP79F1* 时，不同的 *CYP79F1* 转基因株系中芥子油苷的组分和含量存在差异：与野生型相比，F1-1 株系中 2-羟基-4-戊烯基芥子油苷、吲哚-3-甲基芥子油苷和 4-甲氧基-吲哚-3-甲基芥子油苷的含量增加，F1-2 和 F1-3 株系中 3-丁烯基芥子油苷和 4-戊烯基芥子油苷的含量下降，4-羟基-吲哚-3-甲基芥子油苷的含量上升。然而，在芥菜中过表达 *BjuB.CYP79F1* 获得的转基因株系，具有种子中芥子油苷水平较高但不含有 2-丙烯基芥子油苷的表型。

此外，通过精准改变芥子油苷途径某个特异基因的表达，实现增加被需要的芥子油苷组分，减少不被需要的芥子油苷组分的目的。在芸薹属蔬菜中，4-甲基硫氧丁基芥子油苷（萝卜硫苷）的降解产物萝卜硫素有着较强的抗癌活性，但芥蓝中最为丰富的芥子油苷为萝卜硫苷的烯基化产物 3-丁烯基芥子油苷，其降解产物与芥蓝的辛辣味、苦味有关。在芥蓝中，2OGDD2 是催化萝卜硫苷烯基化的关键酶，因此，研究者通过反义 RNA（antisense RNA）技术将 2OGDD2 的反义片段转化到芥蓝中，得到了萝卜硫苷的含量较野生型明显增加、3-丁烯基芥子油苷的含量较野生型减少的转基因植株。此外，用于猪、禽饲料的油菜的油籽粕中含有丰富的蛋白质，但其营养价值和适口性因油菜籽粕中主要的芥子油苷 2-羟基-3-丁烯基芥子油苷等的存在而降低。研究者通过基因沉默技术（RNA interference，RNAi）在油菜中沉默 MAM 基因，使得 2-羟基-3-丁烯基芥子油苷和 3-丁烯基芥子油苷等脂肪类芥子油苷的含量下降；通过沉默 20GDD2 基因，使得油菜籽中 2-羟基-3-丁烯基芥子油苷含量下降 65%，而萝卜硫苷含量增加。

改变芥子油苷的降解和转运也可以达到调节芥子油苷含量的效果。比如，在油菜中共表达核糖核酸酶 barnase（使用种子黑芥子酶细胞特异的 Myr1.Bn1 启动子）及其抑制子 barstar（使用花椰菜花叶病毒 35S 强启动子）得到种子缺乏黑芥子酶细胞的转基因植株，使得种子中的芥子油苷在动物体内的降解受阻，达到降低芥子油苷降解产物浓度的目的。此外，通过阻断芥子油苷向种子的运输，可以使植株保持一定浓度的芥子油苷以发挥对病虫害的抗性，而种子中芥子油苷含量降低适宜于制作饲料。例如，在白菜和油菜中通过定向诱导基因组局部突变技术（targeting induced local lesions in genomes，TILLINGs），结合杂交手段，获得了一个或多个芥子油苷转运蛋白功能缺失的材料，其种子中芥子油苷含量下降 60%～70%。

（2）基于转录因子　由于植物细胞代谢是一个复杂的网络系统，代谢过程中也存在一系列的反馈调节机制，对单个酶的调节作用常会被植物体内的自身平衡调节作用所削减。转录调控是植物代谢调控的重要手段，芥子油苷合成途径中关键结构基因的表达受相应转录因子的调节，并且，单个转录因子通常可以同时调控多个酶基因的表达水平，因此，通过代谢工程改变芥子油苷合成调控相关转录因子是高效改良芥子油苷含量和组分的方法。目前，已经鉴定到多个调控芥子油苷代谢的转录因子，如六种 R2R3-MYB 类转录因子在芥子油苷的合成调控中发挥重要的正向作用，其中，MYB34、MYB51、MYB122 调控吲哚类芥子油苷的生物合成；MYB28、MYB29、MYB76 调控脂肪类芥子油苷的生物合成。研究表明，沉默芥菜中 BjMYB28 不仅能显著地下调脂肪类芥子油苷生物合成基因的表达，也减少了具有抗营养效应的脂肪类芥子油苷的含量，而在这一过程中，非脂肪类芥子油苷的水平和种子质量、产量均未受到影响。在芥蓝中过表达和沉默 BoaMYB28 均不影响植物的形态，过表达材料中脂肪类芥子油苷的含量和相关合成基因的表达水平显著高于野生型，而 RNAi 材料中则显著低于野生型。

基因编辑（genome editing）技术是一种可以在基因组水平对 DNA 序列进行改造的遗传操作技术，主要有锌指核酸酶（zinc finger nuclease，ZFN）系统、转录激活样效应因子核酸酶（transcription activator like effector nuclease，TALEN）系统、CRISPR/Cas9（clustered regularly interspaced short palindromic repeat/CRISPR-associated protein 9）系统等。CRISPR/Cas9 系统作为新一代基因编辑技术，可应用于靶向基因敲除、基因插入、定点突变等。目前，已经在拟南芥、烟草及部分园艺植物如番茄、马铃薯等中开展基因组定点编辑研究，CRISPR/Cas9 系统也逐渐被应用在园艺植物中芥子油苷的调控研究中。在园艺植物中应用 CRISPR/Cas9 基因编辑技术，既可实现基因的靶向改变，获得目标性状的遗产改良，也可以避免食品安全隐患，能够较为理想地改良园艺植物中芥子油苷的种类及含量。

2. 烟草和细菌中芥子油苷的代谢工程

除了十字花科植物，在烟草中建立芥子油苷合成途径的研究也得到广泛开展。科学家于 2009 年首次在本氏烟（Nicotiana benthamiana）中同时瞬时转入 5 个拟南芥芥子油苷合成基因（CYP79A2，CYP83B1，SUR1，UGT74B1，SOT16）合成了苯甲基芥子油苷。稳定合成苯甲基芥子油苷的烟草会吸引专食性昆虫小菜蛾（芥子油苷是其产卵的刺激因子）产卵，但是卵却无法孵化，因此这种烟草可以作为很好的诱杀植物。人们还在烟草中建立了吲哚类芥子油苷合成途径来研究 CYP81F 亚家族在吲哚环的次级修饰中的功能。类似的，萝卜硫苷也已成功在烟草中合成。整体来讲，转基因烟草中可人工合成芥子油苷的含量低于十字花科植物自身的含量，但是转基因烟草的优点在于可以合成单一目标产物。

微生物宿主适用于目标代谢物的大规模生产，截至目前，大肠杆菌（*Escherichia coli*）和酿酒酵母（*Saccharomyces cerevisiae*）两种微生物宿主被用来生产芥子油苷。Mikkelsen 等最先在酿酒酵母中稳定表达拟南芥中吲哚类芥子油苷核心合成途径相关基因，得到最基础的吲哚类芥子油苷——吲哚-3-甲基芥子油苷。在大肠杆菌中，通过构建多个包含芳香类芥子油苷核心结构合成途径相关基因以及黑芥子酶基因的菌株，提取单种菌株的代谢产物在体外合并，得到苯甲基芥子油苷的降解产物。Petersen 等在大肠杆菌中从头合成了苯甲基芥子油苷，并通过筛选不同的表达菌株和改良生长及培养基组分进行生产的系统性优化，最高可得到大约 4.1μmol/L 的苯甲基芥子油苷。此外，研究人员还通过在大肠杆菌中表达 13 个芥子油苷合成相关基因得到萝卜硫苷。与在烟草中的情况相似，微生物宿主中合成的芥子油苷含量较低，难以进行大规模的生产，但也有研究报道，有望通过多元优化和定向进化的方法提高合成芥子油苷的含量。

二、类胡萝卜素的生物合成与调控

类胡萝卜素是一类具有独特理化性质的萜类化合物，广泛存在于动植物和微生物中，能够参与植物光合作用、光形态建成以及光保护和发育等多种生物学过程，参与花卉、果实和蔬菜的着色，同时，类胡萝卜素也是人类饮食的必需成分维生素 A 的合成前体。目前，园艺作物中类胡萝卜素的代谢途径及其调控网络已逐步被解析。

（一）类胡萝卜素的代谢途径

目前，园艺作物中类胡萝卜素的合成和分解途径已基本被阐明，番茄等园艺作物基因组测序的完成，为研究类胡萝卜素代谢的转录因子调控网络、植物激素信号网络以及其他因子之间的相互作用奠定了基础。

1. 类胡萝卜素的生物合成

在高等植物中，类胡萝卜素的合成前体为异戊烯焦磷酸（IPP）及其异构体二甲基丙烯基焦磷酸（DMAPP），与异戊二烯、二萜、单萜、叶绿素、质体醌、叶绿醌和生育酚等多种化合物以及赤霉素、脱落酸和独脚金内酯等植物激素具有相同的合成前体。植物体中存在两条 IPP 和 DMAPP 生物合成途径，包括细胞质中的甲羟戊酸（mevalonate，MVA）途径和质体中的 2-C-甲基-D-赤藓糖醇-4-磷酸（2-C-methyl-D-erythritol-4-phosphate，MEP）途径，而参与园艺作物类胡萝卜素合成的 IPP 和 DMAPP 源于 MEP 途径（图 4-2）。

在 MEP 途径的初始反应中，3-磷酸甘油醛（GA$_3$P）和丙酮酸（pyruvate）经 1-脱氧木酮糖-5-磷酸（DXP）合成酶（DXS）催化合成 DXP，DXP 还原异构酶（DXR）催化分子内重排以及 DXP 向 MEP 的还原。DXS 和 DXR 在类胡萝卜素生物合成途径中起着重要作用。IPP 和 DMAPP 经 GGPP 合成酶（GGPPS）催化并进行一系列缩合，从而产生牻牛儿基牻牛儿基焦磷酸（GGPP）。

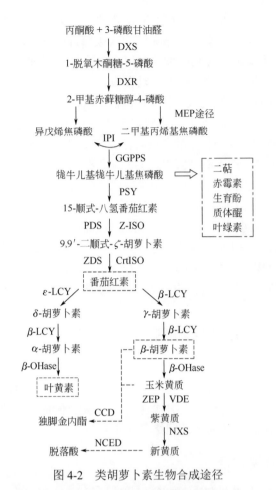

图 4-2 类胡萝卜素生物合成途径

DXS，1-脱氧木酮糖-5-磷酸合成酶；DXR，1-脱氧木酮糖-5-磷酸还原异构酶；GGPPS，牻牛儿基牻牛儿

基焦磷酸合成酶；PSY，八氢番茄红素合成酶；PDS，八氢番茄红素脱氢酶；Z-ISO，ζ-胡萝卜素异构酶；ZDS，

ζ-胡萝卜素脱氢酶；CrtISO，胡萝卜素异构酶；β-LCY，番茄红素β环化酶；ε-LCY，番茄红素ε环化酶；

β-OHase，β羟化酶；ZEP，玉米黄质环氧化酶；VDE，紫黄质去环氧酶；NXS，新黄质合成酶；

CCD，类胡萝卜素双加氧酶；NCED，9-顺式-环氧类胡萝卜素双加氧酶

类胡萝卜素的合成始于八氢番茄红素合成酶（PSY）催化下的两个 GGPP 分子的缩合，进而产生 15-顺式-八氢番茄红素。八氢番茄红素经过两种均由单拷贝基因编码的系统发育相关酶八氢番茄红素脱氢酶（PDS）和 ζ-胡萝卜素脱氢酶（ZDS），连续去饱和作用形成四顺式番茄红素。随后，类胡萝卜素异构酶（CrtISO）将四顺式番茄红素转化为全反式番茄红素。

番茄红素的环化作用是类胡萝卜素生物合成途径的中心分支点，通过加入由番茄红素 β-环化酶（β-LCY）和 ε-环化酶（ε-LCY）催化的 β-环和 ε-环，能够产生多种类胡萝卜素。番茄红素经过催化产生两个 β-环，能够形成类胡萝卜素的 β，β 分支，其中包括 β-胡萝卜素、玉米黄质、紫黄质和新黄质等，而 β-环和 ε-环的组合能够产生包含 α-胡萝卜素和叶黄素的类胡萝卜素的 β，ε 分支。

2. 类胡萝卜素的分解

类胡萝卜素的生物合成与分解之间的代谢平衡对维持光合组织中类胡萝卜素的含量和组分至关重要。脱辅基类胡萝卜素是类胡萝卜素氧化裂解产生的一类萜类化合物，主要包括视黄醛、维甲酸、芳香族挥发物 β-紫罗兰酮以及植物激素脱落酸和独脚金内酯等生物活性物质。脱辅基类胡萝卜素的生物合成在非酶促反应或类胡萝卜素裂解双加氧酶（CCD）家族催化下的酶促反应下进行。9-顺式-环氧类胡萝卜素双加氧酶（NCED）参与 ABA 的合成，进而调控信号转导途径中的非生物胁迫。

3. 类胡萝卜素的储存

质体是植物细胞中合成和储存类胡萝卜素的细胞器，包括原质体、白色体、造粉体、叶绿体和色素母细胞等多种形式。除原质体外，所有质体都能够产生类胡萝卜素。质体的类型和大小对类胡萝卜素的积累和稳定性有着显著影响。

原质体是较小的、尚未分化的质体，同时也是各类质体的前体，通常存在于分生组织和生殖器官中。白色体是植物叶绿体发育的中间阶段，主要含有叶黄素和紫黄质等少量类胡萝卜素以及叶绿素合成前体原叶绿素酸酯，类胡萝卜素在白色体中的生物合成和积累有助于黑暗生长的幼苗在光照下快速适应光形态建成。在黑暗条件下，前质体不能形成正常的类囊体系统，而形成由叶绿素前体和类胡萝卜素连通细管组成的次级晶格结构。造粉体是小麦、水稻和玉米种子、马铃薯块茎及木薯的根等富含淀粉的器官中的细胞器，能够储存淀粉颗粒，对植物的能量储存和向地性尤为重要。在叶绿体中，类胡萝卜素生物合成主要发生在叶绿体外被和类囊体膜上，且与叶绿素结合蛋白有关。色素母细胞源于原质体、造粉体和叶绿体的分化，是成熟质体的最终表现形式，用于储存具有特异性脂蛋白亚结构（如小球体、晶体、细胞膜、原纤维和小管）的类胡萝卜素。

园艺作物果实成熟期间，随着类囊体的裂解、类胡萝卜素晶体出现、新的膜结构的形成以及质体小球数量和体积的增加，番茄红素晶体形式的类胡萝卜素在色素母细胞中大量积累。原纤蛋白参与色素母细胞中质体小球和原纤维等脂蛋白结构的形成，辣椒果实中的原纤蛋白和黄瓜中类胡萝卜素相关蛋白参与类胡萝卜素的储存，且与色素母细胞中类胡萝卜素的过度积累呈正相关。此外，类胡萝卜素的含量也影响色素母细胞的合成和积累，含有较多活性叶绿体的番茄果实会产生更多活性色素母细胞，为类胡萝卜素的储存提供了更大的空间。

综上所述，质体在提供类胡萝卜素生物合成和储存位点方面具有重要作用，其类型、数量、大小和形态影响类胡萝卜素的积累。因此，调节质体及色素母细胞的形成和分化，为提高园艺产品品质开辟了一条新的途径。

（二）类胡萝卜素代谢的调控

园艺作物中类胡萝卜素的代谢途径是一个极其复杂的过程，受到多种因子的调控。类胡萝卜素代谢途径中相关酶的作用决定了类胡萝卜素的积累，而酶作用的发挥以及相关基因的表达受到环境因子以及激素水平等多种因素的影响。因此，利用激素、环境调控和遗传工程等手段能够调控类胡萝卜素的代谢。

1. 激素调控

（1）乙烯 乙烯能够促进园艺作物果实成熟并影响着成熟相关基因的转录和翻译，在类胡萝卜素的代谢过程中发挥着重要作用。随着乙烯的释放，类胡萝卜素积累增加。当采用乙烯合成抑制剂氨氧乙基乙烯基甘氨酸（AVG）等处理番茄果实切片时，番茄果实切片组织中乙烯生成和番茄红素合成均受到抑制。乙烯利（CEPA）处理绿熟期番茄果实，能够促进番茄果实中类胡萝卜素含量的积累。乙烯处理增加番茄果实中番茄红素的含量主要是通过促进 PSY 基因的表达来实现的：当使用乙烯利处理番茄果实时，PSY 基因的表达受到促进，番茄红素上游物质的合成量升高，番茄红素向下游物质的转化受到抑制。可见，乙烯利处理同时具有促进前体物质合成和减少下游物质转化的双重作用。

此外，乙烯处理柑橘，能够加速柑橘果皮的着色以及果皮中类胡萝卜素的生物合成，而且引起外果皮形态和质体超微结构的变化。

（2）茉莉酸 茉莉酸甲酯主要是通过调节乙烯合成相关酶活性来影响乙烯的合成，从而影响番茄红素的积累。用 30μmol/L 茉莉酸甲酯处理番茄后，果实内与乙烯合成相关的 ACC 合成酶和 ACC 氧化酶活性升高，ACC 氧化酶的 mRNA 表达增加，乙烯含量增加。

茉莉酸合成缺失的番茄果实中番茄红素含量显著降低，而茉莉酸含量增加和组成型过表达茉莉酸信号的番茄果实中，番茄红素含量则有所增加，且与番茄红素生物合成基因的表达变化一致。此外，乙烯的产生与内源茉莉酸的含量呈正相关，外源施加茉莉酸甲酯能够显著增强乙烯不敏感突变体果实中番茄红素的积累，以及番茄红素生物合成基因的表达，这表明茉莉酸能够独立于乙烯信号之外发挥作用以促进番茄红素的生物合成。

（3）油菜素内酯 油菜素内酯能够调节园艺作物中类胡萝卜素的积累。表油菜素内酯处理乙烯不敏感突变体番茄果皮后，其番茄红素含量增加，说明油菜素内酯独立于乙烯途径促进番茄红素的积累。转录因子 BZR1（brassinazole resistant1）是 BR 信号转导途径的关键组成部分，在番茄果实中异源过表达拟南芥 BZR1-1D 基因，其类胡萝卜素、可溶性固体、可溶性糖以及抗坏血酸的含量增加，由此可见以 BZR1 为中心的 BR 信号转导途径在提高果实品质方面具有重要的作用。

（4）脱落酸 脱落酸（ABA）是一种倍半萜结构的植物激素，对植物的生长发育和适应环境胁迫等方面具有重要作用，同时也能够参与番茄、草莓和葡萄等园艺作物果实的成熟，并影响果实类胡萝卜素的代谢，从而影响果实的色泽。

外源 ABA 处理采后芒果可促进芒果中 β-胡萝卜素和叶黄素含量上升。5mg/L 和 20mg/L 外源 ABA 处理红肉脐橙，均能促进番茄红素的积累。不同浓度的外源 ABA 处理绿熟期的番茄果实，100mg/L 和 200mg/L 低浓度的 ABA 促进番茄红素合成的效果明显；而 400mg/L 高浓度外源 ABA 的促进效果较弱。此外，园艺作物内源 ABA 的合成也能够调节果实成熟时期类胡萝卜素的代谢。利用 RNAi 技术研究发现，抑制番茄 ABA 合成途径中 SlNCED1 后，导致番茄红素和 β-胡萝卜素含量增加，果实表现出深红色，可见 ABA 参与调节果实着色的程度以及类胡萝卜素成分的含量。

（5）赤霉素 园艺作物生长发育过程中，内源赤霉素的变化影响着类胡萝卜素的代谢。红肉脐橙在果实膨大期，赤霉素含量迅速下降，于果实转色前降到最低水平，并维持在较低水平，而在果实着色期，果实内番茄红素和 β-胡萝卜素的含量达到最高。在番茄果实中过表达番茄 PSY 基因，可以使番茄植株类胡萝卜素合成增强，番茄植株矮化，叶绿素和赤霉素的合成受到抑制。外源赤霉素处理也会影响类胡萝卜素的代谢，如外源赤霉素处理晚熟脐橙果实，能够抑制其类胡萝卜素生物合成基因 PSY 和 PDS 的表达以及八氢番茄红素、六氢番茄红素和 β-隐黄质的积累。

（6）生长素　IAA 和 NAA 能够影响光合维管植物和绿藻中的类胡萝卜素含量。研究表明，IAA 对果实发育至关重要，在部分呼吸跃变和非呼吸跃变果实中施加生长素具有延迟成熟效应。番茄生长素响应因子同源基因 *DR12* 下调，导致番茄呈现深绿色表型，且叶绿体数量增加，同时类胡萝卜素含量提高了 43%。此外，外源生长素通过影响内源乙烯和 ABA 也能阻碍番茄果实成熟。

2. 环境调控

（1）光　光强能够影响类胡萝卜素的代谢。将番茄从弱光移向强光后，其 β-*LYC* 和 ε-*LYC* 基因的表达量增加 5 倍，从而促进番茄红素向 β-胡萝卜素和叶黄素等下游类胡萝卜素转化。番茄经强光照射 5h 后，类胡萝卜素含量升高，类胡萝卜素和叶绿素的比值增大。适度的遮光条件下果实中类胡萝卜素含量下降，如，遮光后的柑橘果实中类胡萝卜素含量明显降低，弱光能够减少辣椒叶片中的类胡萝卜素的含量。

光质也能够影响类胡萝卜素的代谢。当处于破色期的番茄果实由黑暗转入红光下培养时，其果皮中 SlPSY 的活性增强，类胡萝卜素积累增加。在番茄绿熟期后 8 天时用不同光质处理果实，发现不同光质处理的果实中番茄红素含量差异明显：对照白光处理，红光和黄光处理均能提高果实中番茄红素的含量，其中红光处理后 8～10 天，番茄红素含量大幅度增加，高达 89.6mg/kg（FW），成熟期也比白光处理的番茄提前 2 天；而蓝光和绿光处理的番茄果实中，番茄红素含量明显降低。此外，不同光质处理对番茄果实中 β-胡萝卜素的含量也有影响，但其影响趋势与番茄红素不同，不同光质处理均能提高果实内 β-胡萝卜素的含量，其中黄光处理下类胡萝卜素含量增加幅度最大。

（2）温度　园艺作物中类胡萝卜素的代谢对温度极其敏感。当温度低于 25℃时，随着温度的升高，类胡萝卜素代谢相关酶的活性提高，类胡萝卜素积累增加；当温度高于 25℃时，番茄红素合成逐渐减缓；当温度高于 30℃时，番茄红素的形成受到抑制；当温度高于 35℃时，则不能生成番茄红素，甚至导致番茄红素降解；而 30℃上的高温对 β-胡萝卜素合成的抑制作用不明显。

温度的变化能够影响园艺作物果实中番茄红素合成过程中相关酶的活性，进而影响番茄红素的合成。高温下贮藏的离体番茄果实，其番茄红素向 β-胡萝卜素的转化加速，从而导致番茄红素含量降低。高温条件下，柑橘果皮中的类胡萝卜素重组异构化水平较高，主要是反式类胡萝卜素异构化为顺式类胡萝卜素，同时类胡萝卜素氧化降解速度加快，顺式-α-隐黄质和顺式-β-胡萝卜素含量增加。采后枇杷贮存于 20～30℃条件下，其隐黄质的含量增加了 2.4倍，而当贮存温度在 10℃以下时，枇杷果实中隐黄质的含量增加量很小。

（3）水分　水分在类胡萝卜素的代谢过程中具有重要作用。水分胁迫对园艺作物果实中类胡萝卜素的代谢的影响主要体现在三个方面：首先，葡萄糖是类胡萝卜素合成的底物，在缺水条件下，葡萄糖等糖类物质浓度增加，能够促进类胡萝卜素合成和积累；其次，在缺水条件下，维生素 C、有机酸和氨基酸等物质不仅被动蓄积，而且主动合成，并能参与到园艺作物的代谢反应中去，类胡萝卜素的合成代谢可能受到这些物质或其相关代谢物质的影响；再次，乙烯等激素在干旱条件下积极合成，促进叶绿素的降解和类胡萝卜素的合成。

控水能够促使植物体周边微气候变化，温度适当升高，果实代谢速度加快；控水后植株茎、叶发育受到抑制，易接受太阳光直射，果温上升，促进成熟。研究发现，番茄植株经缺水灌溉后，其单位鲜重果实果皮部番茄红素含量明显提高。部分品种的小番茄在春茬和秋茬控水后，其果实中番茄红素含量均得到提高；控水后的番茄果实中，叶绿素降解提前，而番茄红素等类胡萝卜素生成加快，部分番茄果实中番茄红素与其他类胡萝卜素的比例提高。

（4）CO_2　番茄是一种重要的 C3 蔬菜作物，容易受到二氧化碳浓度的影响。CO_2 施肥使番茄植株增高增粗，同时，番茄果实各个成熟时期可溶性固形物、可滴定有机酸、可溶性糖、糖酸比、维生素、番茄红素、β-胡萝卜素以及总类胡萝卜素的含量明显升高，乙烯和挥发性芳香物质的释放量也有所增加，从而提高了番茄的风味品质。

（5）化学物质　园艺作物生长发育过程中，通过施加化学物质也能够调控类胡萝卜素的代谢。对枸杞施用氮、磷、钾肥，枸杞中的多糖、总糖和类胡萝卜素的含量在一定范围内随着施入量的增加而增加；缺硼处理使番茄果实中的番茄红素含量减少，而高硼处理则能增加番茄果实中的番茄红素含量；钾肥处理与番茄果实中的番茄红素含量呈极显著相关关系，与第一穗番茄果实的 β-胡萝卜素和叶黄素含量呈显著负相关关系；此外，糖含量的提高能够促进柑橘果皮着色。

化学物质也能够通过影响相关酶的活性来调控类胡萝卜素的代谢。2-6-二苯甲基吡啶可抑制水芹中 PDS 的活性，从而使水芹幼苗中有色类胡萝卜素含量降低。乙酰丙酸使叶绿素合成的抑制剂能通过影响叶绿素的合成，进而间接地抑制类胡萝卜素合成。2-(4-硫代苯氧)-三乙基胺（MPTA）和 2-(4-硫代氯苯)-三乙基胺盐酸盐（CPTA）等化学物质是类胡萝卜素的合成抑制剂，可抑制 β-番茄红素环化酶的活性发挥，从而促使番茄红素的上游物质向番茄红素转化并积累。CPTA 可促进金积橙果皮中番茄红素合成前体物质八氢番茄红素等含量的提高。MPTA 能诱导柠檬果实中番茄红素的积累，将柠檬果皮圆片与 ^{14}C-葡萄糖共培养，发现 MPTA 处理促进 ^{14}C-葡萄糖向柠檬番茄红素转化，同时也证实了番茄红素由上游前体葡萄糖转化而来。

3. 类胡萝卜素的代谢工程

基因工程的飞速发展为生产营养和感官价值改良的园艺产品提供了绝佳机会。通过基因工程手段操纵类胡萝卜素生物合成途径的特定步骤，从而提高类胡萝卜素的含量，能有效避免其他代谢相关途径对类胡萝卜素浓度的负面影响。从模式植物番茄到马铃薯、甘薯、柑橘和生菜等园艺作物，基因工程对类胡萝卜素代谢途径的改良显著提高了园艺产品中类胡萝卜素的含量，有助于增加人体维生素 A 的含量，从而改善发展中国家人口的营养和健康状况。

（1）番茄

① 基于关键酶基因。番茄类胡萝卜素的合成受到类胡萝卜素代谢相关酶基因的直接调控。八氢番茄红素合成酶（PSY）是类胡萝卜素合成途径中重要的限速酶，其中 *PSY1* 基因是 *PSY* 多基因家族中主要负责果实中类胡萝卜素合成的基因，在番茄成熟果实中表达上调，能够促进番茄果实中番茄红素的积累。在番茄中过表达 *PSY1* 基因，果实中类胡萝卜素总量可增加 2～4 倍，且番茄红素、β-胡萝卜素和叶黄素分别增加了 2.4 倍、1.8 倍和 2.2 倍。

无色的八氢番茄红素经过八氢番茄红素脱氢酶（PDS）、ζ-胡萝卜素脱氢酶（ZDS）催化脱氢步骤和类胡萝卜素异构酶（CRITSO）催化异构化步骤，形成红色的反式番茄红素。基因沉默实验发现，*PDS* 和 *ZDS* 的表达水平与番茄红素的积累正相关。异构酶基因

CRTISO 突变会使果实呈现橘黄色，该突变体中四顺式番茄红素下游的类胡萝卜素组分含量显著降低。

类胡萝卜素代谢过程中，番茄红素的环化是一个重要的分支点，可以通过调节相关环化酶基因来使类胡萝卜素的代谢偏向某一通路或支路，进而影响类胡萝卜素的合成。在番茄植株中过表达拟南芥 *LCYB* 基因和辣椒的 *CHYB* 基因，其果实中 β-胡萝卜素和 β-隐黄质的含量增加，并产生了野生型果实中不存在的玉米黄质。

② 基于转录因子。番茄作为果实成熟研究的模式植物，调控其果实类胡萝卜素合成的转录因子的研究已取得较大进展，目前鉴定到的转录因子主要来自 MADS-box、SBP-box、NAC、AP2/ERF、MYB、HD-Zip 和 NF-Y 等基因家族。番茄类胡萝卜素合成的结构基因 *DXS*、*PSY1*、*PDS*、*ZDS* 和 *CRITSO* 等受到单个或者多个转录因子的协同调控，这些转录因子通过单独或者协同作用，有效启动或关闭代谢通路，从而调节特定类胡萝卜素组分的合成（图4-3）。

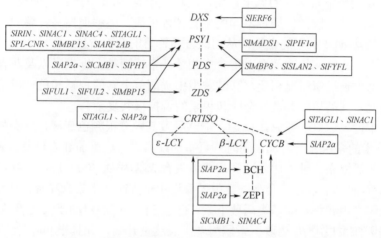

图 4-3　基于转录因子的类胡萝卜素合成调控网络

在调控番茄类胡萝卜素合成途径的转录因子中，MADS-box 家族是数量最庞大的家族之一。番茄 MADS1 是 MADS 转录因子家族中 SEPALLATA 亚家族的一员，对 *SlMADS1* 进行 RNAi，转基因果实中 *PSY1* 的表达水平显著增加。番茄 *TAGL1*（*tomato agamous-like1*）通过调节番茄红素的含量调控类胡萝卜素的积累，利用 RNAi 沉默 *SlTAGL1*，果实中 β 胡萝卜素含量上升、番茄红素含量下降，*SlTAGL1* 过表达则能使成熟果实红色加深，番茄红素含量增加。MADS-box 家族的其他转录因子也影响番茄果实类胡萝卜素合成，如，*SlMBP8* 的转录水平与果实中类胡萝卜素的合成呈负相关，对 *SlMBP8* 进行沉默时，果实中 *PSY1*、*PDS*、*ZDS* 的表达量均有大幅度增加，且总类胡萝卜素含量增加。*SlFYFL* 对果实中类胡萝卜素合成途径起负反馈调节，*SlFYFL* 过表达株系的果实成熟过程中，*PSY1*、*PDS* 和 *ZDS* 的表达水平下降了 35%～50%，从而导致果实中总类胡萝卜素含量大幅降低。沉默 *SlMBP15* 后，类胡萝卜素合成酶基因 *PSY1*、*PDS*、*ZDS* 的转录显著降低，果皮中类胡萝卜素积累显著减少，而 *SlMBP8* 对类胡萝卜素的调控作用则恰好相反。此外，对 *SlCMB1* 进行 RNA 干扰，果实中 *PSY1*、*PDS* 的表达水平下调，*CYCB*、β-*LCY* 和 ε-*LCY* 的表达水平上调，总类胡萝卜素含量及番茄红素含量均明显下降。

目前，基于功能基因和转录因子的代谢工程手段调控番茄类胡萝卜素组分和含量已获得成功，随着植物类胡萝卜素生物合成途径中更多转录因子的分离和鉴定，通过多靶点操作激活或关闭特定通路，调控多个代谢网络的代谢通量，有望实现目标类胡萝卜素代谢组分的最大得率。

（2）马铃薯　马铃薯是世界上食用最普遍的蔬菜之一，同时也是许多国家的主要食物。马铃薯块茎中含有丰富的碳水化合物、微量营养素和维生素 C，但类胡萝卜素的含量很低。在马铃薯中过表达细菌中 *DXS* 基因，能够提高八氢番茄红素以及总类胡萝卜素的含量；组织特异性过表达细菌 *CrtB* 基因，其类胡萝卜素含量提高了 6.3 倍；在马铃薯中过表达 *Or* 基因能够产生与在花椰菜中过表达 *Or* 基因类似的表型，其 β-胡萝卜素积累超过 10 倍，同时，八氢番茄红素和六氢番茄红素含量增加。以块茎特异性启动子协同表达 *CrtB*、*CrtI* 和 *CrtY* 基因时，总类胡萝卜素含量提高 20 倍，其中 β-胡萝卜素含量高达 $47\mu g/g$（DW）。此外，通过沉默番茄红素环化分支相关基因也能够调控类胡萝卜素的含量，如，RNAi 沉默马铃薯 *ε-LCY* 基因能够消除 α-胡萝卜素途径的竞争作用，其块茎中 β-胡萝卜素含量提高 38 倍，总类胡萝卜素含量提高 4.5 倍。因此，通过不同的生物技术手段，能够调控马铃薯块茎中类胡萝卜素的含量，尤其是 β-胡萝卜素的含量，从而改善马铃薯的营养价值。

（3）胡萝卜　胡萝卜的贮藏根中富含类胡萝卜素、糖类、维生素以及花青素等多种营养物质。与地上部生长组织情况相反，其贮藏根中类胡萝卜素的积累和色素母细胞的形成在黑暗中发生，因此，其类胡萝卜素的合成和积累的调控极其复杂。

在胡萝卜中过表达拟南芥 *PSY* 基因，能够导致其贮藏根颜色变深，总类胡萝卜素含量提高，β-胡萝卜素的含量显著增加，同时八氢番茄红素、六氢番茄红素以及 ζ-胡萝卜素等上游类胡萝卜素也明显提高。过表达内源类胡萝卜素合成基因 *Dc β-LCY1*，其叶片和贮藏根中总类胡萝卜素和 β-胡萝卜素含量升高，其中贮藏根中总类胡萝卜素含量提高 1.8 倍。此外，转基因胡萝卜能够产生和积累酮基类胡萝卜素。通过三种不同的启动子表达 β-胡萝卜素酮酶基因，所有转基因株系根中 β-胡萝卜素酮酶基因表达量升高，并且根和叶片中内源 β-胡萝卜素羟化酶基因表达增加，高达 70%的类胡萝卜素转化为酮基类胡萝卜素。因此，通过调控相关基因的表达产生酮基类胡萝卜素，在生物制药领域具有巨大潜力。

4. 基因编辑技术在类胡萝卜素代谢工程中的应用

近年来以 CRISPR/Cas9 系统为代表的基因编辑技术获得了长足发展，目前在美国、日本等发达国家已逐步放开基因编辑作物的安全性审查，并经政府登记后允许上市销售。通过 CRISPR/Cas9 介导的基因编辑技术操纵类胡萝卜素代谢途径中的关键酶基因，可以获得功能强化的园艺作物，如，敲除 *PSY1*，可以获得黄色番茄果实；敲除叶绿素降解以及类胡萝卜素代谢相关基因 *SGR1*、*ε-LCY*、*β-LCY2* 和 *Blc*，可以显著提高番茄果实中番茄红素的含量，同时由于叶绿素和番茄红素的积累，果实呈现出红锈色；而敲除 *ε-LCY* 基因可以产生富含 β-胡萝卜素的金色香蕉。

除了将野生种园艺作物的优质基因导入到栽培型园艺作物以外，科学家们还开发了针对具备特殊性状的野生番茄多靶点 CRISPR/Cas9 载体系统，以靶向多个产量和品质性状控制基因的编码区及调控区，从而加速野生番茄的人工驯化，为精准设计和创造全新的番茄品系提供了新的策略。如，针对智利番茄等富含类胡萝卜素的野生种番茄进行快速人工驯化，未来有望创制新型的"超级番茄"品系。表 4-2 总结了用于提高园艺作物中类胡萝卜素的基因工程案例。

表 4-2　园艺作物中类胡萝卜素含量提高的遗传改良实例

种类	器官	基因（来源）	类胡萝卜素改善效果
番茄 （*Solanum lycopersicum*）	果实	*CrtB*（*Pantoea ananatis*）	β-胡萝卜素提高 2.5 倍
	果实	*CrtI*（*Pantoea ananatis*）	β-胡萝卜素提高 3 倍
	果实	*CrtW* 和 *CrtZ*（*Paracoccus species*）	酮基类胡萝卜素产生，虾青素含量增加
	果实	*CrtY*（*Pantoea ananatis*）	β-胡萝卜素提高 4 倍
	果实	*DXS*（*Escherichia coli*）	总类胡萝卜素提高 1.6 倍
	果实	*PSY1*（*Solanum lycopersicum*）	总类胡萝卜素提高 1.4 倍
	果实	β-*LCY*（*Arabidopsis*）	β-胡萝卜素含量提高 7 倍
	果实	β-*LCY*（daffodil）	β-胡萝卜素提高 1.6 倍
	果实	β-*LCY*（*Arabidopsis*）和 *CBHX*（*Capsicum annuum*）	β-胡萝卜素、β-隐黄质和玉米黄质显著提高
	果实	*CrtR-b2*（*Solanum lycopersicum*）	叶黄素积累
	果实	*DET1*（*Solanum lycopersicum antisense*）	β-胡萝卜素提高 8 倍
	果实	*CRY2*（*Solanum lycopersicum*）	总类胡萝卜素提高 1.7 倍
	果实	Fibrillin（*Capsicum annuum*）	β-胡萝卜素提高 2 倍
	果实	RNAi silencing of *SlNCED1*	总类胡萝卜素提高 1.5 倍
	果实	*BZR1-1D*（*Arabidopsis*）	成熟果实的果皮中总类胡萝卜素提高 2 倍
马铃薯 （*Solanum tuberosum*）	块茎	*ZEP*（*Arabidopsis*）	玉米黄质提高 130 倍，总类胡萝卜素提高 5.7 倍
	块茎	*CrtB*（*Pantoea ananatis*）	总类胡萝卜素提高 6.3 倍
	块茎	ε-*LYC*（potato antisense）	总类胡萝卜素提高 2.5 倍
	块茎	*CrtO*（*Synechocystis* sp.）	酮基类胡萝卜素占总胡萝卜素含量的 12%
	块茎	*DXS*（*Escherichia coli*）	总类胡萝卜素提高 2 倍
	块茎	*CrtB*（*Pantoea ananatis*）和 *BKT1*（*Hamaetococus pluvialis*）	虾青素和酮基叶黄素积累
	块茎	*Or*（cauliflower，*Brassica oleracea*）	总类胡萝卜素提高 6 倍，块茎积累 β-胡萝卜素
	块茎	*CrtB*，*CrtI* 和 *CrtY*（*Pantoea ananatis*）	总类胡萝卜素提高 20 倍
	块茎	*CBHX*（potato antisense）	总类胡萝卜素提高 4.5 倍
	块茎	沉默 *CBHX*（potato antisense）	β-胡萝卜素含量提高到 3μg/g（DW）
	块茎	*Or*（cauliflower，*Brassica oleracea*）	长期冷藏后总类胡萝卜素提高 10 倍
	块茎	*IbOr*	总类胡萝卜素提高 2.7 倍
	块茎	*CrtB*（*Pantoea ananatis*）	总类胡萝卜素提高 3 倍
甘薯 （*Ipomoea batatus*）	块茎	*IbOr-Ins*	总类胡萝卜素提高 7 倍
胡萝卜 （*Daucus carota*）	根	*BKT1*（*Hamaetoccoccus pluvialis*）和 *CHY*（*Arabidopsis*）	酮基类胡萝卜素积累
	根	β-*LCY1*（*Daucus carota*）	总类胡萝卜素提高 1.8 倍
木薯 （*Manihot esculenta*）	根	*CrtB*（*Pantoea ananatis*）和 *DXS*（*Arabidopsis*）	总类胡萝卜素提高 14 倍
生菜 （*Lactuca sativa*）	叶	*CrtW*，*CrtZ*（*Brevundimonas*）和 *IPI*（*Paracoccus* sp.）	酮基类胡萝卜素积累，占总类胡萝卜素含量的 94.9%
橙子 （*Citrus sinensis*）	果实	沉默 *CsCHX* 和过表达 *CsFT*	成熟果实果肉中，β-胡萝卜素提高 36 倍

参 考 文 献

[1] 蔡军社，王爱玲，白世践，等. 不同摘叶方式对'赤霞珠'葡萄果实品质的影响[J]. 农学学报，2018，8（3）：42-47.

[2] 曹甲，黄宗兴，刘珠琴. 遮阳处理对中国樱桃果实品质的影响[J]. 园艺与种苗，2017（8）：44-45.

[3] 邓秀新，彭抒昂. 柑橘学[M]. 北京：中国农业出版社，2013：218-227.

[4] 杜小凤，吴传万，王连臻，等. 苦瓜营养成分分析及采收期对苦瓜营养品质的影响[J]. 中国农学通报，2014，30（1）：226-231.

[5] 高洪娜. 土壤环境因素对水果果实品质的影响[J]. 中国林副特产，2015（5）：95-97.

[6] 高建杰. 苹果两个 MYB 转录因子基因的克隆与功能分析[D]. 南京：南京农业大学，2011.

[7] 郭容芳. 化学调控对十字花科植物中芥子油苷代谢的影响及其机理[D]. 杭州：浙江大学，2011.

[8] 韩志平，陈志远，黄蕊，等. 1-MCP 对黄花菜贮藏保鲜效果的研究[J]. 山西大同大学学报（自然科学版），2012，28（6）：49-51.

[9] 何洪巨，陈杭，Schnitzler W H . 芸薹属蔬菜中硫代葡萄糖苷鉴定与含量分析[J]. 中国农业科学，2002，35（2）：192-197.

[10] 侯泽豪，王书平，魏淑东，等. 植物花青素生物合成与调控的研究进展[J]. 广西植物，2017，37（12）：1603-1613.

[11] 黄翠英. 不同砧木嫁接对西瓜生理生化特性和品质影响的研究[D]. 雅安：四川农业大学，2009.

[12] 冀智勇，吴荣书，刘智梅. 番茄红素的保健作用及生产工艺的研究进展[J]. 中国调味品，2005（10）：4-8，29.

[13] 蒋变玲. 番茄 NAC 转录因子与番茄红素合成及软化关系研究[D]. 天津：天津大学，2017.

[14] 蒋卫杰，郑光华. 采收期番茄果实成分含量动态变化[J]. 北方园艺，1992（5）：41.

[15] 焦中高，刘杰超，刘慧，等. 短波紫外线辐照处理对采后甜樱桃果实营养品质和抗氧化活性的影响[J]. 中国食品学报，2017，17（1）：170-178.

[16] 黎星辉. 茶树远缘杂交研究初报[J]. 经济林研究，1997（3）：39-40.

[17] 李红丽，王明林，于贤昌，等. 不同接穗/砧木组合对日光温室黄瓜果实品质的影响[J]. 中国农业科学，2006，39（8）：1611-1615.

[18] 李燊. MdMYB10 位点影响苹果果实品质的研究[D]. 泰安：山东农业大学，2013.

[19] 刘昕，陈韵竹，Kim，等. 番茄果实颜色形成的分子机制及调控研究进展[J]. 园艺学报，2020，47（9）:1689-1704.

[20] 马凌云. 不同砧木嫁接对茄子抗冷性和品质的影响[D]. 郑州：河南农业大学，2009.

[21] 苗慧莹. 葡萄糖和植物激素协同调控十字花科植物中芥子油苷生物合成的机制研究[D]. 杭州：浙江大学，2015.

[22] 庞红霞，祝长青，覃建兵. 植物花青素生物合成相关基因研究进展[J]. 种子，2010，29（3）：60-64.

[23] 沈忠伟，许昱，夏犇，等. 植物类黄酮次生代谢生物合成相关转录因子及其在基因工程中的应用[J]. 分子植物育种，2008，6（3）：542-548.

[24] 孙莎莎. 梨花青苷调控基因 PyMYB10.1 功能鉴定[D]. 泰安：山东农业大学，2016.

[25] 孙晓文，郭景南，高登涛，等. 茉莉酸类物质的生理效应及在园艺作物上的应用[J]. 江苏农业科学，2016，44（12）：54-57.

[26] 唐粉玲，林妃，李羽佳，等. 果实成熟及品质调控遗传研究进展[J]. 分子植物育种，2018，16（4）：1320-1326.

[27]　唐贵敏，孙蕾，梁静，等. 不同类型石榴品种果实品质分析与质构特性评价[J]. 北方园艺，2018（16）:85-89.

[28]　陶俊. 梢橘果实类胡萝卜素形成及调控的生理机制研究[D]. 杭州：浙江大学，2002.

[29]　王晨，房经贵，王涛，等. 果树果实中的糖代谢[J]. 浙江农业学报，2009，21（5）：529-534.

[30]　王梦雨，袁雯馨，苗慧莹，等. 不同采后处理对芸薹属蔬菜芥子油苷代谢和品质影响综述[J]. 浙江大学学报（农业与生命科学版），2018，44（3）：269-274.

[31]　王梦雨，袁雯馨，汪炳良，等. 不同采后处理对青花菜功能成分和品质的影响[J]. 食品安全质量检测学报，2018，9（7）：1542-1547.

[32]　王卫平. 花期施用外源生长素类物质对番茄果实果糖代谢影响的研究[D]. 沈阳：沈阳农业大学，2011.

[33]　王文建. 不同砧木嫁接铁观音与茶叶品质关系研究初报[J]. 茶叶科学技术，2007（4）：6-8.

[34]　魏佳. 葡萄糖调控十字花科植物中芥子油苷生物合成的机理研究[D]. 杭州：浙江大学，2011.

[35]　谢兴斌. 苹果 bHLH 转录因子 MdTTL1 对低温诱导花青苷合成和果实着色的多途径调控[D]. 泰安：山东农业大学，2011.

[36]　谢兆森，曹红梅，王世平. 影响葡萄果实品质的因素分析及栽培管理[J]. 河南农业科学，2011，40（3）：125-128.

[37]　辛艳伟，牛颜冰，李晓瑞. 不同植物细胞分裂素对'红富士'苹果果实抗氧化活性及品质的影响[J]. 中国农学通报，2016，32（4）：83-86.

[38]　颜丽萍，刘升，饶先军. 预冷、冷藏运输和销售方法对青花菜品质的影响[J]. 食品与机械，2012（2）：174-176.

[39]　杨江山，常永义，王鑫. 葡萄园不同覆盖对红地球果实品质的影响[J]. 中外葡萄与葡萄酒，2010（3）：26-28.

[40]　杨洁，范武波，李端奇，等. 蜜蜂授粉与人工授粉对温室草莓生长动态及品质的影响[J]. 西南农业学报，2017，30（11）：2557-2561.

[41]　叶美凤，周汉忠. 复合茶树主要生化变异及成茶品质初步研究[J]. 蚕桑茶叶通讯，1996（1）：22-24.

[42]　于菁文，张奕，胡鑫，等. 番茄果实中类胡萝卜素合成与调控的研究进展[J]. 中国蔬菜，2019.

[43]　张志明. 二氧化碳施肥对番茄果实品质的影响[D]. 杭州：浙江大学，2012.

[44]　Augustine R，Mukhopadhyay A，Bisht N C. Targeted silencing of *BjMYB28* transcription factor gene directs development of low glucosinolate lines in oilseed *Brassica juncea*[J]. Plant Biotechnol J，2013（11）：855-866.

[45]　Bednarek P，Piślewska-Bednarek M，Svatoš A，et al. A glucosinolate metabolism pathway in living plant cells mediates broad-spectrum antifungal defense[J]. Science，2009（323）：101-106.

[46]　Falk K L，Tokuhisa J G，Gershenzon J. The effect of sulfur nutrition on plant glucosinolate content：physiology and molecular mechanisms[J]. Plant Biol，2007（9）：573-581.

[47]　Geu-Flores F，Nielsen M T，Nafisi M，et al. Glucosinolate engineering identifies a gamma-glutamyl peptidase[J]. Nat Chem Biol，2009，5：575-577.

[48]　Gigolashvili T，Yatusevich R，Rollwitz I，et al. The plastidic bile acid transporter 5 is required for the biosynthesis of methionine-derived glucosinolates in *Arabidopsis thaliana*[J]. Plant Cell，2009（21）：1813-1829.

[49]　Guo R，Qian H，Shen W，et al. BZR1 and BES1 participate in regulation of glucosinolate biosynthesis by brassinosteroids in *Arabidopsis*[J]. J Exp Bot，2013，64（8）：2401-2412.

[50]　Katsumoto Y，Fukuchi-Mizutani M，Fukui Y，et al. Engineering of the rose flavonoid biosynthetic pathway successfully generated blue-hued flowers accumulating delphinidin[J]. Plant Cell Physiol，2007，48（11）：

1589-1600.

[51] Kliebenstein D J，Lambrix V M，Reichelt M，et al. Gene duplication in the diversification of secondary metabolism：tandem 2-oxoglutarate-dependent dioxygenases control glucosinolate biosynthesis in *Arabidopsis*[J]. Plant Cell，2001（13）：681-693.

[52] Liu F，Yang H，Wang L，et al. Biosynthesis of the highvalue plant secondary product benzyl isothiocyanate via functional expression of multiple heterologous enzymes in *Escherichia coli*[J]. ACS Synth Biol，2016，5：1557-1565.

[53] Liu L H，Shao Z Y，Zhang M，*et al*. Regulation of carotenoid metabolism in tomato[J]. Mol Plant，2015，8（1）：28-39.

[54] Mikkelsen M D，Buron L D，Salomonsen B，et al. Microbial production of indolylglucosinolate through engineering of a multi-gene pathway in a versatile yeast expression platform[J]. Metab Eng，2012，14：104-111.

[55] Mikkelsen M D，Olsen C E，Halkier B A. Production of the cancer-preventive glucoraphanin in tobacco[J]. Mol Plant，2010，3：751-759.

[56] Møldrup M E，Geu-Flores F，Vos M de，et al. Engineering of benzylglucosinolate in tobacco provides proof-of-concept for dead-end trap crops genetically modified to attract *Plutella xylostella*（diamondback moth）[J]. Plant Biotechnol J，2012，10：435-442.

[57] Naur P，Petersen B L，Mikkelsen M D，et al. CYP83A1 and CYP83B1，two nonredundant cytochrome P450 enzymes metabolizing oximes in the biosynthesis of glucosinolates in *Arabidopsis*[J]. Plant Physio，133（1）：63-72.

[58] Novian C D，Sharp P A. The RNA irevolution[J]. Nature，2004，430：161-164.

[59] Petersen A，Crocoll C，Halkier B A. De novo production of benzyl glucosinolate in *Escherichia coli* [J]. Metab Eng，2019，54：24-34.

[60] Pfalz M，Mikkelsen M D，Bednarek P，et al. Metabolic engineering in *Nicotiana benthamiana* reveals key enzyme functions in *Arabidopsis* indole glucosinolate modification[J]. Plant Cell，2011，23：716-729.

[61] Rangkadilok N，Tomkins B，Nicolas M E，et al. The effect of post-harvest and packaging treatments on glucoraphanin concentration in broccoli（*Brassica oleracea* var. *italica*）[J]. J Agric Food Chem，2002，50（25）：7386-7391.

[62] Reifenrath K，Müller C. Species-specific and leaf-age dependent effects of ultraviolet radiation on two *Brassicaceae*[J]. Phytochemistry，2007，68（6）：875-885.

[63] Saini R K，Keum Y S. Significance of genetic，environmental，and pre-and postharvest factors affecting carotenoid contents in crops：a review. [J]. J Agric Food Chem，2018，66（21）：5310-5324.

[64] Schweizer F，Fernándezcalvo P，Zander M，et al. *Arabidopsis* basic helix-loop-helix transcription factors MYC2，MYC3，and MYC4 regulate glucosinolate biosynthesis，insect performance，and feeding behavior[J]. Plant Cell，2013，25（8）：3117-3132.

[65] Sun B，Yan H Z，Liu N，et al. Effect of 1-MCP treatment on postharvest quality characters，antioxidants and glucosinolates of Chinese kale[J]. Food Chem，2012，131（2）：519-526.

[66] Wittstock U，Halkier B A. Cytochrome P450 CYP79A2 from *Arabidopsis thaliana* L. catalyzes the conversion of L-phenylalanine to phenylacetaldoxime in the biosynthesis of benzylglucosinolate[J]. J Biol Chem，2000，275（19）：14659-14666.

[67] Xu C J，Guo D P，Yuan J，et al. Changes in glucoraphanin content and quinone reductase activity in broccoli

（*Brassica oleracea* var. *italica*）florets during cooling and controlled atmosphere storage[J]. Postharv Biol Technol，2006，42（2）：176-184.

[68]　Yamada K，Kojima T，Bantog N，et al. Cloning of two isoforms of soluble acid invertase of Japanese pear and their expression during fruit development[J]. J Plant Physiol，2007，164：746-755.

[69]　Yang H，Liu F，Li Y，et al. Reconstructing biosynthetic pathway of the plant-derived cancer chemopreventiveprecursor glucoraphanin in *Escherichia coli*[J]. ACS Synth Biol，2018，7：121–131.

[70]　Zang Y X，Kim J H，Park Y D，et al. Metabolic engineering of aliphatic glucosinolates in Chinese cabbage plants expressing *Arabidopsis MAM1*，*CYP79F1*，and *CYP83A1*[J]. BMB Rep，2008，41（6）：472-478.

[71]　Zheng X，Kuijer H N J，Al-Babili S . Carotenoid biofortification of crops in the CRISPR era[J]. Trends Biotechnol，2020.

[72]　Zhou Y H，Zhang Y Y，Zhao X，et al. Impact of light variation on development of photoprotection，antioxidants，and nutritional value in Lactuca sativa L. [J]. J Agr Food Chem，2009，57（12）：5494-5500.

第五章
园艺产品的科学食用

自古以来，园艺产品就在我国膳食营养中占据着非常重要的地位，我国最早的医学典籍《黄帝内经·素问》中就记载"五谷为养，五果为助，五畜为益，五菜为充，气味合而服之，以补中益气"。中华民族传统的膳食结构以谷物和豆类为主食，蔬菜和水果为副食。因此，以蔬菜、水果等为代表的园艺产品在饮食中也具有重要作用。近年来，食用花卉作为一种新兴的园艺产品，其营养价值也逐渐被消费者认可。

园艺产品种类繁多、营养丰富，是一个天然的营养库，科学合理地食用，可满足不同人群的营养需求。本章分别以蔬菜、水果和食用花卉为例，介绍不同种类园艺产品的选择和搭配、食用方式、科学的烹饪方式和食用注意事项等，以帮助消费者根据自身的营养需求选择适宜的园艺产品，并通过科学的食用方法，减少营养物质的损失，改善营养和增进健康。

第一节 蔬菜的科学搭配与食用

一、蔬菜的科学搭配

目前已知人体所需的营养素有 40 余种，均需从食物中获得，由于没有一种食物能够按照人体所需的数量和比例提供营养素，因此需要进行合理搭配。《中国居民膳食指南》中建议我国居民每天摄入食物 12 种以上，每周 25 种以上。平衡膳食模式能最大程度满足人体正常生长发育和各种生理活动的需要，并且降低疾病的发生风险。蔬菜作为一种营养素全面的食物，在人们的膳食结构中占据重要的地位。尽管食素有益于预防肥胖症、降低心血管疾病、癌症和糖尿病等慢性病的风险，然而单一的饮食结构也有很多弊端。长期食素有可能引起以下问题：一是脂类摄入不足，会造成维生素 A 前体的吸收障碍；二是缺少必要的胆固醇，而适量的胆固醇具有抗癌作用；三是蛋白质摄入不足，这是引起消化道肿瘤的危险因素；四是维生素 B_2 摄入量不足，导致维生素缺乏；五是严重缺锌，而锌是维持人体免疫功能健全的重要微量元素。所以在食物选择上，要确立蔬菜在每日膳食结构中的重要地位，也要配合主食和动物性食物，以获得全面均衡的营养。

1. 蔬菜与主食的搭配

主食是平衡膳食的基础，除了我们所熟悉的谷类、面食外，豆类蔬菜、薯蓣类蔬菜是对谷物类主食的有力补充。《中国居民膳食指南》中建议每天摄入谷薯类食物 250～400g，其中全谷物和杂豆类 50～150g，薯类 50～100g。豆类和薯蓣类蔬菜中含有丰富的碳水化合物，是人体最经济的能量来源，同时也是 B 族维生素、矿物质、膳食纤维和蛋白质的重要来源。然而，我国居民膳食结构中谷物以精制米面为主，全谷物及杂粮摄入不足，只有 20% 左右的成人能达到日均 50g 以上；品种多为小米和玉米，还需更丰富。合理的主食摄入，坚持以谷物为主，特别是增加全谷物摄入，有利于降低 II 型糖尿病、心血管病、结肠癌等与膳食相关的慢性病的发病风险。长期缺乏主食会直接导致血糖水平降低，产生头晕、心悸、精神不集中等问题，严重者还会导致低血糖、昏迷甚至脑细胞死亡，间接增加上述多种慢性病的发病风险。所以一日三餐需要有充足的谷物类食物摄入，并做到粗细粮合理搭配。

2. 蔬菜与动物性食物的搭配

动物性食物包括畜禽肉、蛋类、水产品、奶及其制品，富含优质的蛋白质、脂溶性维生素、B 族维生素和矿物质，也是膳食中不可或缺的组成部分。与植物性食物（谷类、蔬菜、水果）相比，动物性食物的蛋白质含量普遍较高，必需氨基酸种类齐全，比例合理，因此比一般的植物性蛋白质更容易消化、吸收和利用，营养价值相对较高。此外，动物性食物可以弥补植物性食物短缺的维生素 B_{12}、维生素 D、铁、锌、胆固醇、脂肪和某些不饱和脂肪酸（如 Omega3 和 Omega6）。在日常饮食中适量地补充动物性食物，能够使人体获得更全面的营养。蔬菜和动物性食物的合理搭配具有以下的功效：

（1）促钾排钠　我国居民的食盐摄入量是世界卫生组织建议量的 2 倍以上。荤菜摄入过多往往伴随着食盐的摄入过量，使得血液中的钠含量处于高水平，不利于人体保持正常的血压。而钾是钠的克星，食用含钾丰富的蔬菜如紫菜、海带、香菇、芦笋、豌豆苗、莴笋和芹菜等，有助于排除人体内多余的钠，维持正常的血压。

（2）促进蛋白质的消化吸收　蔬菜除了能提供丰富的营养，还可以促进鱼、肉和蛋等食物中的蛋白质的消化吸收。研究表明，单独吃肉食，蛋白质的消化吸收率为 70%，肉和蔬菜同食，蛋白质的消化吸收率可达到 80%～90%。

（3）"多渣"掺"少渣"　荤菜不含膳食纤维，都是精细的"少渣食品"，摄入过多容易在肠道中堆积，产生有毒物质。而蔬菜含有丰富的膳食纤维，属于"多渣食品"，能够促进肠道对营养物质的消化吸收，降低肠道中的有毒物质，促进肉类中的胆固醇从体内排出。

（4）改善口感　在烹饪过程中，鱼、肉类食物和蔬菜的合理搭配，能够起到中和油腻、改善口感的作用。例如"羊肉搭配白萝卜"的荤素搭配，羊肉可以减少萝卜的辛辣味，而萝卜既可以减少羊肉的膻味，又可以减少羊肉的油腻感，两者相得益彰。

尽管动物性食物的营养丰富，但含有较多的饱和脂肪酸和胆固醇，摄入过多畜肉对健康不利，可增加 II 型糖尿病、结直肠癌以及肥胖等的发病风险。《中国居民膳食指南》指出，1982～2012 年的 30 年间，城乡居民畜禽肉均呈快速增加的趋势，2012 年以后略有下降。2010～2012 年中国居民营养与健康状况调查结果表明，全国平均每人每天摄入的动物性食物总量为 137.7g，其中畜禽肉 89.7g，远高于中国营养学会推荐的肉类食用量标准。高蛋白、高脂肪的饮食习惯会增加心血管疾病、肥胖和某些肿瘤的发生风险。

3. 蔬菜之间的合理搭配

蔬菜的种类繁多，不同种类的蔬菜含有的营养成分不尽相同，搭配食用可以取长补短。《中国居民膳食指南》中建议一般人群每人每天应摄入 300～500g 蔬菜，蔬菜的种类至少达到 5 种以上。

（1）不同种类的蔬菜　根据颜色不同，蔬菜可以分为深色蔬菜和浅色蔬菜。深色蔬菜是指颜色较深的蔬菜，如深绿色、红色、橘红色和紫红色蔬菜。深绿色蔬菜包括菠菜、油菜、芹菜叶、韭菜和茼蒿等，橘红色蔬菜包括番茄、胡萝卜和红辣椒等，紫红色蔬菜包括紫甘蓝、红苋菜和紫茄子等。一般而言，深色蔬菜的营养价值高于浅色蔬菜，原因是深色蔬菜含有较多叶绿素、类胡萝卜素和花色素等，这些活性物质在人体健康保持方面具有重要的作用。另外，一些深色蔬菜富含芳香物质，具有促进食欲的作用。因此，中国营养学会建议每天摄入的深色蔬菜应占蔬菜总量的 1/2 以上。

（2）不同食用部位的蔬菜　蔬菜的不同食用部位，其营养成分及含量也不一样。叶菜类、花菜类蔬菜（如油菜、菠菜和青花菜等）富含维生素 B_2、维生素 C、矿物质和 β-胡萝卜素，而根茎菜类蔬菜（如马铃薯、芋头等），含淀粉较多，可供给较多的热量。

二、蔬菜的科学食用

人体从蔬菜中获取营养素的多少不仅取决于食用蔬菜的量，还取决于食用方式。同一种蔬菜，生食和熟食获取的营养素的种类和含量存在明显差异。因此，需要根据蔬菜营养成分的物理、化学性质，采用不同的食用方式，运用科学的烹调方法，以最大限度地保留蔬菜中的营养成分。

1. 蔬菜的生食与熟食

蔬菜的食用方式主要分为生食和熟食，二者各有利弊。生食蔬菜可以最大限度地保留蔬菜中的维生素和矿物质，特别是保留高温下容易被破坏的维生素 C。许多蔬菜如十字花科蔬菜中含有"干扰素诱发剂"，能起到防癌抗癌和预防疾病的作用，但其不耐高温，只有生食才能保留功效。与生食蔬菜相比，富含类胡萝卜素的深绿色和橙黄色蔬菜经过油炒或放在油汤中烧煮后，其中的类胡萝卜素更容易被人体吸收利用。蔬菜经过油炒烧煮，也能软化膳食纤维、缩小体积，更容易入口和消化，使摄入量提高；其次，烹制过程也能杀灭危害人体的微生物、寄生虫，破坏农药，提升蔬菜的安全性；另外，部分抗营养因子和破坏维生素的氧化酶，也能通过加热去除；熟食还可以降低蔬菜中的亚硝酸盐含量，有利于人体健康。也有一些蔬菜不适合生食，如豆类蔬菜含有皂苷、植物血凝素和胰蛋白酶抑制剂等毒性成分，生食会产生毒性反应。

同一种蔬菜，根据不同的营养需求，可以选择不同的食用方式。例如，番茄含有丰富的维生素 C 和番茄红素，如果需要补充维生素 C，可以选择生食；如果需要补充番茄红素，则可用油烹调后食用。洋葱生食时可以保留较多的营养素，如有机硫化物等，而熟食烹调时可以散发独特的香气，有助于促进食欲。总之，根据自己的需求，将生食和熟食有机结合，可以达到膳食平衡的目的。

2. 蔬菜烹调过程中的营养保持

蔬菜在烹调过程中，由于洗、切、浸、泡、加热等过程，部分营养素会受到破坏或流失，科学的烹饪手段有助于减少损失，发挥蔬菜的最大营养效能。

（1）食用时间　蔬菜采后或购买后宜尽快食用。叶菜中所含的维生素受空气、温度、光照等影响易发生氧化变质，如菠菜在20℃下放置3天，维生素C的含量仅剩10%；在4℃下冷藏，维生素C每天的损失量依然高达10.7%。青豆在20℃下放置1天，维生素C的损失量即达到30%。蔬菜贮藏过程中，还会产生亚硝酸盐，呈先上升后下降的趋势，但总体小于4mg/kg标准（GB 15198-94）。对于烹制好的蔬菜，也应当尽快食用。蔬菜中的维生素C在炒熟后放置过程中会遭受损失，维生素B$_1$在烧好后温热的过程中可损失25%。蔬菜熟制后，无论是常温还是低温放置，随着时间的延长，亚硝酸盐的含量都有所增加（表5-1，表5-2）。

表 5-1　熟制根茎类蔬菜亚硝酸盐含量随时间变化表（n=3；潘静娴等，2011a）　　单位：mg/kg

种类	方式	常温/h					低温/h				
		8	16	24	36	48	8	16	24	36	48
山药	煮	0.13± 0.01[b]	0.29± 0.02[b]	0.76± 0.06[b]	1.13± 0.13[b]	1.54± 0.10[b]	0.09± 0.03[b]	0.28± 0.04[b]	0.42± 0.08[b]	0.53± 0.05[b]	0.77± 0.12[b]
	炒	0.15± 0.01[b]	0.33± 0.03[b]	0.82± 0.04[b]	1.18± 0.09[b]	1.53± 0.13[b]	0.10± 0.02[b]	0.26± 0.06[b]	0.41± 0.07[b]	0.61± 0.09[b]	0.83± 0.02[b]
	烤	0.26± 0.03[a]	0.42± 0.01[a]	1.03± 0.03[a]	1.26± 0.12[a]	1.98± 0.17[a]	0.13± 0.05[a]	0.36± 0.06[a]	0.44± 0.06[a]	0.67± 0.09[a]	1.02± 0.10[a]
胡萝卜	煮	0.07± 0.01[b]	0.17± 0.02[b]	0.48± 0.06[b]	0.99± 0.11[b]	1.36± 0.11[b]	0.03± 0.01[b]	0.15± 0.04[b]	0.38± 0.04[b]	0.46± 0.11[b]	0.67± 0.1[b]
	炒	0.10± 0.02[b]	0.24± 0.02[b]	0.51± 0.04[b]	1.16± 0.16[b]	1.56± 0.14[b]	0.06± 0.03[b]	0.21± 0.05[b]	0.39± 0.06[b]	0.65± 0.09[b]	0.98± 0.14[b]
	烤	0.21± 0.02[a]	0.30± 0.05[a]	0.63± 0.05[a]	1.33± 0.08[a]	1.89± 0.07[a]	0.11± 0.02[a]	0.23± 0.08[a]	0.46± 0.10[a]	0.74± 0.09[a]	1.03± 0.07[a]
莲藕	煮	0.11± 0.02[b]	0.23± 0.05[b]	0.43± 0.05[b]	0.69± 0.11[b]	0.93± 0.07[b]	0.03± 0.02[b]	0.11± 0.02[b]	0.23± 0.03[b]	0.53± 0.05[b]	0.77± 0.09[b]
	炒	0.13± 0.01[b]	0.32± 0.04[b]	0.57± 0.07[b]	0.81± 0.07[b]	1.09± 0.04[b]	0.06± 0.01[b]	0.16± 0.04[b]	0.37± 0.07[b]	0.59± 0.11[b]	0.81± 0.08[b]
	烤	0.26± 0.02[a]	0.44± 0.04[a]	0.71± 0.06[a]	1.06± 0.09[a]	1.23± 0.10[a]	0.13± 0.03[a]	0.21± 0.05[a]	0.46± 0.06[a]	0.73± 0.07[a]	0.93± 0.09[a]

注：同列数据标注字母不同表示Duncan's多重比较差异显著（$P<0.05$）。

表 5-2　熟制叶菜亚硝酸盐含量随时间变化表（潘静娴等，2011b）　　单位：mg/kg

种类	方式	常温/h					低温/h				
		8	16	24	36	48	8	16	24	36	48
结球甘蓝	煮	0.56[c]	1.98[b]	2.86[c]	3.98[c]	4.76[c]	0.21[b]	0.70[b]	1.98[b]	2.37[b]	2.89[b]
	炒	0.80[b]	2.35[b]	3.40[b]	4.85[b]	5.60[b]	0.35[a]	0.93[a]	2.15[b]	2.75[b]	3.28[a]
	烤	1.15[a]	2.53[a]	3.98[a]	5.20[a]	6.15[a]	0.45[a]	1.23[a]	2.65[a]	3.45[a]	3.68[a]
菠菜	煮	0.45[b]	0.54[b]	1.10[c]	2.67[b]	2.71[a]	0.13[b]	0.18[b]	0.51[b]	0.74[b]	1.17[b]
	炒	0.93[a]	2.65[a]	3.83[b]	5.03[a]	5.90[a]	0.43[a]	1.08[a]	2.33[a]	3.45[a]	3.80[a]
	烤	1.25[a]	2.86[a]	4.05[a]	5.28[a]	6.25[a]	0.53[a]	1.33[a]	2.78[a]	3.63[a]	4.00[a]
荠菜	煮	0.93	2.28	2.48[b]	3.68[b]	4.23[b]	0.28	0.86[b]	1.58[b]	2.32[b]	2.58[b]
	炒	1.00	2.60	3.35[a]	4.73[a]	5.28[a]	0.33	0.95[a]	2.40[a]	3.05[a]	3.48[a]
	烤	1.03	2.50	3.48[a]	4.68[a]	5.23[a]	0.43	1.20[a]	2.68[a]	3.23[a]	3.68[a]

注：同列数据标注字母不同表示Duncan's多重比较差异显著（$P<0.05$）。

（2）正确的切洗方法　蔬菜的清洗时间不宜过长，不宜过度挤搓，应当先洗后切，以减少水溶性维生素和矿物质元素的损失。蔬菜的外叶、外皮既可以有效地隔绝空气，延缓维生素 C 的氧化速率，又含有丰富的营养物质。例如，萝卜、芜菁等根菜的皮中，甘蓝、莴苣和大白菜的外叶中含有高于内部几倍到几十倍的维生素 C，因此，对于能带皮食用的蔬菜，尽量不要去皮。一般情况下，新鲜蔬菜在切后和空气的接触面积增加，切块要比切丝和切片损失更少的维生素，切好的蔬菜宜立即烹调。

（3）科学的烹饪方法　新鲜蔬菜中所含的维生素 C、叶酸以及具有抗病毒、抗癌效应的生物活性物质，在加热中易被破坏，因此在炒制过程中，应当遵循"高温短时"的原则；煮菜时，应等水煮沸后再将菜放入，可以减少维生素损失，保持蔬菜的原有色泽。

蔬菜烹饪过程中，盐不可太早加入，因为过早放盐会使蔬菜脱水，导致水溶性的维生素和矿物质进入汤汁而流失。对于非绿叶蔬菜，加少量醋可以保护维生素 C；对于绿叶蔬菜，酸性环境会破坏叶绿素，损害蔬菜的营养和外观，因此不宜加醋。此外，淀粉含谷胱甘肽，谷胱甘肽所含的硫氢基（—SH）具有保护维生素 C 的作用，在中国的饮食习惯中，人们常常在汤汁中加入淀粉，名曰"勾芡"。

3. 蔬菜颜色在烹调中的不良变化及防止方法

绿色是蔬菜最显著的色彩，呈现绿色的叶绿素本身是一种不稳定化合物，在酸性环境中 Mg^{2+} 被 H^+ 置换形成脱镁叶绿素，使蔬菜由绿变黄。碱性环境下叶绿素加热分解成叶绿醇、甲酸和叶绿酸，表现为稳定的绿色，而且其钠盐也为绿色。根据这一特性，为使绿色蔬菜在烹饪过程中不褪绿，应注意以下几点：①烹制过程不宜加醋。②烹煮蔬菜之前，可用弱碱液处理蔬菜。③叶绿素分解酶可以将叶绿素分解为甲基叶绿酸使绿色消失，用热水和蒸汽热烫的手段使叶绿素分解酶失活，同时使与叶绿素结合的蛋白质凝固，从而保持蔬菜的绿色。④一些蔬菜，如菠菜含有有机酸，在炒制过程中不宜加盖，否则有机酸挥发不出去，会使蔬菜处于酸性环境而变黄。

类胡萝卜素是蔬菜中广泛存在的呈黄、橙、红色的脂溶性色素。在有氧气存在的情况下，特别是在光照中类胡萝卜素易分解褪色。因此富含类胡萝卜素的蔬菜适宜避光贮藏。通常在时间较短的烹饪过程中，尤其在存在亚油酸的情况下，类胡萝卜素的损失相对较少，但长时间的剧烈加热，如油炸以及在空气不隔绝的条件下长时间脱水，类胡萝卜素会遭受破坏。

褐变是食物贮藏和加工过程中普遍存在的一种颜色变深的状况。蔬菜在加工和烹饪过程中产生的褐变会影响外观，降低营养价值。茄子、牛蒡等蔬菜中的绿原酸、辣根中的儿茶酸、马铃薯和甜菜中的酪氨酸和绿原酸、蘑菇中的酪氨酸，这些物质都会因多酚氧化酶（酪氨酸氧化酶或儿茶酸氧化酶）而产生明显的褐变。防止褐变的方法有：①用热烫法使酶失活；②使用酶抑制剂，如盐渍、糖渍；③隔绝氧气，如将切好的马铃薯、藕、茄子、甘薯等丝、片泡在水中；④加酸或用柠檬酸、抗坏血酸等调整 pH 值来保持蔬菜的颜色。因为褐变中的羰氨反应一般在碱性环境下进行，所以降低 pH 值是控制褐变的重要方法。

4. 蔬菜的忌嫌成分

蔬菜为人们提供丰富的营养物质，但是在蔬菜的某些部位，或者蔬菜生长发育的某个阶段，含有一些有毒有害的成分。人们误食这类蔬菜或在食用之前不对其进行科学处理，往往会发生食物中毒，甚至危及生命。根据蔬菜中忌嫌成分的物理化学特征，采用浸泡、加热、日晒等方法可以有效去毒，而有些蔬菜由于忌嫌成分稳定，不宜食用（表 5-3）。

表 5-3　常见含有忌嫌成分的蔬菜对人体的危害及防中毒方法

蔬菜种类	主要忌嫌成分	食用后的症状	防止中毒的方法
豆类(四季豆、青豆、芸豆、扁豆、蚕豆等)	植物血凝素、胰蛋白酶抑制剂、皂苷	食后 1～4h 出现头晕、恶心、呕吐、腹痛和腹泻等症状	充分煮熟，切忌生吃
未成熟的番茄	龙葵碱	恶心、呕吐、肤色青紫、流涎和头晕	勿食用
发芽和变绿的马铃薯	嫩芽和绿皮中含有大量龙葵碱	进食 10min 至数个小时后出现胃部灼痛、恶心、呕吐、腹痛和腹泻等症状，严重中毒者还会出现体温上升、气短、头晕、耳鸣和抽搐等症，甚至因呼吸中枢麻痹而死亡	勿食用
鲜黄花菜	秋水仙碱	食后 30min 至数小时发作，轻者嗓子发干、胃灼热不适、恶心呕吐，重者腹胀、腹痛和腹泻	食用前用开水烫，再放入清水中浸泡 2～3h 或晒干食用
木薯	亚麻仁苦苷	食后几分钟内出现喉道收紧、恶心、呕吐和头痛等症状	食用前去皮，用清水浸泡薯肉，使氰苷溶解（一般浸泡 6 天左右可去除 70%氰苷），再加热煮熟，即可食用
鲜竹笋	氰苷	喉道收紧、恶心、呕吐和头痛等	食前将竹笋切成片并充分煮熟
新鲜木耳	卟啉类光敏物质	食后经阳光照射会发生植物日光性皮炎，引起皮肤瘙痒，使皮肤暴露部分出现红肿、痒痛，产生皮疹和水泡，水肿，严重的可致皮肤坏死	制成干制品

第二节　水果的科学食用

一、水果的营养保健价值

水果营养丰富，且属生食食品，在维持人体正常生理功能、促进生长发育、防治疾病、延缓衰老等方面都具有特殊的保健功能，深受消费者喜爱。《中国居民膳食指南》中推荐每天摄入 200～350g 的新鲜水果，并且果汁不能代替鲜果。

1. 水果的营养价值

水果含有糖类、维生素和矿物质等人体必需的营养素，以及有机酸和花色素等生物活性物质，是平衡饮食中不可缺少的辅助食品（表 5-4）。

表 5-4　常见水果所含营养和生物活性物质

水果种类	所含营养物质
苹果	维生素 B_1、维生素 C、维生素 E、苹果酸、柠檬酸、葡萄糖、纤维素、矿物质
草莓	维生素 C、苹果酸、柠檬酸、类胡萝卜素、铁、磷
桃	维生素 B_1、果酸、铁、钾、粗纤维、蛋白质、脂肪
柑橘	维生素 C、柠檬酸、钙、磷、类黄酮、类胡萝卜素、烟酸
枣	维生素 B_2、维生素 C、维生素 P、铁、磷、钾、镁、锌、葡萄糖、果糖
葡萄	维生素 B_1、维生素 B_2、维生素 C、葡萄糖、蛋白质、钙、磷、铁、烟酸
香蕉	维生素 B、维生素 C、维生素 E、淀粉酶、糖、纤维素、钾
猕猴桃	维生素 C、钙、磷、铁、钾、蛋白质、纤维
柿子	维生素 C、果糖、柠檬酸、纤维素、类胡萝卜素、钙、磷、铁
荔枝	维生素 B_1、维生素 C、果胶、游离氨基酸、蛋白质、铁、磷、钙

（1）糖类　水果中含有丰富的糖类，包括蔗糖、葡萄糖和果糖等。其中，果糖最甜，蔗糖次之，最后是葡萄糖。果实之所以有甜味，主要是因为含有糖，不同果品所含的糖的种类不尽相同，含糖量差异也很大。如苹果、梨等含果糖较多；桃、李、杏和菠萝含蔗糖较多；香蕉含葡萄糖较多；葡萄、草莓含葡萄糖和果糖较多。各种水果的含糖量一般在 10%～20% 之间，水果成熟度高，含糖量亦高；干制品（桂圆、葡萄干、柿饼和干枣）含糖 65%～72%。超过 20% 含糖量的鲜果有枣、椰子、香蕉和大山楂等；含糖量较低的鲜果有草莓、柠檬、梨、桃和杨梅等。水果的甜味除与糖的含量有关外，还受果实中有机酸等其他成分影响，糖酸比值大的水果，甜度也高，单宁酸含量增加时，水果的酸味增加，甜味减少。

（2）维生素　水果是人体维生素的重要食物来源，特别是维生素 C。按每 100g 鲜水果中所含的维生素计算，鲜枣中含量最高，达 300～600mg；山楂为 90mg，鲜荔枝为 41mg，柑橘为 40mg 左右；苹果、梨等中的含量不足 5mg；杏、枇杷小于 2mg。水果中柚、橙和鲜枣含 B 族维生素较多。

类胡萝卜素在一些水果中含量也较高，在每 100g 果实中，芒果为 8.05mg，柑橘类为 0.8～5.14mg，枇杷为 0.7mg，杏为 0.45mg，柿子为 0.44mg。有些水果中的含量则较低，如苹果、梨、桃子、葡萄和荔枝等。

水果中除含有类胡萝卜素、维生素 A、维生素 C、维生素 B_1、维生素 B_2 外，在香蕉、西瓜和甜瓜中还含有维生素 B_6，它是人体所需的 13 种营养素中最容易缺乏的一种，是人体形成血清素的主要物质，具有安定神经的作用，能使人心情愉悦。

（3）矿物质　水果中的矿物质较为丰富，是饮食中无机盐的主要来源，主要含有钙、磷、钾、铁和镁等元素。核桃仁、橄榄等每 100g 含钙量高达 119～235mg 之多，山楂达 85mg，柑橘、枇杷、杏、草莓、红枣、柿饼和葡萄干等含钙量在 20～61mg。葡萄干、桂圆和核桃仁等每 100g 含磷量高达 118～670mg，荔枝、枇杷、香蕉、红枣、柿饼、栗和草莓的含磷量在 34～81mg，山楂、杏、桃、李、柿、葡萄、柑橘和猕猴桃等含磷量在 14～25mg。水果中以樱桃的含铁量最高，为 5.9mg/100g；干果中以桂圆含铁量最高，为 44mg/100g；山楂、桃、香蕉、红枣、柿饼、葡萄干和核桃仁等的含铁量在 0.9～6.7mg/100g。

（4）纤维素和果胶　纤维素和果胶是构成果实细胞壁的主要成分，果胶是植物组织中普遍存在的多糖化合物，也是一种天然的可溶性膳食纤维。在果实的表皮细胞中，纤维素又多与果胶、木质素结合成为复合纤维素，对果实起保护作用。水果中纤维素的含量约为 0.5%～2%，若过多，则水果肉质粗，皮厚多筋，食用品质降低。

（5）有机酸　水果中的有机酸主要是苹果酸、枸橼酸、酒石酸、琥珀酸和延胡索酸等，后两者多存在于未成熟的水果中。有机酸是水果酸味的来源，它们的存在也有利于水果中维生素 C 的稳定，水果中有机酸的平均含量为 0.1%～0.5%，但有的水果中枸橼酸的含量可达 5%～6%。大多数水果含苹果酸，柑橘类主要含有枸橼酸，葡萄中含有酒石酸。

（6）花色素　水果的表皮和果肉由于所含花色素的种类和数量的差异而呈现不同的色泽。水果的色泽随着生长条件的改变或成熟度的变化而变化，常作为鉴定果实成熟度的标志。

水果的香味来源于其所含的各种芳香物质，这些芳香物质是油状的，故又称挥发油，它们往往与多种化学成分混合在一起。芳香油多存在于果皮的油腺中，而果肉中含量较少。

此外，大部分果品（柑橘、枣、杏、核桃、香蕉、荔枝和柿等）都含有丰富的蛋白质。食用这些果品，可以满足人体对部分蛋白质的需要。不少水果含有多种氨基酸，如猕猴桃中就含有 12 种氨基酸，而这些氨基酸大多数是人体不可缺少的。一般水果中的脂肪含量较少，约为 0.1%～0.6%，而干果中的脂肪含量较高。一些干果也作油料使用，如核桃仁等的油脂含量高达 30%～70%。

2. 水果的药用价值

水果不但含有人体所需的多种营养成分，而且具有很高的药用价值，可以用来治疗或辅助治疗多种疾病，有助于身体健康。《本草纲目》中记载的 127 种果品对多种疾病都有疗效，而枣、山楂、桂圆、核桃、橘皮、橘核、橘络、柿蒂、桃仁和杏仁等本身就是中药材（表 5-5）。

表 5-5　常见水果的主要药用功效

水果种类	主要药用功效	水果种类	主要药用功效
金橘	理气、化痰、醒酒	杏	镇咳祛痰、温肺散寒
梨	生津、清热、化痰	橘子	缓解支气管痉挛，祛痰、止咳、平喘
枇杷	泄降肺热、化痰止咳	银杏	敛肺止咳嗽、气喘，消毒杀虫
西瓜	清热解暑、除烦止渴、利尿降压	甘蔗	润肺益胃、补肾生津
荔枝	生津止渴、润肺化痰、健脾胃、疏肝理气及滋补肾阴	石榴	清热止渴、养胃生津、杀虫止痢、利胆明目
桂圆	促进血红蛋白再生，治疗贫血引起的心悸、心慌、失眠	樱桃	促进血红蛋白再生，防治缺铁性贫血，增强体质，健脑益智
香蕉	清热润肠、解毒除烦、止咳润肺、抗癌降血压	桃	敛肺生津、养阴敛汗、润燥活血、维护免疫系统
柠檬	消除疲劳，促进热量代谢和肠道蠕动，缓解胃气不和、厌食	荸荠	清热泻火、生津、凉血解毒、利尿通便祛痰、消食除肿
番木瓜	抗痢疾、抗肿瘤、抗菌和抗寄生虫病	葡萄	抗氧化、抑制肿瘤细胞增殖、促进新生血管形成
猕猴桃	开胃健脾、助消化、降血脂、扩血管和降血压	核桃	益肺平喘、养胃助纳、润肠通便、调肝血、补肾健脑
无花果	健胃止泻、清肠除热、祛痰理气、益肺通乳、消肿解毒	杨梅	生津解渴，和胃消食，治烦渴、吐泻、痢疾、腹痛，解酒
枸杞子	滋阴补血、益精明目、降低血糖、降低血压和胆固醇、减轻动脉硬化、护肝、兴奋呼吸	山楂	降血脂、降血压、强心、抗心律不齐、健脾开胃、消食化滞、活血化痰
柿子	清热去燥、润肺化痰、软坚、止渴生津、健脾、止痢、止血等，缓解干咳、喉痛、高血压	香榧	杀虫消积、润肺化痰、滑肠消痔、健脾补气、祛瘀生新，治虫积腹痛、小儿疳积、肺燥咳嗽
苹果	消灭传染性病毒、改善呼吸系统和肺功能、降低胆固醇、防癌抗癌、呼吸管道清理剂、促进胃肠蠕动、维持酸碱平衡、减肥	红枣	保肝、健脾、降低胆固醇、升高白细胞、抗过敏、补脾益气养血安神、生津液、解药毒、缓和药效

二、水果的食用方式

1. 新鲜水果

新鲜水果不仅口感好，营养也最完整，人体能最大限度地获取其中的维生素等营养物质。鲜切水果是指新鲜水果经分级、清洗、去皮、修整、切分和包装等处理后，使产品保持生鲜状态，供消费者或餐饮业立即食用的水果加工产品，主要是为了满足消费者的即食需求。目前，用于鲜切水果研究与生产的水果种类主要有苹果、梨、桃、菠萝、香蕉、草莓、甜瓜、西瓜和柿子等。

食用新鲜果品需注意做好清洗，去除吸附在表面的脏物及农药残留。

2. 果汁

果汁是以水果等为原料经加工制成的饮料。按照我国饮料分类标准可分为 9 类：果汁（浆）、浓缩果汁（浆）、果汁饮料、果汁饮料浓浆、复合果汁（浆）及饮料、果肉饮料、发酵型果汁饮料、水果饮料和其他果汁饮料。水果制汁后，比鲜果更加利于贮藏，发展果汁加工可以减少水果原料的损失且增加水果的商品价值。

果汁饮料的工艺流程主要有原料清洗与预处理、破碎和压榨提汁、酶处理、澄清、过滤、吸附与离子交换、浓缩、杀菌和灌装。目前我国基本解决了褐变、二次混浊、耐热菌、生物毒素和农残超标等问题，现代、规范的加工技术体系已基本建立，产品质量可控，总体技术水平达到国际先进。

3. 果酒

果酒是指以新鲜水果为原料，利用水果中的糖分被酵母发酵而酿成的低酒精度饮料酒。果酒营养价值丰富、酒精度低，并且能满足人们对口感的需求。随着加工技术的改进，我国的发酵工艺已经由单一葡萄酒发展出了多种果酒。目前我国的果酒种类有葡萄酒、山楂酒及复合果酒等。

4. 果干

果干是水果通过脱水后得到的干制品。干制可以降低含水量，阻碍微生物繁殖，抑制果品中某些酶的活性。在水果干制作过程中，虽然所含的维生素 C 损失很大，但其他成分如纤维素、矿物质等都得到了很好的保留。水果干让原本存在于新鲜水果中的蛋白酶失活和单宁聚合，对消化道的刺激大大减弱。此外，干制后的水果产品能够在常温下长时间保存，便于运输和携带，大大拓展了水果的用途，所以水果干制作已经成为食品加工技术中一个非常活跃的研究方向。

水果干制技术可以分为传统的干制方法和现代干制技术。传统的干制方法主要是自然干燥，如晒干、阴干和风干等，这几种干制方法不需要设备投入，能耗低，但产品质量参差不齐，卫生安全不易达标。为了降低干制能耗，提高产品品质，新的干制技术不断涌现，现代水果干制技术主要有微波干燥、远红外线干燥、真空冷冻干燥、热泵干燥和真空油炸干燥等。

三、水果的科学食用

1. 因人而异选食果品

不同的人群需要不同的营养，因此应选食不同的果品。儿童骨骼的生长量很大，宜多食含钙、磷、铁较多的山楂、樱桃等果品及其加工品；脑力劳动者可多补充卵磷脂含量较多的桂圆、荔枝、核桃仁和榛子等；糖尿病和肥胖病的人，不宜吃高糖的水果。

中医认为，人的脏腑体质有阴阳之别，果品也有寒凉温平之分。水果按性质不同可分为：寒性、温性和热性。寒性水果如柑、橘、猕猴桃、香蕉、雪梨和柿子等，这类水果热量密度低、纤维素丰富，脂肪和糖分含量少，有助于解燥热、清热火，对于牙龈肿痛、口干渴、小便短赤、大便燥结和舌红苔黄燥等实火病症，有很好的缓解效果，但寒性体质、虚性体质的人慎用。热性水果如大枣、桃子、梅、杏、桂圆、荔枝和樱桃等，热量和糖分较高、口感较甜，有温热补益的作用，能祛寒补虚、消除寒症，增加人体热量，促进人体能量代谢，适合虚寒体质的人，但热性体质和实性体质的人吃后会使人体的热量增加，容易上火。而温性水果性质比较温和，体寒、体热的人食之都不会有剧烈反应，这类水果适合各种体质的人食用。

此外，中国饮食文化博大精深，有"不时，不食"之说。时令水果在自然环境中生长成熟，营养和风味俱佳，相较于反季水果，所需农药、生长调节剂等较少，也避免了贮藏过程中可能使用的防腐剂，较为健康安全。

2. 食用水果的注意事项

（1）不宜空腹食用的水果　①黑枣：如果空腹食用大量的黑枣，其中的果胶和鞣酸易与胃酸凝结成黏稠的胶状物，在肠道形成"粪石"，从而容易堵塞肠腔，引起恶心、呕吐、腹痛和便秘等症状。②香蕉：其中的钾和镁含量较高，空腹食用会使血液中镁含量升高，对心血管产生抑制作用。此外，柿子、橘子、甘蔗、鲜荔枝和山楂等也不宜空腹食用。

（2）不宜多食的水果　①柠檬：柠檬中含有大量的柠檬酸，食用过多会损害胃肠黏膜而引起胃肠疾病。②荔枝：除不宜空腹食用荔枝外，也不宜连续多日大量吃新鲜荔枝，否则会引发低血糖。③李子、杏、梅子和草莓等酸性水果：它们含有大量的安息香酸和草酸，食用过多后，大量的酸性物质在体内不易被氧化分解，不利于人体健康。④板栗：板栗生食过量难以消化，熟食过多则易气滞，还会引起血糖下降、出虚汗、口渴饥饿、头晕和腹泻等症状。

（3）不宜与海味同食的水果　鱼、虾、蟹和藻类含有丰富的蛋白质和钙质，如果与含鞣酸的果品如柿子、葡萄、石榴、山楂和青果等同食，对身体非常不利。这不仅会降低蛋白质的营养价值，而且会使其中的钙质与鞣酸结合成不易消化的物质，刺激肠胃，引起腹痛、恶心和呕吐。

（4）容易发生过敏的水果　①菠萝：新鲜菠萝中所含有的菠萝蛋白酶会使一些人发生"菠萝过敏症"。②腰果：腰果是驰名中外的四大干果之一，少数人在进食腰果 5～10min 后，会出现口舌发麻、流鼻涕、喉头水肿、咳喘、心慌、头晕、腹痛以及皮肤起风团和皮疹等症状，少数人还会血压降低。

（5）容易发生中毒的水果　①杏仁：北杏中含有苦杏仁苷，水解后形成毒性很强的氢氰酸，不能多吃或生吃，否则会引起急性中毒。②甘蔗：如果甘蔗贮存不当或存放过久，易发生霉变，食用后极易中毒。所以那些表皮灰暗发霉，结构疏松，剖面肉质呈棕褐色，并带有酒糟味、霉酸味或断面、末梢可见白色绒毛状菌丝的甘蔗，千万不要食用。③苦味柑橘：柑橘在低温下贮藏过久，腐败菌如霉菌等侵入果体内繁殖，使柑橘发苦，食用后容易中毒。

第三节　花卉的科学食用

一、花卉的营养保健价值

食用花卉，是指可供人们日常生活食用的花卉，富含维生素、蛋白质等对人体有益的营养物质。随着对食用花卉研究的逐步深入，人们对食用花卉的认识也越来越科学和全面，食用花卉的价值被更多的人认可，食用种类和范围也越来越广泛。

1. 食用花卉的营养价值

食用花卉富含蛋白质、脂肪、淀粉、氨基酸及人体所需的维生素（维生素 A、维生素 B、维生素 C、维生素 E）（表 5-6）和多种微量元素（Fe、Mg、Zn、K 等）。花粉内优质蛋白质高达 30% 以上，含氨基酸 22 种，维生素 15 种，其维生素含量高于任何水果，并胜过维生素胶丸，其中维生素 E 和维生素 B_2 含量颇丰，比小麦胚芽高 5～10 倍。此外，花粉中还含有 20 多种微量元素以及 80 余种活性物质（酶、类黄酮化合物等）。

表 5-6　常见花卉中含有的维生素

花卉种类	所含的典型维生素	花卉种类	所含的典型维生素
玫瑰	维生素 C	白菊花	维生素 C
大白花杜鹃	维生素 B	黄花菜	维生素 E
白姜花	维生素 B_2	蒲公英	维生素 C
木槿	维生素 C		

2. 食用花卉的药用价值

食用花卉中的纤维素能够促进人体胃肠蠕动，清洁肠壁，有助于防止肠道恶性肿瘤的发生。食用花卉中的维生素和花色素被人体吸收后能够帮助清除体内具有氧化破坏作用的自由基，延缓衰老，防止和减少心血管疾病及癌症的发生。《本草纲目》中多处记载花卉能治病；《全国中草药汇编》一书中，列举了 2200 多种药物，其中花卉入药的约占 1/3（表 5-7）。

表 5-7　常见食用花卉的药用保健功能

花卉品种	主要药用功效	花卉品种	主要药用功效
菊花	消炎、抗金黄色葡萄球菌	百合	润肺止咳
兰花	清肺解热	仙人掌	利尿
梅花	除口臭、治疗牙周炎	牡丹	平肝降压
梨花	润燥化痰、止咳	荷花	清暑止血
月季	治疗水、火烫伤	水仙花	治惊风
凤仙花	治痛经	芍药	敛阳柔肝
金银花	治感冒、清热解毒	迎春	消肿发汗
夜来香	治疗糖尿病	丁香	治气管炎
茉莉	滋阴养胃、平肝解郁、解疮毒、治目赤疼痛	玫瑰	止血

鲜花对人体有奇特的生理效应，常食鲜花花粉具有延年益寿的功能，还有抗神经衰弱、健脑增进智力、调节人体机能和促进儿童发育等作用。

二、花卉的食用方式

花卉的食用方法多种多样，主要可分为直接食用和加工后食用两大类。直接食用如采鲜花烹制菜肴、熬制花粥、制作糕饼和采嫩茎叶做菜等，是花卉最普遍的食用方式。花卉也可加工后食用，如做成糖渍品，泡制成酒、茶，制作饮料等。

花粉极具营养价值，被称作植物的"微型营养库"，目前花粉食品也正在兴起。虽然花粉的营养价值较高，能增强机体免疫力、耐力和抗疲劳，并能防治前列腺炎，但因花粉壁结构特殊，其耐酸、碱和高热，即使在300℃下也能保持原结构，导致其营养成分的利用率只有15%，85%的营养物将随粪便被排出体外。因此利用花粉的前提是选择适当的物理化学方法进行破壁，使花粉内各种营养物质达到最大释放；其次是选择良好的过滤沉淀方法，达到多用途开发，实现更高加工附加值。人们采用蜂粮发酵破壁、气流对撞破壁、胶体磨粉碎破壁、变温机械破壁、酵母及胶体磨耦合破壁、蛋清对花粉破壁及渗透压法破壁等7类破壁方法，先对花粉破壁，然后进入深加工，生产出花粉酒、花粉糕、饮料和面条等产品。

三、花卉的科学食用

食用花卉逐渐走向大众餐桌，深受消费者的喜爱，但不是所有花卉都能食用，误食有毒花卉，会造成生命危险（表5-8）。食用时要注意以下方面：首先，应保证食用花卉来自安全规范的生产，鲜花店和公园里的花卉常有少量农药残留，若进入食品，可能会导致中毒；其次，对于一些可食花卉，并不是所有器官都能食用，一定要将有毒、有害部位去除后方能食用。因此，需要加大对食用花卉科学知识的宣传普及力度，掌握正确的花卉食用方法。

表5-8　有毒的花卉种类及其对人体的危害

有毒的花卉种类	有毒的部位	接触或误食后产生的症状
郁金香	花中有毒碱	头昏脑涨，严重者可有毛发脱落现象
夹竹桃	茎、叶和花	分泌的乳白色汁液误食会中毒
水仙	鳞茎内、叶和花	误食后引起呕吐、肠炎，汁液可使皮肤红肿
一品红	全株有毒	白色乳汁刺激皮肤红肿，引起过敏反应，误食茎叶有中毒死亡的危险
马蹄莲	花	误食会引起昏迷
虞美人	全株有毒	误食后引起中枢神经系统中毒，严重时会导致生命危险
五色梅	花和叶	误食后会引起腹泻、发烧
花叶万年青	花和叶	误食后会引起口腔、咽喉、食道、胃肠肿痛
紫藤	种子和茎皮	误食后会引起呕吐、腹泻，严重者会发生语言障碍、口鼻出血，甚至休克死亡
仙人掌类	刺内	被刺后容易引起皮肤红肿、疼痛、瘙痒等过敏症状

随着对花卉成分的深入研究和新功能的开发，食用花卉的应用越来越广泛，也有越来越多种类的花卉被发掘用于食用。但食用花卉在生产、加工和应用中存在的食用安全问题也引起了消费者的广泛关注，要使花卉产业健康发展，必须解决以下四大问题：

1. 规范《食用花卉》名录

目前市场上已有的 NY 5316—2006《无公害食品可食用花卉》及 NY/T 1506—2007《绿

色食品食用花卉》两个标准中所包含的食用花卉仅有茉莉花、玫瑰花、栀子花、白兰花、荷花、山茶花和菊花等10余种，而日常实际所食用花卉已远远超过上述范围，包括百合、木槿等30种。而夹竹桃、曼陀罗、水仙等花卉含毒素，误吃后轻者昏迷，重则危及生命安全。

2. 制定食用花卉标准

中国食用花卉的主要贸易国有韩国、日本及东盟。日本、韩国等国家针对进口的农产品制定了严格的质量安全标准。在农药的限量标准上，日本对516种农药制定了具体的限量标准，而对于其中的405种农药，中国还没有制定限量标准，占农药总量的78%，涉及187种（类）农产品和32061条限量标准。对于食用花卉，欧盟设立了多达460种农药残留的限量标准，2011年，我国台湾地区针对大陆贸易制定了菊花、洋甘菊、食用玫瑰花等的99种农药544种农药残留标准，与之相比，NY 5316—2006《无公害食品可食用花卉》及NY/T 1506—2007《绿色食品食用花卉》两个标准中农药残留项目不仅偏少，而且与生产现状有一定出入。此外，还存在现有标准滞后于生产，不能满足花卉农药残留的检测要求的问题。

3. 防止花粉过敏

花粉是人呼吸系统的致敏源，尤其对老年和儿童的影响较大。花粉过敏者要避免食用。

4. 食用花卉的保鲜

食用花卉和蔬菜水果一样，新鲜是衡量其品质的重要标准之一。花卉越是新鲜，其营养成分保留得越多，烘干、晾晒等容易造成花卉的营养价值流失。然而，大部分食用花卉产于乡村，而最大的消费市场在城市，花卉不能实现全部就地采摘、就地消费，所以鲜花运输过程中的保鲜问题亟待解决。

参 考 文 献

[1] 冯玉珠. 食用花卉的应用途径[J]. 安徽农业科学，2007，35（21）：6431-6491.

[2] 关秀杰，张雪，繁志强. 不同储存条件对蔬菜中维生素C含量的影响[J]. 现代农业科技，2009（12）：26-29.

[3] 郝丽娜. 水果的营养与人体健康[J]. 大众标准化，2002（1）：29-30.

[4] 君子. 果蔬保健手册[M]. 天津：天津科学技术出版社，2009.

[5] 李思行，张淼，何苗，等. 我国果酒加工技术研究进展[J]. 酿酒科技，2018（2）：106-108.

[6] 李文钊，杜依登，史宗义，等. 菠菜维生素C降解动力学及其快速识别方法研究[J]. 食品工业，2014（10）：202-205.

[7] 李希新. 蔬菜的营养与保健[M]. 北京：中国物资出版社，2009a.

[8] 李希新. 水果的营养与保健[M]. 北京：中国物资出版社，2009b.

[9] 凌霄. 花样吃水果营养会打折吗[J]. 江苏卫生保健：今日保健，2017（6）：47.

[10] 卢昊，张倩，张雪丹. 水果干制技术概述[J]. 落叶果树，2017（1）：21-22.

[11] 吕家龙. 吃菜的科学——蔬菜消费指南[M]. 北京：农业出版社，1992.

[12] 潘静娴，张艳，毛洪斌，等. 不同处理方式对几种根茎类蔬菜亚硝酸盐含量的影响[J]. 食品科学，2011a，32（9）：118-121.

[13] 潘静娴，张艳，张莹，等. 不同利用方式对几种叶菜亚硝酸盐含量的影响[J]. 食品工业科技. 2011b（2）：296-298，301.

[14] 汪景彦. 果品食疗[M]. 北京：科学普及出版社，1991.

[15] 王克义. 蔬菜、水果与营养和健康[J]. 甘肃农业，2005（8）：83-83.

[16] 王其胜. 水果养生[M]. 北京：中国纺织出版社，2006.

[17] 王晓东. 鲜切水果加工工艺及保鲜技术研究进展[J]. 青海农林科技，2017（4）：53-57.

[18] 邬志星，蔡育发，韩彦敏. 食用花卉栽培及妙用. 北京：中国农业出版社，2003.

[19] 吴荣书，袁唯，王刚. 食用花卉开发利用价值及其发展趋势[J]. 中国食品学报，2004，4（2）：100-104.

[20] 夏国京. 水果营养与健康. 北京：化学工业出版社，2015.

[21] 张德纯. 食用花卉的科学认识与食用[J]. 中国科技成果，2015（8）：6-8.

[22] 张宏康，李笑颜，吴戈仪，等. 果汁加工研究进展[J]. 农产品加工，2019（2）：86-88.

[23] 赵霖，鲍善芬. 蔬菜营养健康[M]. 北京：人民卫生出版社，2009.

[24] 中国营养学会. 中国居民膳食指南（2016）[M]. 北京：人民卫生出版社，2016.

[25] 朱风涛. 果汁加工技术进展[J]. 饮料工业，2014，17（8）：8-9.

[26] Favell D J. A comparison of the vitamin C content of fresh and frozen vegetables[J]. Food Chem，1998，62（1）：59-64.

[27] Zeng C L. Effects of different cooking methods on the vitamin C content of selected vegetables[J]. Nutr Food Sci，2013，43（5）：438-443.

第六章
园艺产品营养与功能学
研究的技术和方法

我国园艺产品资源丰富，种类繁多，含有的营养与生物活性物质的种类与含量差异很大。为了研究和充分开发园艺产品中营养与生物活性物质资源，首先必须从园艺产品中提取和分离出具有价值的化学成分，并对未知的具有活性的组分进行鉴定，才能更好地研究和利用园艺产品中的营养和生物活性物质，为人类膳食营养与健康提供理论指导。近年来，一些新型分析技术，如非损伤检测技术、抗氧化活性分析技术、营养与功能的普遍测定评价技术和组学分析技术等的应用，推进了园艺产品营养与功能学的发展。

第一节　活性物质提取分离方法

活性物质的提取分离就是利用某种介质，尽量使需要的成分和不需要的成分分开，即将具有生理活性的功能成分从天然的有机化合物中分离的过程。活性物质提取的主要目的是：①减小产品体积；②提高产品纯度；③增加后续操作效率。原料的选择和处理是为固液分离和初步纯化（如萃取），初步纯化是为高度纯化（如层析）提供合适的材料，减少提取分离步骤和增大单步效率是降低生产成本的关键，提取过程的不同阶段间通过各种参数存在密切的相互作用和协调、耦合来纯化活性物质，形成一套系统工艺，增加活性物质的纯度。

在植物活性物质的研究中，过去主要依靠经典的溶剂法来提取分离。该方法虽然简单，但是对于微量成分、性质相似成分和不易结晶的成分很难实现分离，且效率较低。近年来，随着现代新的分离技术及色谱仪器的使用，分离效率大大提高。一些较新的分离技术，如超临界流体萃取、固相萃取和膜分离等，具有选择性高、快速和高效的特点。

活性成分的提取分离方法较多，以下主要对一些常用的及较新兴的提取分离技术进行简略介绍。

一、活性物质提取方法

活性物质提取方法有溶剂提取法、水蒸气蒸馏法、分子蒸馏法、超临界流体萃取法、超声技术提取法及微波辅助提取法等。

（一）溶剂提取法

1. 基本原理

溶剂提取法（solvent extraction）是根据植物中各种成分在溶剂中的溶解性质，选用对目标成分溶解度大和对不需要成分溶解度小的溶剂，而将有效成分从植物组织内溶解出来的方法。当将溶剂加入适当粉碎的原料时，由于扩散和渗透作用，溶剂逐渐通过细胞壁透入细胞内，溶解了可溶性物质，而造成细胞内外的浓度差，于是细胞内的浓溶液不断向外扩散，溶剂又不断进入植物组织细胞中，如此多次，直至细胞内外溶液浓度达到动态平衡时，将此饱和溶液滤出，继续多次加入新溶剂，则可以把所需要的成分较完全溶出或大部分溶出。

2. 溶剂的选择

溶剂提取法的关键，就是选择合适的溶剂。溶剂选择适当，则可以将需要的成分提取出来。选择溶剂要注意以下三点：①溶剂对有效成分溶解度大，对杂质溶解度小；②溶剂不能与营养与活性成分起化学反应；③溶剂要经济、易得和使用安全等。常见的提取溶剂可分为以下两类：

（1）亲水性的有机溶剂　亲水性的有机溶剂即一般所说的与水能混溶的有机溶剂，如乙醇、甲醇和丙酮等，以乙醇最常用。乙醇的溶解性能比较好，对植物细胞的穿透能力较强。亲水性的成分除蛋白质、黏液质、果胶、淀粉和部分多糖等外，大多能在乙醇中溶解。难溶于水的亲脂性成分，在乙醇中的溶解度也较大。还可以根据被提取物质的性质，采用不同浓度的乙醇进行提取。用乙醇提取比用水的量少，提取时间短，溶解出的水溶性杂质也少。乙醇毒性小，价格便宜，而且乙醇的提取液不易发霉变质，故乙醇提取是最常用的方法之一。甲醇的性质和乙醇相似，沸点（64℃）较低，但有毒性，使用时应注意。

（2）亲脂性的有机溶剂　亲脂性的有机溶剂即一般所说的与水不能混溶的有机溶剂，如石油醚、苯、氯仿、乙醚、乙酸乙酯和二氯乙烷等。这些溶剂的选择性能强，不能或不容易提出亲水性杂质。但这类溶剂挥发性大，多易燃（氯仿除外），一般有毒，价格较贵，对设备要求较高，且它们透入植物组织的能力较弱，往往需要长时间反复提取才能提取完全。例如，园艺植物中含有较多的水分，用这类溶剂就很难浸出其有效成分，因此，大量提取植物原料时，直接应用这类溶剂有一定的局限性。

3. 提取方法

用溶剂提取植物化学成分，实验室常用的提取方法有浸渍法、渗漉法、回流提取法及连续提取法等。同时，原料的粉碎度、提取时间、提取温度和设备条件等因素也都能影响提取效率。

（1）浸渍法　用浸渍法提取植物成分时，可依次采用极性增大的溶剂提取。如依次采用二氯甲烷、甲醇及水在室温条件下对植物成分进行提取。由于提取温度较回流提取温度低，浸渍法适合对热不稳定成分的提取。

（2）渗漉法　渗漉法是将样品粉末装在渗漉器中，不断加新溶剂，使其渗透样品，自上而下从渗漉器下部流出浸出液的一种浸出方法。能够保持较大的浓度差，使扩散能较好地进行，故提取效率较高。当渗滴液颜色极浅时，便可认为已基本上提取完全。在大量生产中常将收集的稀渗滴液作为另一批新原料的溶剂之用。该方法溶剂用量大，操作麻烦，适用于对热不稳定且易分解的有效成分的提取。

（3）回流提取法　用有机溶剂加热回流提取。在水浴中回流提取 1h，过滤，再在残渣中加溶剂回流约 0.5h，如此再反复两次，合并提取液，减压回收溶剂得浸膏。此法提取效率较浸渍法高，但对热不稳定且易分解的成分不宜用此法。

（4）连续提取法　应用有机溶剂提取植物有效成分，以连续提取法为好，而且需用溶剂量较少，提取成分也较完全，常用索氏提取器。此法一般需数小时才能提取完全。提取成分受热时间较长，因此，遇热不稳定易变化的成分不宜采用此法。

（二）水蒸气蒸馏法

水蒸气蒸馏法（wet distillation）适用于对能随水蒸气蒸馏而不被破坏的园艺植物有效成分的提取。此类成分的沸点多在 100℃以上，与水不相混溶或仅微溶，且在约 100℃时有一定的蒸气压。当与水在一起加热时，其蒸气压和水的蒸汽压总和为一个大气压时，液体就开始沸腾，水蒸气将挥发性物质一并带出。常规的水蒸气蒸馏装置见图 6-1。

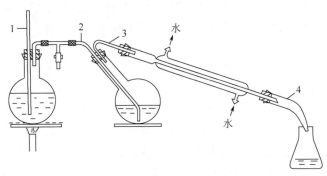

图 6-1　水蒸气蒸馏装置

1—安全管；2—水蒸气导入管；3—馏出物出口管；4—接液管

（三）分子蒸馏法

分子蒸馏法（molecular distillation）是在高真空度下（真空度可达 0.01Pa）进行的非平衡蒸馏技术，是以气体扩散为主要形式，利用不同物质分子运动自由程的差异来实现混合物的分离。根据分子运动理论，液体混合物中各个分子受热后会从液面逸出，不同种类的分子，由于其有效直径不同，逸出液面后直线飞行距离是不相同的。轻分子的平均自由程大，重分子的平均自由程小，若在离液面小于轻分子平均自由程而大于重分子平均自由程处设置一冷凝面，使得轻分子落在冷凝面上被冷凝，而重分子则因达不到冷凝面，返回原来液面，这样就能从混合物中定向而且高效地提取出轻分子物质。分子蒸馏过程中，待分离物质组分可以在远低于常压沸点的温度下挥发，并且各组分的受热过程很短，因此，分子蒸馏已成为对高沸点和热敏性物质进行提取的有效手段。分子蒸馏过程示意图见图 6-2。

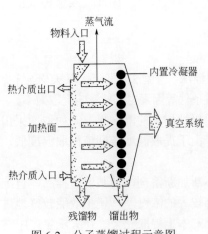

图 6-2　分子蒸馏过程示意图

（四）超临界流体萃取法

超临界流体萃取（supercritical fluid extraction，SCFE）技术在天然产物有效成分的提取分离上已广泛应用。该技术利用超临界流体对许多物质具有的优良溶解能力的特点，以超临界流体为溶剂，从液体和固体中萃取出某种高沸点成分来达到提取分离的目的。它不仅解决了传统溶剂萃取毒性残留的问题，而且具有渗透力极强以及提取效率高的特点，能实现选择性提取。当向超临界流体系统中添加少量的极性夹带剂时，能显著增加被提取物的溶解度。

当前最常用的萃取溶剂是 CO_2，因为 CO_2 具有以下优点：①CO_2 的临界温度近于室温，为 31℃，在临界压力 $7.3×10^6 Pa$ 下易操作；②安全，不燃烧及化学性质稳定；③可防止被萃取物的氧化；④无毒；⑤价廉易得。CO_2 超临界液体萃取方法和溶剂萃取相似，主要是使用高压设备。超临界液体萃取流程图见图 6-3。

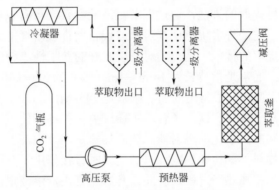

图 6-3　CO_2 超临界液体萃取流程图

在应用超临界 CO_2 流体萃取时，如果只用 CO_2 作溶剂，一般只能萃取亲脂性物质，而对极性较强的化合物溶解度较小。但若在 CO_2 流体中加入少量其他溶剂（一般用水、甲醇、戊醇及乙醇等夹带剂或提携剂），则可能会大大提高混合溶剂的溶解能力，拓宽使用范围。已经有许多应用超临界 CO_2 流体提取类黄酮化合物的成功实例。例如，利用超临界 CO_2 萃取技术，依次用响应面法考查萃取压强、萃取温度、萃取时间以及夹带剂无水乙醇的流速对桑叶中总类黄酮得率的影响，优选出桑叶类黄酮化合物在使用超临界萃取装置时提取的最佳工艺。结果显示：响应面法的最佳萃取条件为：压力 26MPa，温度 50℃，时间 3h，流速 2.5mL/min，最佳条件下总黄酮得率为 6.21%±0.05%。

CO_2 超临界流体应用于提取芳香精油，具有防止氧化热解及提高品质的突出优点，例如超临界 CO_2 提取法与水蒸气蒸馏法提取的生姜挥发油相比较。超临界 CO_2 提取生姜挥发油最佳的提取工艺条件为：自然晒干、姜粉目数 60～80 目、萃取压力 35MPa、萃取温度 35℃、CO_2 流量 15L/h、萃取时间 2h，此提取条件可使生姜挥发油的提取率达到 3.57%。结果显示，超临界 CO_2 提取制得的生姜挥发油成分更为复杂，表明超临界 CO_2 提取法在提取挥发油物质工艺上具有一定的优势。

（五）超声技术提取法

超声技术提取（ultrasonic extraction，UE）原理主要为物理过程，利用超声波产生的强烈振动和空化效应加速植物细胞内物质的释放、扩散并溶解进入溶剂中，同时可以保持被提取物质的结构和生物活性不发生变化。对许多植物成分来说，超声技术提取法较常规的溶剂提取，能够大幅度地缩短提取时间、降低溶剂消耗及提高浸出率，因此具有更高的提取效率。以苹果为例，以乙醇溶液为溶剂，采用超声波辅助提取法提取苹果皮中类黄酮，考察超声温度、乙醇浓度、料液比和超声功率对苹果皮中类黄酮提取效果的影响，利用正交试验对类黄酮的提取工艺进行优化。结果表明，影响类黄酮提取效果的主次因素顺序为：超声功率＞超声时间＞乙醇浓度＞料液比。最佳工艺条件为：超声时间 40min，料液比 1：25（g/mL），乙醇浓度 60%，超声功率 350W。此法具有操作时间短，节省溶剂等优点。

（六）微波辅助提取法

微波辅助提取法（microwave-assisted extraction，MAE）就是利用微波加热的特性来对物料中目标成分进行选择性提取的方法，通过调节微波的参数，可有效加热目标成分，以利于目标成分的提取与分离。它的许多优点使其可以取代目前许多既耗能源和时间，造成环境污染，又无法进行最有效提取的技术，是一项对环境友好的前瞻性"绿色技术"。

微波是一种电磁能，通常是指波长为 1mm～1m（频率为 300～300000MHz）的电磁波，介于红外线与无线电波之间，而最常用的加热频率是 2450MHz。一般来说，介质在微波场中的加热有两种机制，即离子传导和偶极子转动。通过离子传导和偶极子转动引起分子运动，但不引起分子结构改变和非离子化的辐射能。微波加热是一个内部加热过程，它不同于普通的外加热方式将热量由物料外部传递到内部，而是同时直接作用于介质分子，使整个物料同时被加热，即所谓的"体积加热"过程。因此，升温速度快，溶液很快沸腾，并易出现局部过热现象。

待萃取的植物样品在微波场中吸收大量的能量，因细胞内部含水量及其他物质的存在，对微波能吸收较多，而周围的非极性萃取剂则吸收微波能较少，从而在细胞内部产生热应力，被萃取物料的细胞结构因细胞内部产生的热应力而破裂。细胞内部的物质因细胞的破裂直接与相对冷的萃取剂接触，因内外的温度差加速了目标产物由细胞内部转移到萃取剂中，从而强化了提取过程。例如，微波辅助乙醇提取海红果中白藜芦醇的工艺。通过单因素及正交试验的优化，结果得出：微波法提取的最优条件为微波功率 360W，微波时间 120s，提取料液比为 1：25（g/mL），提取剂体积浓度 80%。在此条件下，白藜芦醇的平均提取率高达 97.06μg/g。采用微波辅助提取缩短了提取时间，减少了溶剂用量，大大提高了提取率。

二、活性物质分离与精制方法

（一）根据有机化合物溶解度不同进行分离

1. 结晶、重结晶和分步结晶法

一般植物化学成分在常温下是固体的物质，就有结晶的通性，可以根据溶解度的不同用结晶法来达到分离精制的目的。研究植物化学成分时，一旦获得结晶，就能有效地进一步精制成为单体纯品。因此，求得结晶并制备成单体纯品，就成为鉴定活性成分以及研究其分子

结构重要的一步。

（1）溶剂的选择　制备结晶，要注意选择适宜的溶剂种类和用量。溶剂在冷时对所需要的成分溶解度较小，而热时所需的溶解度较大，溶剂的沸点也不宜太高。常用的溶剂有甲醇、丙酮、氯仿、乙醇和乙酸乙酯等。有些化合物在一般溶剂中不易形成结晶，而在某些溶剂中则易于形成结晶。例如，葛根素在冰醋酸中易形成结晶，大黄素在吡啶中易于结晶，萱草根素在 N,N-二甲基甲酰胺（DMF）中易得到结晶，而穿心莲亚硫酸氢钠加成物在丙酮-水中较易得到结晶。

制备结晶溶液，除选用单一溶剂外，也常采用混合溶剂。一般是先将化合物溶于易溶的溶剂中，再在室温下滴加适量的难溶溶剂，直至溶液呈微混浊，并将此溶液微微加温，使溶液完全澄清后放置。结晶过程中，一般是溶液浓度高、降温快，析出结晶的速度也快些，但是结晶的颗粒较小，杂质也可能多些。有时自溶液中析出的速度太快，往往只能得到无定形粉末。有时溶液太浓、黏度大反而不易结晶化。如果溶液浓度适当，温度慢慢降低，有可能析出结晶较大而纯度较高的结晶。

（2）制备结晶操作　制备结晶除应注意以上各点外，在放置过程中，最好先塞紧瓶塞，避免液面先出现结晶，而致结晶纯度较低。如果放置一段时间后没有结晶析出，可以加入极微量的品种，即同种化合物结晶的微小颗粒。加晶种诱导晶核形成是常用而有效的手段。一般地说，结晶化过程是有高度选择性的，当加入同种分子或离子时，结晶多会立即长大。而且溶液中如果是光学异构体的混合物，还可依晶种性质优先析出其同种光学异构体。如果无晶种，可用玻璃棒蘸过饱和溶液一滴，在空气中任溶剂挥散，或另选适当溶剂处理，或再精制一次，尽可能除尽杂质后进行结晶操作。

（3）重结晶及分步结晶　在制备结晶时，最好在形成一批结晶后，立即倾出上层溶液，然后再放置以得到第二批结晶。晶态物质可以用溶剂溶解后再次结晶精制，这种方法称为重结晶法。结晶经重结晶后所得各部分母液再经处理又可分别得到第二批、第三批结晶。这种方法则称为分步结晶法或分级结晶法。分步结晶法各部分所得结晶，其纯度往往有较大的差异，但常可获得一种以上的结晶成分，在未加检查前不要混在一起。

2. 沉淀法

沉淀法是在植物提取液中加入某些试剂使产生沉淀，以获得有效成分或除去杂质的方法，如盐析法、溶剂沉淀法等。

（1）盐析法　在植物的水提液中加入无机盐至一定浓度，或达到饱和状态，可使某些成分在水中的溶解度降低、沉淀析出，而与水溶性大的杂质分离。常用作盐析的无机盐有氯化钠、硫酸钠、硫酸镁和硫酸铵等。

（2）溶剂沉淀法　自植物提取溶液中加入另一种溶剂，析出其中某种或某些成分，或析出其杂质，也是一种溶剂分离的方法。例如，植物的水提液中常含有树胶、黏液质、蛋白质和糊化淀粉等，可以加入一定量的乙醇，使这些不溶于乙醇的成分自溶液中沉淀析出，而达到与其他成分分离的目的。例如提取多糖及多肽类化合物时，多采用水溶解、浓缩、加乙醇或丙酮析出的办法。几种常用的沉淀剂见表 6-1。此外，还有乙酸甲、氢氧化钡、磷钨酸和硅钨酸等沉淀剂。

表 6-1　几种实验室常用的沉淀剂

常用沉淀剂	沉淀的化合物
中性乙酸铅	邻位酚羟基化合物、有机酸、蛋白质、黏液质、酸性皂苷、部分黄酮苷、鞣质、树脂
碱式乙酸铅	除沉淀中性乙酸铅能沉淀的物质外，还可以沉淀某些苷类、生物碱等碱性物质
明矾	黄芩苷
雷氏铵盐、苦味酸、苦酮酸	生物碱
碘化钾	季铵生物碱
胆固醇	皂苷
氯化钙、石灰	有机酸
咖啡因、明胶、蛋白质	鞣质

3. 酸碱分离法

酸碱分离法是利用某些成分能在酸或碱中溶解，通过调溶液的 pH，达到分离成分的目的。例如，内酯类化合物不溶于水，但遇碱开环生成羧酸盐溶于水，再加酸酸化，又重新形成内酯环从溶液中析出，从而与其他杂质分离；生物碱一般不溶于水，遇酸生成生物碱盐而溶于水，再加碱碱化，又重新生成游离生物碱。这些化合物可以利用与水不相混溶的有机溶剂进行萃取分离。一般植物总提取物用酸水、碱水先后处理，可以分为三部分：溶于酸水的为碱性成分（如生物碱），溶于碱水的为酸性成分（如有机酸），酸、碱均不溶的为中性成分（如甾醇）。还可利用不同酸碱度进一步分离，如酸性化合物可以分为强酸性、弱酸性和酚性三种，它们分别溶于碳酸氢钠、碳酸钠和氢氧化钠，借此可进行分离。有些总生物碱，如石蒜生物碱，可利用不同 pH 进行分离。

4. 膜分离技术

膜分离技术（membrane separation technique，MST）是一项新兴的高效分离技术，已被国际公认为 20 世纪末到 21 世纪中期最有发展前途的一项重大高新技术。是利用天然或人工合成的具有选择透过性的薄膜，以外界能量或化学位差为推动力，对双组分或多组分体系进行分离、分级、提纯或富集的技术。

（1）膜分离技术的基本原理及特点　膜分离技术的实质是使用具有选择透过性的膜为分离介质，当膜两侧存在某种推动力（如压力差、浓度差、电位差等）时，物料依据滤膜孔径的大小或通过或被截留，选择性地透过滤膜，达到分离和提纯的目的。

（2）膜分离技术分类　按被分离物质分子量的大小分为以下几种：

① 微滤（micro-porous filtration，MF），作为最早使用的膜技术，是以多孔薄膜为过滤介质，使不溶物浓缩过滤的操作。截留粒子的范围约为 0.1～10μm。目前，常用的微滤膜有金属膜、无机陶瓷膜和高分子膜等。

② 超滤（ultra filtration，UF），是 20 世纪 60～70 年代发展起来的一种膜分离技术，以微孔滤膜（超滤膜）为过滤介质，在常温下依靠一定的压力和流速使药液流经膜表面，迫使低分子物质透过滤膜，高分子物质被截留。超滤膜能截留分子量在上千至数十万的大分子，粒子的范围在 10～100nm 之间，除能完成微滤的除颗粒、除菌及澄清作用外，还能除去微滤膜不能除去的病菌、热原、胶体和蛋白质等大分子化合物，主要用于物质的分离、提纯以及

浓缩。在医药行业中，超滤膜是发展最快的膜分离技术。

③ 纳滤（nano filtration，NF），是近年来国外发展起来的另一种滤膜系列——纳米过滤。它介于反渗透与超滤之间，能分离除去分子量为 300～1000 的小分子物质，粒子粒径的范围在 1～10nm 之间，填补了由超滤和反渗透所留下的空白部分。纳滤膜集浓缩与透析为一体，可使溶质的损失达到最小。

④ 反渗透（reverse osmosis，RO），是从水提液中除去无机盐及小分子物质的膜分离技术。反渗透膜所用的材料为有机膜，其分离特点是膜仅能透过水等小分子物质（粒径 ≤1nm 的范围内），而截留各种无机盐、金属离子和分子。反渗透膜在医药行业中的应用主要是制备各种高品质的医用水、注射用水和医用透析水等，可代替离子交换树脂，进行水的脱盐纯化。

（3）膜分离技术的特点　①在常温下操作，适于热敏性物质的分离、浓缩和纯化；②分离过程不发生相变（除渗透汽化外），无二次污染，具有浓缩功能；③能耗低；④分离系数大；⑤操作方便，易于自动化。因此，膜分离技术是现代分离技术中一种效益较高的分离手段，可以部分取代传统的过滤、吸附、冷凝、重结晶、蒸馏和萃取等分离技术，在分离工程中具有重要作用。

以苹果汁的超滤澄清处理为例：经过超滤澄清处理的苹果汁不仅澄清度得到了较大的提高，而且可以较好地保留果汁中的维生素 C。此外，对苹果汁进行反渗透浓缩能够使苹果汁长期保持原有的营养成分及口感。利用膜分离技术改进制取南瓜果胶的传统浓缩和除杂方法，使果胶纯度和凝胶强度得到了较大的提高。

5. 固相萃取与固相微萃取

固相萃取（solid phase extraction，SPE）是利用各组分在样品溶液和萃取固相之间分配作用的差异进行样品净化的一种分离技术。它可以泛指溶质从液相转移到固相的所有萃取体系，例如常规固相萃取、固相微萃取、静态吸附和柱层析等。当然，像基质分散固相萃取也可看成一种特殊形式的固相萃取。静态吸附和柱层析适合大体积样品和常规低灵敏度分析方法的样品前处理，现在已逐渐被 SPE 取代。

（1）固相萃取　SPE 是液-固萃取柱和液相色谱（LC）两种技术的结合，它已经取代了大部分传统的柱层析，可以看作是柱层析的改进和小型化。SPE 将各种类型的固体吸附剂填充于塑料小柱中作固定相，将样品溶液中的被测物或干扰物质选择性地吸附到固定相中，使目标组分与样品基体或干扰组分得以分离。SPE 基本上只用于样品前处理，其操作与 LC 类似，在被测物与基体或干扰物质得以分离的同时，往往也使目标组分得到富集。SPE 是发生在固定相和流动相之间的物理过程，其实质就是 LC 的分离过程，其分离机理、固定相和溶剂选择等都与 LC 相似。只不过用于样品前处理的 SPE 对柱效的要求不高，也不需要好的峰形和很高的分离度，只需将大量基体物质或其他干扰组分与目标组分分离。

SPE 相比于溶剂萃取具有很多优点。如，目标组分与基体或干扰物质的分离选择性更强和分离效率更高；使用有机溶剂量少；目标组分回收率高；操作更加简单快速、易于自动化；不会出现溶剂萃取中的乳化现象；可同时处理大批量样品；能处理小体积样品。正是因为 SPE 的这些优点，这一技术的发展速度之快是其他样品前处理技术所望尘莫及的。目前，其应用对象十分广泛，特别是在生物、医药、环境和食品等样品前处理中成为了最有效和最常用的技术之一。

SPE 操作包括柱活化、上样、干扰物洗涤和目标物洗脱四步。柱活化一方面是为了打开填料表面的碳链，增加萃取柱与被测组分相互作用的表面积；另一方面是清洗掉柱中可能存在的干扰物。未经活化处理的萃取柱容易引起溶质过早穿透，影响回收率，而且有可能出现干扰峰。不同类型萃取柱的活化方法有所不同。例如，反相 C18 柱通常是先用数毫升甲醇过柱，再用纯水或缓冲液顶替滞留在柱中的甲醇。进样是将样品溶液从柱上方加入并缓慢通过萃取柱。最大进样量应小于实验测得的穿透体积。干扰物洗涤通常用比较弱的溶剂将弱保留杂质或基体物质洗脱出来，而目标组分物质仍然保留在萃取柱中。目标物洗脱操作需用洗脱能力较强的洗脱液，将吸附在萃取柱中的目标组分全部洗脱出来。如果洗脱下来的样品溶液对后续分析而言浓度太低，或者洗脱溶剂不适合后续分析，通常需将洗脱下来的样品溶液用氮气吹干，再用适合后续分析的溶剂复溶。对于以除去特定干扰物为目的的 SPE 操作，通常是干扰物较强地吸附在萃取柱上，而目标组分和部分共存组分或基体物质仍留在样品溶液中。

（2）固相微萃取　固相微萃取（solid phase microextraction, SPME）是一种基于溶质在样品溶液和微型萃取固相之间的分配平衡的萃取技术。其萃取固相（萃取器）的构造有多种形式，如萃取针、管内 SPME、萃取搅拌棒、整体毛细管萃取柱和萃取膜等。其中技术最成熟和最常用的是针式固相微萃取器，其结构类似一个微型注射器，萃取器针头多为熔融石英细丝，表面涂覆高分子聚合物功能层，样品中的目标物质因与功能涂层中有机分子之间发生相互作用而被萃取和富集到固定相（图 6-4）。萃取针头平时收在针筒内，萃取时将萃取头推出，使具有吸附涂层的萃取纤维暴露在样品中进行萃取，达到吸附平衡后，再将萃取头收回到针筒内，吸附在针头上的目标物质可以解析到适当的溶剂中。该技术最大的特点是方便与后续分析技术联用，接口的主要功能就是萃取针头上吸附的目标物质。

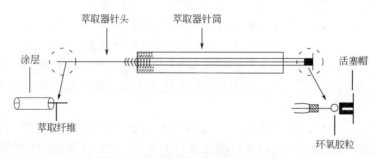

图 6-4　固相微萃取器的结构示意图

SPME 并不将样品中的目标组分全部吸附到萃取固相中，目标组分在样品溶液和萃取固相之间达到吸附分配平衡后，进入固相的目标组分的量与其在样品溶液中的初始浓度是成正比的。甚至无需达到萃取平衡，即在一定萃取时间内进入固相的目标组分的量与其在样品溶液中的初始浓度也是成正比的。因此，在进行萃取操作时，只需保持标准溶液和样品溶液的萃取时间完全一致，即可对样品中的目标组分准确定量。SPME 已经成为一种集萃取分离、富集和在线进样于一体的样品预处理技术。

萃取头涂层是萃取效果和选择性的关键，目前商用萃取头涂层主要有聚二甲基硅氧烷（PDMS）和聚丙烯酸酯（PA）。还有一些新型萃取头涂层也显示出了优越的性能与良好的应用前景，如碳蜡/模板树脂（CWAX/TR），碳蜡/二乙烯基苯（CWAX/DVB），PDMS/TR，PDMS/DVB，Carboxen/PDMS，β-环糊精涂层，等。

SPME 由于萃取效率高、选择性好、适用范围广、操作简单、省时等优点，目前已广泛应用于糖类、苷类、类黄酮化合物、萜类和挥发油、生物碱等几大类成分的分离、纯化和浓缩。与传统的液-液萃取法相比较，可以提高分析物的回收率，更有效地将分析物与干扰组分分离，简化样品预处理过程。

采用固相微萃取技术提取"丰香"草莓的芳香成分，再利用气相色谱-质谱联用技术进行检测分析，共分离并确定出 76 种化学成分，占总峰面积的 97.48%，相对含量较高的芳香成分依次为 4-羟基-2-丁酮、己酸乙酯、丁酸乙酯、(E)-乙酸-2-己烯-1-酯、2-己烯醛、己酸甲酯、乙酸甲酯、(E)-乙酸-3-己烯-1-酯、乙酸和 1-己醇等。采用固相微萃取和气相色谱-质谱（gas chromatography-mass spectrometry，GC-MS）联用技术检测了食用玫瑰品种"滇红"在花蕾期、半开期和盛开期等 3 个时期花朵的芳香成分。共鉴定出 85 种化学成分，在花蕾期、半开期及盛开期 3 个时期分别分离鉴定的化合物种类有 38 种、47 种、40 种。用峰面积归一化法得出各化学成分在挥发性成分中的相对含量，分别占总成分的 96.60%、99.79%、98.87%以上。

（二）根据有机化合物在两相溶剂中的分配比不同进行分离

常用的液-液分离技术有两相溶剂萃取法、多级逆流萃取法（multi-stage countercurrent extraction，MCE）及逆流色谱法（counter current chromatography，CCC）、液-液分配色谱法（liquid-liquid partition chromatography，LLPC）等。

1. 两相溶剂萃取法

利用物质在两种互不相溶的溶剂中的分配系数不同而进行分离的方法，称为分配层析。萃取时各成分在两相溶剂中分配系数相差越大，则分离效率越高。如果在水提取液中的有效成分是亲脂性的物质，一般多用亲脂性有机溶剂，如苯、氯仿或乙醚进行两相萃取；如果有效成分是偏于亲水性的物质，在亲脂性溶剂中难溶解，就需要改用弱亲脂性的溶剂，如乙酸乙酯和丁醇等。还可以在氯仿、乙醚中加入适量乙醇或甲醇以增大其亲水性。提取黄酮类成分时，多用乙酸乙酯和水的两相萃取。提取亲水性强的皂苷则多选用正丁醇和水作两相萃取。

两相溶剂萃取在操作中还要注意以下几点：①先用小试管猛烈振摇约 1min，观察萃取后二液层分层现象。如果容易产生乳化，大量提取时要避免猛烈振摇，可延长萃取时间。如遇到乳化现象，可将乳化层分出，再用新溶剂萃取，或将乳化层抽滤，或将乳化层稍稍加热，或较长时间放置并不时旋转，令其自然分层。乳化现象较严重时，可以采用二相溶剂逆流连续萃取装置。②水提取液的相对浓度最好在 1.1～1.2 之间，过稀则溶剂用量太大，影响操作。③溶剂与水溶液应保持一定的比例，第一次提取时，溶剂要多一些，一般为水提取液的 1/3，以后的用量可以少一些，一般 1/6～1/4。④一般萃取 3～4 次即可。但亲水性较大的成分不易转入有机溶剂相时，须增加萃取次数或改变萃取溶剂。

2. 多级逆流萃取法

在园艺植物活性成分的萃取分离中，很少存在只通过一步萃取就得到高纯度单体化合物的情况。由于活性物质的种类繁多，结构变化多样，极性大小也各不相同，为了得到不同种类的化合物，往往需要采用不同极性的溶剂进行萃取。与此同时，为了得到尽可能多的产物，提高天然材料的利用率，传统上往往采用分批萃取方式，利用不同极性的溶剂分别对材料进行萃取。随着各种新的萃取技术的发展，组合运用不同的萃取方式可以提高萃取效率，缩短萃取时间，减少溶剂的消耗。利用多级萃取技术不仅可以应用于天然产物的提取，也可以用于生物大分子，包括各种酶及单克隆抗体等，以及工业原料的有效萃取分离。

多级逆流萃取是一种日益受到重视的多级萃取技术，它将料液和萃取剂分别从级联或板式塔的两端加入，在级联间做逆向流动，最后成为萃余液，和萃取液各自从另一端流出。与传统萃取相比，多级逆流萃取具有萃取时间短、低能耗及低溶剂消耗等特点。其基本的装置示意图如图 6-5 所示。多级逆流萃取技术已被成功地应用于二氢杨梅素、银杏黄酮和亚麻籽油等多种天然产物的萃取分离当中。

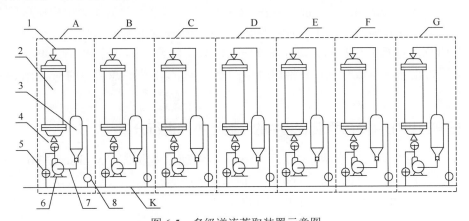

图 6-5　多级逆流萃取装置示意图

A～G—7 个萃取装置；K—萃取装置间的连接管；1,7—溶剂罐、萃取罐及泵间的连接管；
2—萃取罐；3—溶剂罐；4,5,8—开关装置；6—循环泵

3. 逆流色谱法

逆流色谱法是一种液-液分离方法，与传统的液相色谱不同，液-液分离技术不需要任何固体物质作为载体，利用物质在互不相溶的两相中的分配原理而进行物质的分离纯化，一相作为固定相保留在管路内部，另一相从固定相中穿过，达到物质分配及分离的目的。

早期的液-液分离方法主要是逆流分溶法（counter current distribution，CCD），它是一种非连续的分离方法，装置由一系列分液漏斗连接而成，互不相溶的两相在分液漏斗间有序地重复混合和倾析，最终将溶质分配在不同的漏斗中。在 20 世纪 50 年代，CCD 曾较广泛地应用于各种天然产物的分离纯化，但设备复杂、安全性低、溶剂消耗量大和分离效率低等不足限制了它的广泛应用。

20 世纪 70 年代，一种新的连续的液-液分离方法被开发出来，它结合了逆流分溶和液相色谱的优点，被称为"逆流色谱（CCC）"。一种称为环形线圈逆流色谱（toroidal coil CCC），它在仪器的一端安装了一个旋转密封圈，通过一个注射器进行物质的洗脱，这种分析型仪器的理论塔板数能达到数千，但完成一次洗脱经常需要一天的时间；另一种称为液滴逆流色谱（droplet CCC），其理论塔板数能达到一千左右，但完成一次分离通常需要花费几天的时间。分离分析的低效性限制了 CCC 广泛的应用。

始于 20 世纪 80 年代的首创性研究推动了现在逆流色谱的发展。研究通过引入加速离心力场，实现了溶液中不同大小的颗粒的分离及溶液体系中的不同溶质的分离。随后的逆流色谱的发展产生了两个不同的方向。一是高速逆流色谱（high-speed counter current chromatography，HSCCC），这种逆流色谱通过两个或多个不同轴的旋转，产生一个变化的离心力场，仪器的连接不依靠旋转密封圈，而是一种流体动力学系统；二是高效离心分配色谱（high performance centrifugal partition chromatography，HPCPC），它是基于分配色谱发展而来的，通过单一轴的旋转产生稳定的离心力场，并通过两个旋转密封圈连接口和出口，是一种流体静力学体系（图6-6）。

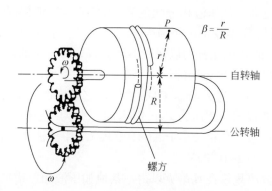

图6-6　HSCCC仪器示意图

经过几十年的不断发展和改善，逆流色谱已经发展成为一种应用日益广泛的分析和分离手段。相对于传统的液相色谱，逆流色谱具有显著的优点：①固相载体的弃用，避免了样品的不可逆吸附，使样品能100%回收；②高比例的固定相保留，能够使进样量和进样体积大大提高，提高产率和产量；③能够最大限度地避免样品活性的降低；④分离过程的可预测性及扩大再生产的简便易行；⑤进样样品可以不经复杂的预处理直接进样分离；⑥多样的两相溶剂的选取；⑦能够降低溶剂的消耗；⑧能对样品中低含量的物质进行有效的富集和分离；等等。例如，利用高速逆流色谱技术从玛咖中分离制备出两种芥子油苷，苄基芥子油苷（glucotropaelin，TRO）和甲氧基苄基芥子油苷（glucolimnanthin，LIM），使用正交设计实验对分离条件进行优化，采用高分辨质谱（high resolution mass spectrometry，HR-MS）对制备的组分进行鉴定，采用高效液相色谱法（high performance liquid chromatography，HPLC）对组分进行定量分析，确定两个组分TRO与LIM的HSCCC最佳分离条件：溶剂系统为正丁醇-乙腈-20%硫酸铵溶液（1∶0.5∶2.4，体积比），上相为固定相，下相为流动相，流动相流速2mL/min，主机转速900r/min，从500mg粗提物中一次性分离得到7.89mg苄基芥子油苷和1.60mg甲氧基苄基芥子油苷，保留率达57.6%。该方法成本低，简便易行，样品损失量小，可大量连续进样制备。

4. 液-液分配色谱法

将两相溶剂中的一相涂覆在硅胶、硅藻土或纤维素粉等载体上作为固定相，再用与固定相不相混溶的另一相溶剂作为流动相，洗脱色谱柱。这样，物质可在两相溶剂相对做逆流移动过程中不断进行动态分配而得以分离。

（1）正相分配色谱与反相分配色谱　一般分离极性较大或水溶性成分（如糖苷和有机酸等）时，固定相多采用强极性溶剂（如水和缓冲溶液等），流动相则用氯仿、乙酸乙酯和正丁醇等弱极性溶剂，称为正相（normal phase）分配色谱；当分离弱极性成分（如游离甾体类和脂肪酸等）时，两相可以颠倒，以液体石蜡为固定相，流动相则用水、乙腈和甲醇强极性溶剂，称为反相（reversed phase，RP）分配色谱，更适合于水溶性成分的分离。液-液分配色谱的分离条件可以基于相应的正相及反相分配薄层色谱结果加以选定。常用反相薄层及柱色谱的填料硅胶是将普通正相硅胶亲水性表面进行化学修饰，键合上链长度不同的烃基形成亲油性表面而得。根据所键合的乙基（—C$_2$H$_5$）、辛基（—C$_8$H$_{17}$）或十八烷基（—C$_{18}$H$_{37}$）等烃基，分别命名为反相硅胶 RP-2、RP-8、RP-18。三者亲脂性强弱顺序如下：RP-18>RP-8>RP-2。

（2）加压液相分配色谱　加压液相分配色谱用的载体多为颗粒直径较小、机械强度及比表面积均大的球形硅胶微粒，如 Zipax 类薄壳型或表面多孔型硅球及 Zorbax 类全多孔硅胶微球，其表面键合不同极性的有机化合物以适应不同类型分离工作的需要，因而柱效大大提高。常见的键合了十八烷基（ODS）填充剂的柱型号有 Zorbax 系列、μ-Bondapak、C18、LiChrosorb RP-18、Perkin Elmer C18 等，与 Zorbax ODS 类似，它们均供作反相色谱应用。为了提高分离速度，需要施加压力，并根据所用压力大小不同，可以分为：快速色谱（flash chromatography，大约为 2.0×10^5 Pa）、低压液相色谱（小于 5.0×10^5 Pa）、中压液相色谱 [（5×10^5）～（2×10^6）Pa] 及高压液相色谱（大于 2×10^6 Pa）。

除了分析用 HPLC 分离规模在几毫克以内，其他加压液相色谱的分离规模均在几毫克至几克级。

（三）根据有机化合物的吸附能力不同进行分离

吸附层析（adsorption chromatography）法的应用与发展，对植物各类化学成分的分离精制工作起到很大的推动作用。吸附柱层析和薄层层析是主要的吸附层析手段。

1. 吸附柱层析

吸附柱层析有常压柱层析（column chromatography）、快速柱层析（flash chromatography，FC）、真空液相色谱法（vacuum liquid chromatography，VLC）及制备高压液相层析（preparative HPLC，PHPLC）等技术。

液-固吸附层析是运用较多的一种分离方法。其一般属于物理吸附，即由被分离化合物（溶质）及溶剂分子与吸附剂表面分子的分子间力的相互作用所产生。吸附过程是由吸附剂、溶剂和被分离化合物的性质这三个因素决定，特点是一般无选择性、吸附与解吸附过程可逆，但吸附强弱和先后顺序都基本遵循"相似相吸附"的经验规律。在使用极性吸附剂硅胶、氧化铝时，需注意以下几点。

① 吸附柱层析中，硅胶和氧化铝的用量一般为样品量的 30～60 倍。氧化铝由于容易催化化合物变化，已很少使用。此外，氧化铝有中性、酸性和碱性之分，在使用时需留意样品对酸碱的稳定性。样品极性较小和难以分离者，吸附剂用量可适当提高至样品量的 100～200 倍。据此可选用适当规格的层析柱。常用层析柱的规格如表 6-2 所示，其柱长与内径比为（15～20）：1。常压柱层析常采用 200～300 目的硅胶；如采用加压柱层析，还可以采用更细的颗粒，甚至采用薄层层析级，其分离效果可以大大增强。

表 6-2　常用层析柱的规格　　　　　　　　单位：cm

层析柱内径	0.5	1.0	1.5	2.0	3.0	5.0	6.0	8.0	10.0
长度	10	15	30	45	60	75	90	120	150

② 吸附柱层析时，尽可能选用极性小的溶剂装柱和溶解样品，有利于样品在吸附剂上形成狭窄的谱带。如样品在所选装柱溶剂中不易溶解，则可将样品用少量极性稍大溶剂溶解后，用适量吸附剂拌匀，并于 60℃下加热挥尽溶剂，研粉后再小心铺在吸附柱上。

③ 洗脱剂的选择。柱层析所用的溶剂，习惯上称为洗脱剂，需根据被分离物质与所选用的吸附剂性质这两者结合起来加以考虑。在用极性吸附剂进行层析时，当被分离物质为弱极性物质时，一般选用弱极性溶剂为洗脱剂；若被分离物质为强极性成分，则需选用极性溶剂为洗脱剂。如果对某一极性物质用吸附性较弱的吸附剂（如以硅藻土或滑石粉代替硅胶），则洗脱剂的极性也需相应降低。洗脱时，所用溶剂的极性宜逐步增加，但跳跃不能太大。多用混合溶剂，并能通过调节比例以改变极性，达到"梯度洗脱"，即逐渐增大溶剂极性，达到分离物质的目的；如果极性增大过快，就不能获得满意的分离度。溶剂的洗脱能力有时可以用溶剂的介电常数来表示，介电常数高，洗脱能力就大。以上的洗脱顺序仅适用于极性吸附剂（如硅胶和氧化铝），对非极性吸附剂（如活性炭），则正好与上述顺序相反。在水或亲水性溶剂中所形成的吸附作用较在脂溶性溶剂中强。一般混合溶剂中强极性溶剂的影响比较突出，所以不可随意将极性差别很大的两种溶剂组合在一起使用。吸附柱层析常用的混合洗脱溶剂（按极性递增的顺序）有：石油醚-苯→苯-乙醚→苯-乙酸乙酯→氯仿-乙醚→氯仿-乙酸乙酯→氯仿-丙酮→氯仿-甲醇→丙酮-水→甲醇-水。

④ 为避免发生化学吸附，酸性物质宜用硅胶，碱性物质则宜用氧化铝进行层析。通常在分离酸性（或碱性）化合物时，洗脱溶剂中分别加入适量乙酸（或乙二胺），常可收到防止拖尾、促进分离的效果。

⑤ 吸附柱层析可用加压方式进行，溶剂系统可通过薄层层析进行筛选。但 TLC 吸附的表面积一般为柱层析的 2 倍左右，因此一般 TLC 展开时使组分 R_f 值达到 0.2～0.3 的溶剂系统可选为柱层析用的溶剂系统。

⑥ 分离时，要根据被分离物质的性质、吸附剂的吸附强度与溶剂的性质这三者的相互关系来考虑。首先，要考虑被分离物质的极性。如果被分离物质极性很小，为不含氧的萜烯，或虽含氧但为非极性物质，则需选用吸附性较强的吸附剂，并用弱极性溶剂如石油醚或苯进行洗脱。但多数中药成分的极性较大，需要选择吸附性能较弱的吸附剂（一般Ⅲ～Ⅳ级）。采用的洗脱剂极性应由小到大按某一梯度递增，或可应用薄层层析以判断被分离物在某种溶剂系统中的分离情况。此外，能否获得满意的分离，还与选择的溶剂梯度有很大关系。

硅胶属多孔性物质，分子中具有硅氧烷的交联结构，同时在颗粒表面又有很多硅醇基。硅胶吸附作用的强弱与硅醇基的含量多少有关。硅醇基能够通过氢键的形成而吸附水分，因此硅胶的吸附力随吸附水量增加而降低。若吸水量超过 17%，吸附力极弱，不能作为吸附剂，但可作为分配层析中的支持剂。所以使用前，应对硅胶加热至 100～110℃，活化 0.5～1h。

使用活性炭时，一般需要先用稀盐酸洗涤，再用乙醇洗，最后以水洗净，于 80℃干燥后即可供层析用。层析用的活性炭，最好选用颗粒活性炭，若为活性炭细粉，则需加入适量硅藻土作为助滤剂一起装柱，以免流速太慢。活性炭主要用于分离水溶性成分，如氨基酸、糖类及某些苷。活性炭的吸附作用，在水溶液中最强，在有机溶剂中则较弱。故水的洗脱能力最弱，而有机溶剂则较强。例如，以醇-水进行洗脱时，随乙醇浓度的递增而洗脱力增强。活性炭对芳香族化合物的吸附力大于脂肪族化合物，对大分子化合物的吸附力大于小分子化合物。利用这些吸附性的差别，可将水溶性芳香族物质与脂肪族物质分开，单糖与多糖分开，氨基酸与多肽分开。

2. 薄层层析

薄层层析（thin layer chromatography，TLC）是一种简便、快速和微量的层析方法。一般将小于 250 目和粒度均匀的吸附剂（支持剂）撒布到平面（如玻璃片）上，形成薄层后进行层析，其原理与柱层析基本相似。

（1）吸附剂的选择　薄层层析用的吸附剂与其选择原则和柱层析相同。用于薄层层析的吸附剂或预制薄层一般活度不宜过高，以Ⅱ级或Ⅲ级为宜。而展开距离则随薄层的粒度粗细而定，薄层粒度越细，展开距离相应缩短，一般不超过 10cm，否则可引起色谱扩散影响分离效果。

（2）展开剂的选择　当吸附剂活度为一定值时（如Ⅱ级或Ⅲ级），对多组分的样品能否获得满意的分离，取决于展开剂的选择。植物化学成分在脂溶性成分中，大致可按其极性不同分为非极性、弱极性、中极性与强极性。但在实际工作中，经常需要利用溶剂的极性大小，对展开剂的极性予以调整。

（3）特殊薄层　针对某些性质特殊的化合物的分离与检出，有时需采用一些特殊薄层，如络合薄层、酸碱薄层和 pH 缓冲薄层。

① 络合薄层。常用的有硝酸银薄层，用来分离碳原子数相等而其中碳碳双键数目不等的一系列化合物，如不饱和醇和酸等。其主要机制是碳碳双键能与硝酸银形成络合物，而饱和的碳碳键则不与硝酸银络合，因此在硝酸银薄层上，化合物可由于饱和度不同而获得分离。层析时饱和化合物由于吸附最弱而 R_f 值最高，含一个双键的较含两个双键的 R_f 值高，含一个三键的较含一个双键的 R_f 值高；此外，在一个双键化合物中，顺式的与硝酸银络合较反式的易于进行，因此，还可用来分离顺反异构体。

② 酸碱薄层和 pH 缓冲薄层。为了改变吸附剂原来的酸碱性，可在铺制薄层时采用稀酸或稀碱水溶液调制薄层。例如，硅胶带微酸性，有时对碱性物质如生物碱的分离不好，如不能展层或拖尾，则可在铺薄层时，用 $0.1 \sim 0.5mol/L$ NaOH 溶液制成碱性硅胶薄层。

（4）应用　薄层层析法在活性成分的研究中，主要应用于化学成分的预试、化学成分的鉴定及探索柱层分离的条件。利用薄层的预分离寻找柱层的洗脱条件时，假定在薄层上所测得的 R_f 值为一样品在柱层中的 R_f 值。这是由于在薄层展开时，薄层固定相中所含的溶剂经过不断蒸发，薄层上各点位置所含的溶剂量是不等的，靠近起始线的含量高于薄层的前沿部分。但若严格控制层析操作条件，则可得到接近真实的 R_f 值。用薄层进行某一组分的分离，其 R_f 值范围，一般情形下为 $0.85 > R_f > 0.05$。此外，薄层层析法也应用于园艺产品品种鉴定和质量控制等方面。

3. 聚酰胺吸附层析法

聚酰胺（polyamide）吸附属于氢键吸附，是一种用途十分广泛的分离方法，极性物质与非极性物质均适用。

（1）基本原理　聚酰胺均为高分子化合物，不溶于水、甲醇、乙醇、乙醚、氯仿及丙酮等常用有机溶剂，对碱较稳定，对酸尤其是无机酸稳定性较差，可溶于浓盐酸、冰醋酸及甲酸。

一般认为聚酰胺通过分子中的酰胺羰基与酚羟基，或酰胺键上游离胺基与羧基形成氢键缔合而产生吸附。吸附强弱则取决于各种化合物与之形成氢键缔合的能力。在含水溶剂中大致有如下规律：①形成氢键的基团数目越多，则吸附能力越强。②成键位置对吸附力也有影响。形成分子内氢键的化合物，在聚酰胺上的吸附相应减弱，如对羟基苯甲酸大于水杨酸。

③分子中芳香化程度高者，则吸附作用强；反之，则弱，如 α-荼酚吸附能力强于苯酚。

显然，聚酰胺与酚类或醌类等化合物形成氢键缔合的能力在水中最强，在含水醇中则随着醇浓度的增高而相应减弱，在高浓度或其他有机溶剂中则几乎不缔合。故在聚酰胺柱层析时，通常用水装柱，样品也尽可能制成水溶液上柱以利聚酰胺对样品充分吸附，随后用不同浓度含水醇洗脱，并不断提高醇的浓度，逐步增强从柱上洗脱物质的能力。

甲酰胺、二甲基甲酰胺及尿素水溶液因分子中均有酰胺基，作为洗脱剂可以同时与聚酰胺及酚类等化合物形成氢键缔合，故有很强的洗脱能力。此外，水溶液中加入碱或酸均可破坏聚酰胺与物质之间的氢键缔合，也有强的洗脱能力，可用于聚酰胺的精制及再生处理，常用的有 10%乙酸、3%氨水及 5%氢氧化钠水溶液等。各种溶剂在聚酰胺柱上的洗脱能力由弱至强，大致排列成下列顺序：水→甲醇→丙酮→氢氧化钠水溶液→甲酰胺→二甲基甲酰胺→尿素水溶液。

（2）应用　聚酰胺吸附层析特别适合于类黄酮等酚类化合物的制备分离。此外，对生物碱、萜类、甾体、糖类和氨基酸等其他极性与非极性化合物的分离也有着广泛的用途。另外，因为对鞣质的吸附性强，近乎不可逆，故用于植物粗提物的脱鞣处理特别适宜。

4. 大孔吸附树脂法

大孔吸附树脂（macroporous absorption resin）是 20 世纪 70 年代发展起来的有机高聚物吸附剂，是一种不含交换基团的且具有大孔结构的高分子吸附剂，也是一种亲脂性物质，具有较好的吸附性能。它的化学结构与离子交换树脂类似，区别在于后者可引入进行离子交换的酸性或碱性基团。大孔吸附树脂多为白色的球状颗粒，粒度多为 20～60 目，通常分为非极性和极性两大类。根据极性大小尚可分为弱极性、中等极性和强极性。目前常用的为苯乙烯型和丙烯腈型。苯乙烯型的理化性质稳定，不溶于酸、碱及有机溶剂。对有机物的选择性较好，不受无机盐类及低分子化合物存在的影响。

（1）大孔吸附树脂的工作原理　大孔吸附树脂是吸附和分子筛选原理相结合的分离材料，它的吸附性是范德瓦耳斯力或生成氢键的结果。筛选不同大小分子的效率是由其本身多孔性结构所决定的。由于吸附和筛选原理，有机化合物根据吸附力的不同及分子量的大小，在大孔吸附树脂上经一定的溶剂洗脱而分开，这使得有机化合物尤其是水溶性化合物的提纯得以大大简化。其吸附力与比表面积、表面电性、能否与被吸附物形成氢键等有关。一般非极性化合物在水中可以被非极性树脂吸附，极性化合物在水中被极性树脂吸附。

（2）溶剂的影响　被吸附的化合物在溶剂中的溶解度对吸附性能有很大的影响。通常一种物质在某种溶剂中溶解度大，树脂对其吸附力就弱。例如，有机酸盐及生物碱盐在水中的溶解度大，树脂对其吸附弱。含有大量无机盐的中草药水提物分离时，由于无机盐在水中的溶解度很大，无机盐很快随溶剂前沿被洗出，故可用大孔吸附树脂代替半透膜脱盐。酸性物质在酸性溶液中进行吸附，碱性物质在碱性溶液中进行吸附较为适宜。

（3）被吸附化合物结构的影响　被吸附化合物的分子量不同，要选择适当孔径的树脂以达到有效分离的目的。同一种树脂对分子量大的化合物吸附作用较大。化合物的极性增加时，树脂对其吸附力也随之增加。若树脂和化合物之间产生氢键作用，吸附作用也将增强。

（4）吸附树脂分离条件的确立　由影响树脂吸附作用的因素可知，被吸附的化合物的结构对吸附作用有很大的影响，因此要想达到较好的分离效果，必须根据被分离化合物的大致结构特征来确定分离条件。首先，要根据被分离化合物的分子体积的大小，通过预实验或查文献资料获得应选用的树脂的适当孔径。其次，要根据分子中是否含有酚羟基、羧基或碱性氮原子来确定树脂的型号和分离条件。一般来说，要达到满意的分离效果，还应注意以下几方面的影响：①上样溶液 pH。②树脂柱的清洗。化合物经树脂柱吸附后，在树脂表面或内部还残留着许多非极性成分或吸附性杂质成分，这些杂质必须在清洗过程中尽量洗除。非极性成分一般用水即可洗除，而吸附性杂质根据情况可用一定浓度的酸或碱除去，一般情况下洗至近无色即可。③洗脱剂的选择。常用的洗脱剂有甲醇、乙醇和丙酮，根据吸附力强弱选用不同的洗脱剂及浓度，对非极性树脂，洗脱剂极性越小，洗脱能力越强。对中等极性树脂和极性较大的化合物来说，则用极性较大的洗脱剂为佳。为达到满意的效果，可通过几种洗脱剂浓度的比较来确定最佳洗脱浓度。

大孔吸附树脂具有选择性好、再生处理方便和吸附速度快等优点，因此适用于从水溶液中分离低极性或非极性化合物，组分间极性差别越大，分离效果越好。混合组分被大孔树脂吸附后，一般依次用水、含水甲醇、乙醇或 10%、20% 等体积分数的丙酮洗脱，最后用浓醇或丙酮洗脱。通过静态吸附试验，比较 NKA-9、AB-8、HPD-400、D101 等 4 种大孔树脂对秋葵中类黄酮物质的吸附与解吸性能发现，最适合分离纯化秋葵黄酮的树脂类型为 AB-8 型，通过动态吸附-洗脱试验得出 AB-8 树脂分离纯化秋葵黄酮的最佳工艺为上样浓度 0.60mg/mL，上样流速 0.70 mL/min，洗脱剂为 70% 乙醇，洗脱流速 0.40mL/min，纯化后秋葵黄酮纯度由 39.2% 提高到 67.3%。

5. 真空液相色谱法

经典柱层析操作费时且费力，需要大量的固定相和洗脱剂，工作效率较低，因此相继出现了众多快速柱层析技术，其中尤其以真空液相色谱法（VLC）普遍受到青睐。VLC 是利用柱后减压，使洗脱剂迅速通过固定相，从而很好地分离样品。VLC 具有快速、简易、高效和价廉等优点，适用于多种天然化合物的分离。

VLC 实质上是柱色谱，它综合了制备薄层色谱（PTLC）和真空抽滤技术。VLC 不同于常压柱层析和快速柱层析，因为后两者洗脱剂是连续的，在操作过程中不会间断，而 VLC 进行溶剂洗脱时，将洗脱剂在柱后减压下全部抽出后，再更换溶剂，并进行下一个流分的收集，因此 VLC 与 PTLC 的多次展开极为相似。另外，FLC 采用柱前加压，而 VLC 采用柱后减压的方法，因此 VLC 所用设备极其简单和便宜，在样品处理量上，应用 VLC 分离可达到几十克，而且低压柱层析只能分离几克。

VLC 常用的实验装置中垂熔漏斗相当于层析柱，固定相通常使用薄层层析硅胶、氧化铝及聚酰胺，采用干法装柱，用水泵边抽真空边敲打漏斗壁，尽量抽紧固定相（图 6-7）。图 6-7（b）装置适用于 1g 以下的样品分离，固定相的高度低于 5cm，所用固定相的量为样品量的 10~15 倍，用试管收集流分，10~15mL/支。

当处理较大量样品时，可用图 6-7（c）装置，为了防止固定相表面塌陷，可在固定相表面上放一层滤纸，将待分离样品溶于弱极性溶剂，小心均匀地使溶液滴入固定相表面上。若样品不溶于弱极性溶剂，可将其溶于易挥发和极性较大的溶剂（如 CH_2Cl_2 和 CH_3OH 等），与等量吸附剂混合，并将干样品均匀地铺在固定相表面，然后进行洗脱。洗脱时采用水泵抽吸，使洗脱剂迅速通过固定相，待全部抽干后，更换溶剂和接收容器，进行下一个流分的收集。重复上述操作，并用 TLC 跟踪每个流分的分离情况。

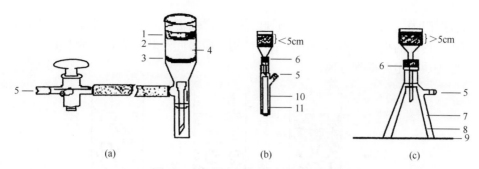

图 6-7　真空液相色谱法实验装置

1—样品层；2—玻璃垂熔漏斗；3—筛板；4—吸附剂；5—与水泵相连（通真空）；6—橡皮塞；
7—无底抽滤瓶；8—三角烧瓶；9—磨砂玻璃板；10—支管试管；11—试管

VLC 流动相的选择与一般柱层析相同，即先用 TLC 来选择条件。VLC 尤其适用于梯度淋洗，可采用二元或三元溶剂系统。一般先用极性小的溶剂（如石油醚），然后逐步增加洗脱剂的极性（如使用 CH_2Cl_2、Et_2O、EtOAc 和 CH_3OH 等）。极性溶剂的增加开始时较慢（1%、2%和3%），然后较快（5%、10%、20%和50%），直到100%。

与常压柱层析和快速柱层析相比，真空柱层析具有以下特点：分离操作时间短，一般仅需数小时；装置简单易得，装柱方便且要求不高；分离效果好；处理量大，分离几十克的样品，以较快的速度完成。在 FLC 中，由于玻璃分离柱的限制，处理 6g 以上的样品时就非常困难，常压柱层析虽然没有样品量的限制，但是极耗时，所用固定相的量也很大；VLC 特别适用于频繁的梯度淋洗，并可使固定相抽干，这又是 FLC 和常压柱层析无法做到的；VLC 可以作为 HPLC 分离前较理想的预处理方法。

（四）根据有机化合物分子量差别进行分离

常用的有透析法、凝胶过滤法和超滤法等方法。前两者是利用半透膜的膜孔或凝胶的三维网状结构的分子筛过滤作用；超滤法则是利用由分子大小不同引起的扩散速度的差别。以上这些方法主要用于水溶性大分子化合物，如蛋白质、核酸和多糖类的脱盐精制及分离工作，对分离小分子化合物来说不太适用。凝胶过滤法也适用于分离分子量在 1000 以下的化合物。以下仅以凝胶过滤法为例来说明。

1. 基本原理

凝胶过滤法（gel filtration）也称为凝胶渗透层析（gel permeation chromtograghy）或分子筛过滤（molecular sieve filtration），是 20 世纪 60 年代发展起来的一种分离分析技术（图6-8）。该方法中所用固定相是凝胶，为具有许多孔隙的网状结构的固体，有分子筛的性质。当被分离物质的分子大小不同时，它们进入凝胶内部的能力也不同。凝胶孔隙的大小与分子大小相当，当混合物通过凝胶时，比凝胶孔隙小的分子可以自由进入凝胶内部，而比孔隙大的分子不能进入，因此不同大小的分子在凝胶中的移动速度不同。大分子不被迟滞而随溶液走在前面，小分子由于向孔隙内扩散或移动得到滞留，落后于大分子而得到分离。

如葡聚糖凝胶（Sephadex G）是不溶于水，但可在水中膨胀的球形颗粒，具有三维空间的网状结构。当在水中充分膨胀后装入层析柱中，加入样品。用同一溶剂洗脱时，由于凝胶网孔半径的限制，大分子将不能渗入凝胶颗粒内部（即被排阻在凝胶颗粒外部），因此在颗粒间隙移动，并随溶剂一起从柱底先流出；小分子因可自由渗入并扩散到凝胶颗粒内部，故通过层析柱时阻力增大、流速变缓，将较晚流出。样品混合物中各个成分因分子大小各异，渗入凝胶颗粒内部的程度也不尽相同，故在经历一段时间流动并达到动态平衡，即按分子由大到小次序先后流出并得到分离。

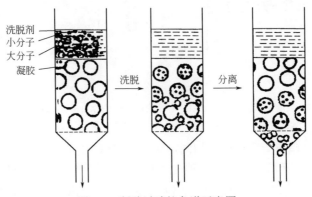

图 6-8　凝胶过滤柱色谱示意图

2．凝胶的类型

葡聚糖凝胶及羟丙基葡聚糖凝胶（Sephadex LH-20）为常用凝胶。

（1）葡聚糖凝胶　葡聚糖凝胶由平均分子量一定的葡聚糖及交联剂（如环氧氯丙烷）交联聚合而成。凝胶颗粒网孔大小取决于所用交联剂的数量及反应条件。加入的交联剂数量越多（即交联度越高），网孔越紧密，孔径越小，吸水膨胀程度也越小；交联度越低，则网孔越稀疏，吸水膨胀程度也越大。商品型号即按交联度大小分类，并以吸水量多少表示。以 Sephadex G-25 为例，G 为凝胶（gel），后附数字等于吸水量×10，故 G-25 示该葡聚糖凝胶吸水量为 2.5mL/g。

Sephadex G 型仅适合于在水中应用，且不同规格适合分离不同分子量的物质。

（2）羟丙基葡聚糖凝胶　该凝胶是 Sephadex G-25 经羟丙基化处理后得到的产物。此时，葡聚糖凝胶分子中的葡萄糖部分与羟丙基结合成醚键。

与 Sephadex G 比较，Sephadex LH-20 分子中羟基总数虽无改变，但碳原子所占比例相对增加了。因此与 Sephadex G 仅亲水性不同，其不仅可在水中应用，也可在极性有机溶剂或含水的混合溶剂中使用。Sephadex LH-20 在不同溶剂中湿润膨胀后得到的柱床体积及保留溶剂量不同，使用不同溶剂做流动相，分离效果也有差异。

Sephadex LH-20 除具有分子筛特性，可按分子大小分离物质外，在由极性与非极性溶剂组成的混合溶剂中还常常起到反相分配层析的效果，适用于不同有机物的分离。在活性物质分离纯化方面得到了越来越广泛的应用。

使用过的 Sephadex LH-20 可以反复再生使用，而且柱子的洗脱过程往往就是柱子的再生过程。短期不用时可以水洗→含水醇洗（醇的浓度逐步递增）→醇洗，最后泡在醇中储于磨口瓶中备用。长期不用时，可在以上处理基础上减压抽干，再用少量乙醚洗净抽干，室温充分挥散至无醚味后，60～80℃干燥后保存。

（五）根据有机化合物解离度不同进行分离

有些天然有机化合物分子中含有酸性、碱性及两性基因，在水中多呈解离状态，据此可用离子交换法或电泳技术进行分离。离子交换法应用较为广泛。

1. 基本原理

离子交换法是以离子交换树脂作为固定相，以水或含水溶剂作为流动相。当流动相流过交换柱时，中性分子及具有与离子交换树脂交换基团相反电荷的离子将不被吸附从柱子流出，而具有相同电荷的离子则与树脂上的交换基团进行离子交换并被吸附到柱上，并用适当溶剂从柱上洗脱下来，即基于碱性强弱不同可达到物质的分离。

2. 离子交换树脂的结构及性质

离子交换树脂是一种不溶且不熔的高分子化合物。外观均为球形颗粒，不溶于水，但可在水中溶胀。离子交换树脂由以下两个部分组成：母核部分和离子交换基团。前者是由苯乙烯通过二乙烯苯交联而成的大分子网状结构。网孔大小可用交联度（即加入交联剂的比值）表示。交联度越大，则网孔越小，质地越紧密，水中越不易膨胀；反之亦然。不同交联度适用于分离不同大小的分子。根据交换基团不同，离子交换树脂有阳离子交换树脂和阴离子交换树脂之分，其中阳离子交换树脂的分子中含有活泼的酸性基团，能交换阳离子；阴离子交换树脂中含有活泼的碱性基因，能交换阴离子。按照活性基团的酸、碱性强弱，阳离子交换树脂分为强酸性（如 $—SO_3^-H^+$）、弱酸性（如$—NH_4^+$、$—COO^-H^+$）；阴离子交换树脂有强碱性如$—N^+(CH_3)_3Cl^-$和弱碱性如含 $RCH_2N(CH_3)_2$ 等。

3. 离子交换树脂的再生

当离子交换树脂使用一段时间后，就会失去交换能力。这时，就需要进行"再生"处理。"再生"处理就是用强的无机酸或碱溶液浸泡已失去交换能力的交换树脂，使其发生离子交换反应的逆过程，即用 H^+ 或 OH^- 再将树脂上的阳离子或阴离子交换出来。通常用盐酸或硫酸溶液"再生"处理阳离子交换树脂，用氢氧化钠溶液"再生"处理阴离子交换树脂。经过"再生"处理的离子交换树脂洗净后可继续使用。

4. 影响离子交换的主要因素

（1）溶液的酸碱度　离子交换剂可被认为是一种不溶性高分子酸或碱，因此溶液的酸碱度对离子交换有很大的影响。当交换溶液中氢离子的浓度显著提高时，由于同离子效应，抑制了阳离子交换剂中的酸性基团的解离，故离子交换反应较慢，甚至不能发生交换。通常调节酸性交换剂交换液的pH>2，弱酸性交换剂的交换液 pH>6。同理，对于阴离子交换剂，当溶液 pH 增大时，也会发生同样的情况，故强碱性交换剂的交换液的 pH 应在 12 以下，弱碱性应在 7 以下。

（2）解离离子性质　交换离子的选择性离子交换剂对待分离的化合物的交换能力，主要取决于化合物解离离子的电荷、半径及酸碱性的强弱。解离常数大、酸碱性强者容易被置换，但洗脱下来较难；解离离子价数越高，电荷越大，越容易交换在树脂上。碱金属、碱土金属及稀土元素还与它们的原子序数有关，前两者原子序数大则交换吸附就强，稀土元素的原子序数小，其交换吸附弱。

（3）溶液的浓度　被交换物质浓度离子交换法通常在水溶液或含水溶液中进行，这样有利于解离与交换。浓度低的溶液对离子交换剂的选择性大。在高浓度时由于解离度的减小，会影响吸附次序及选择性。浓度过高时会使离子交换树脂表面及其内部交联网孔收缩，影响离子进入网孔，所以一般实验操作时，所用的溶液的浓度应略高，有利于提取分离。

（4）温度的影响　当溶液的浓度较低时，温度对交换的性能影响不大，但浓度在 0.1mol/L

以上时，温度升高对水合倾向大的离子容易交换吸附。对弱酸和弱碱交换剂来说，温度对其交换率有较大的影响，一般温度增高，离子交换速度加快。

（5）溶剂的影响　离子交换法在水溶液中进行，也可采用含水的极性溶剂。

5. 离子交换树脂法的应用

离子交换树脂法用于解离度相差较大的物质分离纯化，如某些氨基酸和生物碱等。对于电荷相同和解离度近似的混合物来说，一般的离子交换方法则难以达到良好的分离效果，而需用离子交换层析法。其原理与离子交换树脂法相同，关键在于选好固定相（树脂）及流动相（缓冲液）。流动相除了用磷酸盐缓冲液外，还采用有机酸（甲酸和乙酸）、碱（如吡啶、二甲基吡啶、三甲基吡啶和 N-乙基吗啉）做成的缓冲液，以便在减压浓缩或冷冻干燥时除去。

三、园艺产品有效成分的活性追踪分离方法

目前，从园艺产品中提取分离活性成分，主要是在生物活性测试指导下追踪分离，即选用简易、灵敏和可靠的活性测试方法，对分离所得各个馏分（fraction）进行活性定量评价，在确认样品的活性之后，选取强活性的馏分继续分离，直至追踪获得高活性的单体化合物。但是应用这种方法时，活性测试的样品及工作量均大大增加，例如潍坊萝卜有效成分的追踪分离过程（图6-9）。

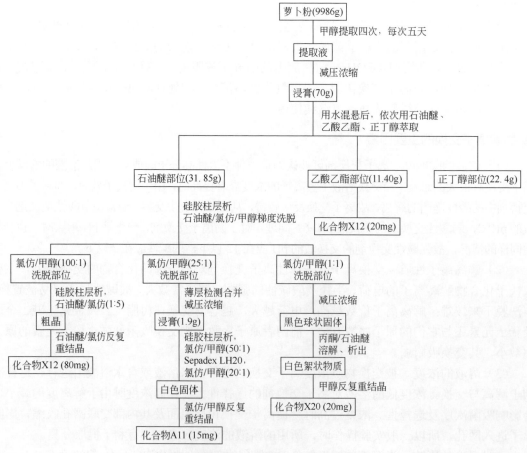

图 6-9　潍坊萝卜有效成分的追踪分离过程

分离提取过程必须尽可能地在比较温和的条件下进行，以免影响有效成分的结构变化，致使其生理活性改变。常会遇到所得的混合成分的活性比其单一成分的高，或单一成分失去其混合成分活性的现象。

另外，由于分离方法或材料选择不当，结构变化或丢失。有些植物成分，即使在很温和的条件下，也可能产生结构上的变化，而结构上的微小改变，其化学和物理属性或许没有显著的差别，但生理活性会有明显的不同。实践表明，只有使用活性追踪分离方法，方能很快查明原因，并可采用相应措施进行补救。这对活性化合物的分离来说，是一种较好的方法。

第二节　活性物质结构测定方法

结构鉴定是活性物质研究的重要内容，从园艺产品中分离得到的单体即使具有很强的活性，但是如果结构不清楚，则无法进一步开展其功能和毒理研究，也无法进行人工合成或结构修饰，影响园艺产品营养品质改良及产品利用，因此从园艺产品中提取分离的有机化合物，都要涉及分析鉴定和结构测定问题。

随着光谱技术和方法的飞速发展，尤其是紫外光谱、红外光谱和核磁共振谱的广泛应用，有机化合物的结构测定发生了革命性的变化。与经典的化学方法相比，光谱法具有如下特点：样品用量少，一般仅需要几微克至几十毫克，除质谱外多数能回收；对结构复杂的天然化合物，在较短的时间内就能完成结构的测定，且不改变混合体系的组成；对构象、构型和异构体判别等方面的研究已显示出巨大的潜力；灵敏、准确和重现性好。但不能因此否定化学方法，将光谱方法与化学方法有机结合，取长补短，则会得到更为可靠的结论。

对天然化合物进行结构研究难度较大。特别是对一些超微量生理活性物质来说，由于样品量较少，有时仅几毫克，因此难以采用经典的方法（如化学降解和衍生物合成等）进行结构研究，而不得不借助波谱解析的方法解决问题，即尽可能在不消耗或少消耗样品的情况下通过测定得到各种图谱，获取尽可能多的结构信息。随后加以综合分析，并充分利用文献数据进行比较鉴别，必要时辅以化学手段，以推定并确认化合物的分子结构。

一、结构研究的一般程序与方法

对未知天然化合物来说，结构研究的程序及采用的方法大体包括：推断化合物结构类型，推断分子中可能含有的官能团、结构片段或基本骨架，推断并确定分子的平面结构，推断并确定化合物的立体结构。推断化合物结构类型的步骤如下：①注意观察样品在提取和分离过程中的行为；②测定有关物理化学性质，如不同 pH、不同溶剂中的溶解度及层析行为和化学定性反应等；③结合文献调研。

1. 测定分子式及计算不饱和度

分子式的测定目前主要有以下几种方法，可因地制宜地加以选用。

（1）元素定量分析和分子量测定

① 元素定量分析。一般在进行元素定量分析前应先进行元素定性分析，如采用钠融法等。如果化合物只含 C、H、O，通常只做 C、H 定量，则由扣除法求得。按倍比定律，原子间的

化合一定是整数，确定实验式。确切的分子式则待分子量测定后才能确定。

② 分子量测定。分子量的测定有凝胶过滤法、质谱法和同位素峰度比法等，其中质谱法是最常用的方法。

（2）高分辨质谱法　高分辨质谱仪可以测出样品分子的精确质量，分辨率高于 10000，再加上对杂原子数目的限制，质谱仪的计算机系统不仅可给出分子、离子元素组成，而且也可确定出质谱图中重要的碎片离子元素组成。

国际上把 ^{12}C 的原子量定位整数 12，其他有机化合物常见同位素原子量的测定不断精确（表6-3）。

表6-3　一些同位素的原子量

同位素种类	原子量	同位素种类	原子量
^1H	1.00782504	^{19}F	18.9984033
^2H	2.01410179	^{28}Si	27.9769284
^{13}C	13.0033548	^{31}P	30.9737634
^{14}N	14.0030740	^{32}S	31.972 0718
^{15}N	15.000 1090	^{35}Cl	34.9688527
^{16}O	15.9949146	^{79}Br	78.9183360
^{18}O	17.9991594	^{127}I	126.904477

高分辨质谱仪可将物质的质量精确测定到小数点后第 4 位，但实际保留到第 4 位。例如，4 个化合物的分子式为 $C_8H_{12}N_4$、$C_9H_{12}N_2O$、$C_{10}H_{12}O_2$ 和 $C_{10}H_{16}N_2$，它们的分子量虽都为 164，但精确质量则并不相同（表6-4），在高分辨质谱仪上可以很容易地进行区别。

表6-4　4 个化合物的精确质量

序号	分子式	精确质量	序号	分子式	精确质量
1	$C_9H_{12}N_2O$	164.0950	3	$C_{10}H_{16}N_2$	164.1315
2	$C_8H_{12}N_4$	164.1063	4	$C_{10}H_{12}O_2$	164.0837

分子式确定后，即按下式计算有机化合物分子的不饱和度（Ω，degree of unsaturation）。

$$\Omega = C + 1 - \left(\frac{H}{2} + \frac{X}{2} - \frac{N}{2} \right) = C + 1 - \frac{H}{2} - \frac{X}{2} + \frac{N}{2}$$

式中，C 为化合物中 C 原子的数目；H 为化合物中 H 原子的数目；N 为化合物中三价 N 原子数；X 为化合物中卤素原子数目。

2. 推断分子的官能团、结构片段或基本骨架

推断分子中可能含有的官能团、组装结构片段或归属分子基本骨架包括：官能团定性及定量；测定并解析化合物有关光谱，如 UV、IR、MS、1D NMR 和 2D NMR（HMQC、HMBC、^1H-^1H COSY）。

3. 推断并确定分子的平面结构

推断并测定分子的平面结构程序如下：①结合文献调研；②结合光谱解析及官能团定性、定量分析结果；③与己知化合物进行比较或采用化学方法（化学降解、衍生物制备或

人工合成）。

4. 推断并测定化合物的立体结构

推断并确定化合物的立体结构，包括相对构型、绝对构型和构象，主要采用测定 CD 或 ORD 谱、NOE、NOESY 或 ROESY 谱，或进行 X 晶体衍射分析或人工合成。

文献检索几乎贯彻结构研究工作的全过程。根据植物化学分类学理论，分类学上亲缘关系相近的植物，往往含有类型及结构骨架类似甚至结构相同的化合物。因此，在提取分离前，一般应先利用主题索引，按拉丁学名查阅，以便了解同种、同属及相近属种植物哪个部位中研究过什么成分、如何得到，以及分子式、理化常数、层析行为及各种波谱数据、生物合成途径等。

通常在确认所得化合物的纯度后，即应根据该化合物在提取、分离过程中的理化性质及相关测试数据，对照上述文献调研结果，分析推断所得化合物的类型及基本骨架。后者一旦得到确定后，即可利用分子式索引或主题索引（如推测为已知化合物）查阅各种专著、手册、综述，或者通过检索 SCIFinder 或天然产物数据库（DNP），进一步全面比较有关数据以判断所得到的化合物与已知样品是否相同。

二、波谱技术在活性物质结构分析中的应用

（一）质谱

近 30 年来，质谱（mass spectrometry，MS）技术只在有机化合物小分子的结构测定中发挥了重要作用，如电子轰击电离（electron impact ionization）质谱（EI-MS），而对于大分子（分子量超过 1000）、极性分子和难挥发分子，则显得无能为力。20 世纪 70 年代以来，由于开发了使样品不必加热气化而直接电离的新技术、新方法，如场解析电离（field desorption ionization）质谱（FD-MS）、快原子轰击电离（fast atom bombardment）质谱（FAB-MS）、基质辅助激光解析电离（matrix-assisted laser desorption ionization）质谱（MALDI-MS）、电喷雾电离（electrospray ionization）质谱（ESI-MS）及串联质谱（MS/MS）等，质谱能比较有效地用于糖苷、蛋白质、多肽、糖肽及核酸、多糖结构和顺序的测定。

质谱可用于确定分子量及分子式。此外，由于化合物的裂解遵循一定规律，可利用在同一条件下测得的 MS 图，鉴定两个化合物是否为同一化合物，而且根据裂解特征推定或者复核分子的部分结构。

1. 电子轰击电离质谱

电子轰击电离质谱是应用最普遍和发展最成熟的方法。测定 EI-MS 时，需要先将样品加热气化，一般采用 70eV 能量的电子轰击样品而使其发生电离。所以分子量较大、热不稳定和难以气化的化合物，如一些极性较强的分子（如糖苷、羧酸和氨基酸）及一些生物大分子（如多糖、肽类和蛋白质等）往往测不到分子离子峰，只能得到碎片峰。因此，一般将对热不稳定的样品进行甲基化、乙酰化或三甲基硅醚化，制备成热稳定性好的挥发性衍生物后再进行测定。

电子电离的缺点为当样品分子稳定性不高时，分子离子峰的强度低，甚至没有分子离子峰；当样品分子不能气化或受热分解时，则更没有分子离子峰。

电子电离方法有易于实现、所得质谱图再现性好及含有较多的碎片离子信息等优点，这

对于推测未知物结构是非常必要的。

2. 场解析电离质谱

FD-MS 是 1969 年由 H.D.Beckey 所发明，即将样品涂于布满微针的钨丝发射极上，在强电场作用下，样品分子不经加热气化电离而形成准分子离子（quasi-molecular ion）和少数的主要碎片离子，所以 FD-MS 特别适合于热不稳定、强极性、难挥发性的样品，检出灵敏度高，可达 10^{-11}g。

3. 快原子轰击电离质谱

FAB-MS 是 1981 年 M.Barber 开发的一种快原子轰击软电离技术，其原理为：一束高能中性原子如氩、氙，撞击存在于液态基质中的样品分子，使样品离子化，这样可以得到提供分子量信息的准分子离子峰和主要结构信息的碎片峰，并能得到正离子和负离子谱。将样品加入低挥发性的基质如 m-硝基苄醇（m-nitrobenzylalcohol，mNBA）、聚乙二醇（polyethylene glycol，PEG）及甘油（glycerol）等中。

FAB-MS 给出的准分子离子峰的组成较复杂，除质子转移之外，尚可能加合基质分子及金属离子。由 FAB-MS 所得质谱也有碎片离子峰，因而也提供了结构信息。此外，基质分子也会产生相应的峰，如甘油会有 m/z93、185 及 277 等。有时出现倍分子离子峰，如[2M]$^-$、[2M-H]$^-$ 及[3M-H]$^-$。

碎片类型与 FD-MS 基本相同。FAB-MS 还可给出相应的阴离子质谱，与阳离子质谱互相补充，大大增加了信息来源及可信程度。FD-MS 在高质量区提供的信息比较详尽，但苷元部分的结构碎片信息则相对较少，而 FAB-MS 则不然，除了给出分子量及糖的碎片信息外，在低质量区还出现苷元的结构碎片，从而弥补了 FD-MS 的不足。

如果［M+H］$^+$ 或［M-H］$^-$ 尚未能确认，此时可在样品中加入碱金属盐，主要产生准分子离子［M+Li］$^+$、［M+Na］$^+$ 和［M+K］$^+$，由此可确认分子量及分子式。正离子 FAB-MS 中，这种阳离子加合离子通常表现为较高的强度，而很难找到碎片与碱金属盐的加合离子。FAB-MS 裂解多发生在各苷键位置，从而产生一系列糖基碎片及分子减去相应糖基后的碎片，可以直接确定寡糖中苷键的连接位置，为皂苷化学结构研究提供简便方法。

4. 基质辅助激光解析电离质谱

MALDI-MS 诞生于 20 世纪 80 年代末，是一种"软离子"质谱技术，具有样品不易裂解、分子离子峰强和灵敏度高等特点。该技术为分析强极性、热不稳定和难挥发的生物样品提供了新途径，逐渐成为分析复杂蛋白、多肽、核酸等样品的首选方法。

MALDI-MS 的基本原理是将待测样品与大量基质小分子混合物混合并形成晶体，用脉冲激光照射晶体时，基质从激光中吸收能量并转化为晶格的激发能，脉冲激光能使样品表面升温至或接近基质发生相变或升华，基质夹杂着存在于其晶格中的待测分子因振动激发而诱发冲击波，形成激光烟云。在此过程中，基质-样品之间发生电荷转移使得样品分子电离，电离的样品在电场作用下飞过真空的飞行管，根据到达检测器的飞行时间不同而被检测，即通过离子的质量电荷之比（m/z）与离子的飞行时间成正比来分析离子，并测得样品分子的分子量。

5. 电喷雾电离质谱

ESI-MS 适用于极性和热不稳定化合物甚至混合物的分析，为研究天然产物提供了一种简捷、快速和灵敏的分析方法。ESI 质谱系统，其电喷雾的过程如下：①喷雾器顶端施加一个电场给微滴提供静电荷；②在高电场下，液滴表面产生高的电应力，表面被破坏，产生微滴；③荷电微滴中溶剂的蒸发；④微滴表面的离子"蒸发"到气相中，进入质谱仪。FAB-MS 可以显示碎片离子，但只能产生单电荷离子，因此不适用于分析分子量超过分析器质量范围的分子。ESI-MS 可以产生多电荷离子，每一个都有准确的小 *m/z* 值。

ESI-MS 还可以产生多电荷母离子的子离子，这样就可以产生比单电荷离子的子离子更多的结构信息。此外，ESI-MS 可以补充或增强由 FAB 获得的信息，即使是小分子也是如此。那些因没有分子离子或只有纳摩尔量级而不能用 FAB 检测的大分子寡糖，即使样品只有皮摩尔量级且未经衍生，也可以使用 ESI 分析。因此，ESI-MS 成为当前分析大分子糖及复合物最好的方法之一。

电喷雾多极串联（tandem mass spectrometry）质谱（ESI-MS^n，n 为串联级数）不仅能监测分离过程，直接对粗分物中的已知成分快速表征，还可以对样品中的未知化合物进行结构预测，从而简化分离、纯化及结构鉴定的过程。目前，ESI-MS/MS 在园艺产品的活性物质鉴定中有广泛的应用。例如，通过高效液相色谱-电喷雾离子化串联质谱联用技术（HPLC-ESI-MS/MS）对几种提取物中的主要花色苷成分进行成分鉴定，鉴定出葡萄皮花色苷的主要成分为：飞燕草-3-半乳糖苷、矢车菊-3-葡萄糖苷、矮牵牛-3-葡萄糖苷、芍药素-3-葡萄糖苷、锦葵素-3-葡萄糖苷和飞燕草素-3-葡萄糖苷；黑米花色苷的主要成分为：矢车菊-3-葡萄糖苷、矮牵牛素-3-葡萄糖苷和飞燕草素-3-葡萄糖苷；紫甘薯花色苷中主要检测出了：芍药素-3-咖啡酰-对羟基苯甲酰槐糖苷-5-葡萄糖苷和芍药素-3-咖啡酰-阿魏酰槐糖苷-5-葡萄糖苷（图6-10）。

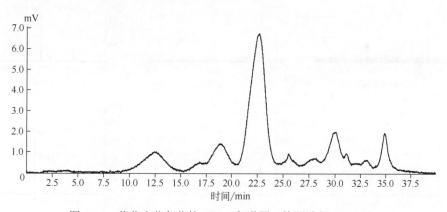

图 6-10　葡萄皮花色苷的 HPLC 色谱图（检测波长 520 nm）

以运用 HPLC-ESI-MS/MS 方法分析姜黄中姜黄素类化合物为例，利用高效液相色谱-电喷雾多级串联质谱（HPLC-ESI-MS^n）技术，以 Venusil XBP C18 （2.1×150mm，5μm，agela technologies）作为分离色谱柱，乙腈和水为流动相，电喷雾离子源（ESI），正负离子同时扫描。根据谱峰的保留时间和质谱一、二级离子碎片信息，结合对照品及参考文献信息，同时检测出姜黄中 28 种姜黄素类化合物。

利用高效液相色谱电喷雾离子化串联二级质谱（HPLC-ESI-MS/MS），根据保留时间、分子离子和二级质谱碎片，对西南委陵菜黄酮成分进行定性分析，通过多反应监控模式（MRM）监控特定碎片离子，以及三种标准品的标准曲线，分别利用外标法和内标法对黄酮进行了定量分析。西南委陵菜黄酮的主要成分及其含量为：芹黄素-7-*O*-*β*-D-葡糖苷酸（6.66μg/mg）、金丝桃苷

（2.39μg/mg）、紫云英苷（2.30μg/mg）、野黄芩苷（1.95μg/mg）、木犀草苷（0.44μg/mg）、翻白叶苷 A（0.39μg/mg）和异牡荆素（0.01μg/mg）（图6-11、图6-12）。

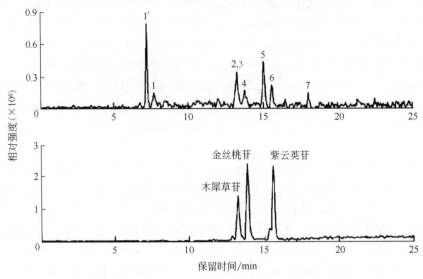

图6-11　西南委陵菜黄酮（上）和混合标准品（下）的总离子流图

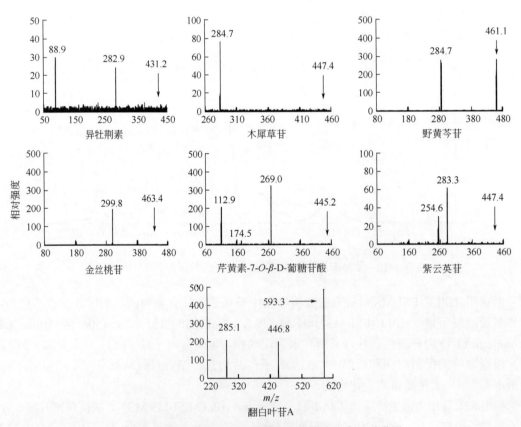

图6-12　西南委陵菜中类黄酮化合物的碎片离子质谱图

（二）核磁共振谱

在有机化合物分子结构测定中，核磁共振图谱（nuclear magnetic resonance，NMR）提供分子中有关氢原子及碳原子的类型、数目、相互连接方式、周围化学环境甚至空间排列等信息，是有机化合物结构测定中最重要的一种工具。近来，随着超导FT-NMR的问世，各种软件技术的开发应用日新月异，不断得到发展与完善，从而大大加快了结构研究工作的进度。目前，分子量1000以下、几毫克的微量物质甚至单用NMR测定技术也可确定它们的分子结构。因此 ^{1}H NMR 及 ^{13}C NMR 的各种最新技术及各种同核与异核二维 NMR 相关谱的解析技术，对活性物质的结构鉴定非常重要。

1. 一维核磁共振谱（1D NMR）

（1）核磁共振氢谱（ ^{1}H NMR）　　 ^{1}H NMR 测定中通过化学位移（ δ ）、峰面积及裂分情况（重峰数及偶合常数 J ）来判断分子中 ^{1}H 的类型、数目及相邻原子或原子团的情况，对有机化合物的结构测定有着重要意义。

（2）核磁共振碳谱（ ^{13}C NMR）　　在确定天然有机化合物结构时，与 ^{1}H NMR 相比， ^{13}C NMR 无疑起着更为重要的作用。但是由于 NMR 的测定灵敏度与磁旋比（ γ ）的三次方成正比，而 ^{13}C 的磁旋比因为仅为 ^{1}H 的 1/4，加之 ^{13}C 的丰度比又只有 1%，所以 ^{13}C NMR 测定的灵敏度只有 ^{1}H 的 1/6000。近年来，脉冲傅里叶变换核磁共振（pulse FT-NMR）的出现及计算机的引入，才使这个问题得以真正解决。

随着脉冲扫描次数的增加及计算机的累加计算， ^{13}C 信号将不断得到增强，噪声则越来越弱。经过几百次到几千次的扫描及累加计算，最后即可得到 ^{13}C NMR 图谱。

常见 ^{13}C NMR 谱类型有质子宽带去偶（proton broad band decoupling）和无畸变极化转移增强（distortionless enhancement by polarization transfer，DEPT）法。

2. 二维核磁共振

二维核磁共振（two dimensional nuclear magnetic resonance spectroscopy，2D NMR）谱是在一维核磁共振谱基础上发展起来的新型实验方法，是由两个彼此独立时间域函数经两次傅里叶变换（Fourier transform）得到两个频率函数（ $W1$ 和 $W2$ ）的核磁共振谱，共振峰分布在两个频率轴组成的平面上，其最大特点是将化学位移和偶合常数等参数在二维平面上展开，于是在一维谱中重叠在一个频率坐标轴上的信号被分散到由两个独立的频率轴构成的二维平面上，同时检测出共振核之间的相互作用。1D NMR 由于方法本身的局限性，在解决一些复杂结构方面仍显不足。若采用 2D NMR 技术可减少谱线的拥挤和重叠，提供核之间的相互关系的新信息，增加了结构信息，有利于复杂谱图的解析。因此，二维核磁共振法为解析复杂化学结构提供了强有力的工具。

以胡椒属植物黄花胡椒（ *Piper flaviflorum* ）中分离得到的酰胺生物碱为例，探讨了胡椒酰胺类生物碱在应用核磁共振波谱进行结构鉴定的规律。采用核磁共振波谱分析技术，确定橘子原汁中葡萄糖、果糖、蔗糖及柠檬酸在重水中的各种构型，对橘子原汁中葡萄糖、果糖、蔗糖及柠檬酸进行指纹归属。运用模拟谱证实了橘子原汁中存在葡萄糖、果糖、蔗糖和柠檬酸。以邻苯二甲酸氢钾作内标，利用质子核磁共振谱的主要特征峰，同时对橘子原汁中葡萄糖、果糖、蔗糖及柠檬酸进行定量分析。葡萄糖、果糖、蔗糖和柠檬酸测定结果的 RSD （ $n=6$ ）分别为 3.61%、3.24%、2.19%、4.6%；葡萄糖、果糖、蔗糖和柠檬酸的回收率分别为 99.4%、98.8%、97.8%、95.7%。该方法取样量少、简单、快速、准确，可以同时测定橘子原汁中葡萄糖、果糖、蔗糖和柠檬酸含量。

(三)紫外可见吸收光谱

有机化合物分子中的电子可因吸收光波从基态跃迁至激发态。吸收光谱将出现在紫外及可见区域（200～800nm）。由于价电子发生能级的跃迁时，振动和转动能级也同时发生变化，若仪器的分辨力不够，则会出现较宽的吸收峰。紫外可见吸收光谱（ultraviolet-visible spectra，UV-VIS）对天然化合物分子中含有共轭体系，如共轭双键和 α,β 不饱和羰基（醛、酮、酸和酯）结构的化合物及芳香化合物的结构鉴定来说是一种重要的手段。通常主要用于推断化合物的骨架类型；对香豆素类和类黄酮等化合物，它们的 UV 光谱在加入某种诊断试剂后可因分子结构中取代基的类型、数目及取代方式不同而改变，故还可用于推断化合物的精细结构。

光谱曲线中的最高峰为最大吸收峰，它所对应的波长称为最大吸收波长（λ_{max}）；曲线的谷所对应的吸收波长称为最小吸收波长（λ_{min}）；有时在吸收峰旁有一小的曲折称为肩峰（sh）；在吸收曲线的短波长端，有一个吸收强度相当强但不成峰形的吸收，称为端吸收，如(E)-1-(3,4-亚甲二氧基苯基)-1-丙烯（**5**）的紫外光谱（图 6-13）。

一种物质由于特殊的分子结构往往在紫外光谱中出现几个最大的吸收峰。λ_{max} 是分子中电子能级跃迁时所吸收的特征波长，不同的物质有不同的吸收峰。UV 谱中的 λ_{max}、λ_{min}、肩峰及整个光谱的形状取决于物质的性质，其特征因物质的结构而异，因此可根据谱图推断有机化合物的结构。

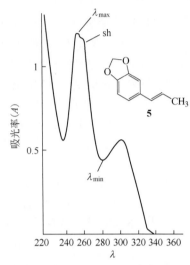

图 6-13 （E）-1-（3,4-亚甲二氧基苯基）-1-丙烯（**5**）的紫外光谱

能吸收可见光及紫外线的孤立官能团叫作发色团，一般为带有π电子的基团。有些官能团在波长 200nm 以上没有吸收带，当它们与具有孤电子对（或称为非键电子，n 电子）的原子连在一起时，形成 n-π共轭，可使吸收带向长波方向移动，并使吸收的强度增加，这种效应称为助色效应，这种基团称为助色团，如—OH、—OR、—NH₂、—SR 和卤素等。电子跃迁的类型及特征谱带包括：σ→σ*跃迁、π→π*跃迁、芳香族化合物的π→π*和 n→π*跃迁。

1. σ→σ*跃迁

σ→σ*跃迁的电子不易激发，跃迁需要的能量较大，超出了通常的紫外线及可见光范围，不产生任何吸收；没有多大的诊断价值，如饱和烃、醇和醚等，它们在紫外光谱中常用作溶剂。

2. π→π*跃迁

π→π*跃迁吸收带在光谱学上称为 K 带，发生于共轭烯烃分子如丁二烯上。由于成键轨道π与反键轨道π*的能量差比孤立双键的π*和π两个轨道的能量差小，共轭二烯烃的吸收带在近紫外区，$\varepsilon > 10^4$。共轭双键的数目增加，吸收带向波长增加的方向移动，这种现象称为红移。

3. 芳香族化合物的π→π*跃迁

芳香族化合物的π→π*跃迁在 230～270nm 的吸收称为 B 带（苯型谱带），在 180nm 和

200nm 附近所出现的吸收带分别称 E_1 和 E_2 谱带（乙烯型谱带，E 谱带）。B 谱带和 E 谱带均为芳香化合物或芳香杂环化合物的特征谱带。当芳环上有助色团时，E 带发生红移。E 带的 ε 通常在 2000～14000。

4. n→π* 跃迁

n→π* 跃迁是分子中同时含有孤电子对和π键时产生的吸收带，称为 R 谱带，如羰基、硝基等发色团，一般在 270～300 nm 出现吸收。R 带的特征是强度弱，ε 一般小于 100；另一特征是随着溶剂极性的增加，R 带向短波长方向移动（又称为蓝移）。

（四）红外光谱

红外光谱是有机化合物吸收红外光 4000～400cm^{-1}（2.5～25μm）引起分子中价键的伸缩及弯曲振动而产生的吸收光谱。红外光谱法，又称"红外分光光度分析法"，是分子吸收光谱的一种。根据不同物质会有选择性地吸收红外光区的电磁辐射来进行结构分析；对各种吸收红外线的化合物的定量和定性分析的一种方法。物质是由不断振动的原子构成，这些原子振动频率与红外线的振动频率相当。用红外线照射有机物时，分子吸收红外线会发生振动能级跃迁，不同的化学键或官能团吸收频率不同，每个有机物分子只吸收与其分子振动、转动频率相一致的红外光谱，所得到的吸收光谱通常称为红外吸收光谱，简称红外光谱"IR"。对红外光谱进行分析，可对物质进行定性分析。各个物质的含量也将反映在红外吸收光谱上，可根据峰位置和吸收强度进行定量分析。

1. 红外光谱技术特点

特征性强、测定快速、不破坏试样、试样用量少、操作简便、能分析各种状态的试样、分析灵敏度较高和定量分析误差较大。

2. 红外光谱技术要求

试样纯度应大于 98%，或者符合商业规格，这样才便于与纯化合物的标准光谱或商业光谱进行对照。多组分试样应预先用分馏、萃取、重结晶或色谱法进行分离提纯，否则各组分光谱互相重叠，难以解析。试样不应含水（结晶水或游离水），水有红外吸收，干扰羟基峰，而且会侵蚀吸收池的盐窗。所用试样应当经过干燥处理。试样浓度和厚度要适当。使最强吸收透光度在 5%～20% 之间。

3. 解析光谱之前的准备

① 了解试样的来源以估计其可能的范围；
② 测定试样的物理常数如熔沸点、溶解度、折光率和旋光率等作为定性的旁证；
③ 根据元素分析及分子量的测定，求出分子式；
④ 计算化合物的不饱和度 Ω。

用以估计结构并验证光谱解析结果的合理性解析光谱的程序一般为：从特征区的最强谱带入手，推测未知物可能含有的基团，判断不可能含有的基团；用指纹区的谱带验证，找出可能含有基团的相关峰，用一组相关峰来确认一个基团的存在；对于简单化合物，确认几个基团之后，便可初步确定分子结构；对照标准光谱核实。

4. 红外光谱分析的应用

红外光谱具有鲜明的特征性，其谱带的数目、位置、形状和强度都随化合物不同而各不相同。因此，红外光谱法是定性鉴定和结构分析的有力工具。

（1）已知物的鉴定　将试样的谱图与标准品测得的谱图相对照，或者与文献上的标准谱图（例如《药品红外光谱图集》、Sadtler 标准光谱和 Sadtler 商业光谱等）相对照，即可定性。使用文献上的谱图时应当注意：试样的物态、结晶形状、溶剂、测定条件以及所用仪器类型均应与标准谱图相同。

（2）未知物的鉴定　未知物如果不是新化合物，标准光谱已有收载的，可有两种方法来查找对照标准光谱：

① 利用标准光谱的谱带索引，寻找标准光谱中与试样光谱吸收带相同的谱图。

② 进行光谱解析，判断试样可能的结构。然后由化学分类索引查找标准光谱对照核实。

5. 新化合物的结构分析

红外光谱主要提供官能团的结构信息，对于复杂化合物，尤其是新化合物，单靠红外光谱不能解决问题，需要与紫外光谱、质谱和核磁共振等分析手段互相配合，进行综合光谱解析，才能确定分子结构。

基于傅里叶变换红外光谱技术，结合光谱检索的方法进行金银花产地鉴别的研究中，测试了 4 个省、6 个种植区共 130 份金银花样本的红外光谱，利用 Omnic 8.2 软件建立了由各类样品的平均红外光谱、一阶导数平均谱和二阶导数平均谱组成的光谱库。比较了基于不同算法、不同波数范围和不同类型光谱数据建立的模型，检索鉴别结果表明，基于 1500～1200cm^{-1} 波数范围的二阶导数光谱数据的绝对微分差算法检索的鉴别效果相对较好。有 119 个样品的光谱检索匹配得分最高值对应的光谱为自身所在类别，占样品总数的 91.5%。红外光谱结合光谱检索的方法是金银花产地鉴别的一种简便、快捷方法，如图 6-14。

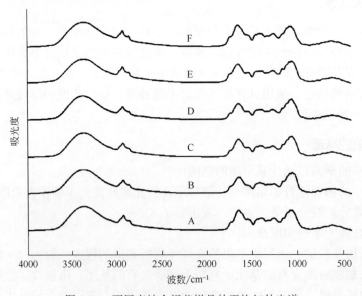

图 6-14　不同产地金银花样品的平均红外光谱

第三节　其他分析技术的应用

随着园艺产品需求和现代科学技术的发展，许多新型、快捷、高效和实时的检测技术被用于研究园艺产品的营养和生物活性物质，包括非损伤检测技术、抗氧化活性分析技术、营养与功能的普遍测定评价技术和组学技术等。

一、非损伤检测技术

园艺产品的无损伤检测（nondestructive determination technologies，NDT）是在不损坏被检测对象的前提下，利用被测物内部结构或者外部特征所引起的对光、声、热、电和磁等反应，获取园艺产品有关的内容、性质或成分等物理、化学信息，来探测其性质和数量的变化的应用技术。根据检测原理不同，无损检测大致可分为光声学特性检测法、机器视觉技术检测方法、电学特性检测法、射线与电磁检测技术等几大类，涉及近高光谱成像、超声波、红外光谱、核磁共振、光成像、生物传感器、射频识别和机器视觉等技术。

（一）高光谱成像技术

高光谱成像技术是一种集光谱信息和图像信息于一身的新一代光电检测技术，融合光学、电子学、图像处理和计算机科学等多学科知识，可对园艺产品内部品质指标进行定量分析预测。高光谱成像技术的基本特点包括波段多，波段宽度窄；光谱响应范围广，光谱分辨率高；可提供空间域信息和光谱域信息，即"谱像合一"，并且由成像光谱仪得到的光谱曲线可以与地面实测的同类地物光谱曲线相类比；高光谱数据的波段众多，其数据量巨大，而且由于相邻波段的相关性高，信息冗余度增加；数据描述模型多，分析更加灵活。一个典型的高光谱成像系统主要由线阵或面阵摄像机、分光设备、光源、输送装置及计算机软硬件等五部分构成。图像信息可以用来检测园艺产品的外部品质，而光谱信息则可以用来检测它们的内部品质。内部品质是园艺产品营养价值的衡量依据。针对园艺产品营养品质的无损检测，高光谱成像技术主要应用于可溶性固形物、糖度和酸度的分析。

可溶性固形物含量（soluble solid content，SSC）是指蔬菜和水果等农产品中可以溶解于水的化合物，包括维生素、糖、酸、矿物质等的总称。应用高光谱成像技术，对苹果和柑橘的 SSC 检测达到了较高的识别准确率，表明高光谱成像技术是无损检测水果可溶性固形物含量的有效工具。

糖是水果含量最为丰富的营养物质之一。检测水果中的含糖量是衡量水果品质的又一项重要指标。例如，研究利用高光谱成像系统（685～900nm）和偏最小二乘法 PLS 回归模型预测苹果糖度的最优波长为 704.4～805.26nm。以"华优"猕猴桃为对象，对平均光谱进行平滑去噪和标准正态变量变换预处理，用处理后的全光谱建立预测猕猴桃糖度的偏最小二乘法、最小二乘支持向量机、极限学习机和误差反向传播网络模型，研究发现，最小二乘支持向量机模型测性能最好。有学者应用漫反射高光谱成像技术，经过对原始光谱进行多元散射校正和一阶微分预处理后，利用偏最小二乘模型和逐步多元线性回归模型研究了网纹类哈密瓜糖度的无损检测方法。研究结果表明，偏最小二乘模型检测带皮哈密瓜糖度的效果最好，而逐步多元线性回归模型检测去皮哈密瓜糖度的效果最好。该研究证明了利用高光谱成像技术检测水果的糖度是可行的，在无损检测方面具有很大的应用潜力。

（二）近红外检测技术

近红外光谱检测技术（near infrared spectroscopy analysis）是根据不同内部成分的水果对近红外线的吸收、散射、反射和透射等的不同来确定物质成分的一种方法。近红外光谱区产生吸收的官能团通常是含氢官能团（C—H、O—H、S—H 和 N—H 等）的倍频和合频。NIRS 信息结合被测样品的物质成分建立相应的分析模型，进而实现对被测样品的分析。NIRS 定量分析所涉及的步骤，包括了光谱检测方式、预处理方法、波长选择、建模算法以及模型评价等方面：

（1）光谱检测方式　主要分为反射、透射、漫反射和漫透射。

（2）预处理方法　主要有平滑（smoothing）处理，如卷积平滑（S-G smoothing）；导数处理，包括一阶导数（1st D）和二阶导数（2nd D）；标准归一化（SNV）、多元散射校正（MSC）、小波变换（WT）、净分析物预处理法（NAP）、正交信号校正法（OSC）和核等测距映射（kernel isomap）等方法。

（3）波长选择　主要有正向间隔偏最小二乘法（FiPLS）、反向间隔偏最小二乘法（BiPLS）、间隔偏最小二乘法（iPLS）、联合区间偏最小二乘法（SiPLS）、移动窗口偏最小二乘法（MWPLS）、遗传算法（GA）、独立分量分析方法（ICA）、相关系数法（COR）、平均影响值法（MIV）和量子进化算法（QEA）。

（4）建模算法　主要有偏最小二乘法（PLS）、多元线性回归（MLR）、主成分回归（PCR）、核函数偏最小二乘法回归（kernel PLS）、混合线性分析（HLA）、支持向量机（SVM）、广义回归神经网络（GRNN）和反向传播（BP）神经网络等方法。

（5）模型评价　主要有预测标准误差（SEP）和预测均方根误差（RMSEP）评价法。

例如，应用三种不同的光谱范围（450～1000nm，1000～1800nm 和 450～1800nm），分别配合使用标准正态变量、一阶导数、二阶导数、多元散射校正和建立偏最小二乘平滑模型等五个不同的光谱处理模型，可以确定脐橙含糖量；应用近红外高光谱成像系统获取桃子在 650～1000nm 的高光谱图像，利用偏最小二乘回归模型可以预测桃子的糖度；基于近红外光谱技术，联合连续投影算法的漫反射方法，可以实现对火龙果有效酸度含量的预测。研究结果证明了利用近红外检测技术无损检测水果糖分的可行性。

（三）电子鼻技术

电子鼻（e-nose）是基于传感器技术、模式识别技术、电子技术和计算机技术等多学科交叉，借助电子感觉系统来进行分析、识别和检测复杂嗅味和挥发性成分整体信息的仪器。对应生物嗅觉系统的嗅觉膜、嗅泡和嗅觉中枢，电子鼻主要组成部分包括采样系统、气敏传感器阵列、信号处理、模式识别和气味表达。电子鼻系统和生物嗅觉系统对比如图 6-15 所示。当挥发性成分处于敏感材料测试环境中时，与敏感材料产生化学作用，随后传感器将化学变化信号转化为电信号，电信号经过消除噪声、特征提取和信号放大等操作处理，然后采用合适的模式识别算法对处理后的数据进行分析，即完成电子鼻的检测过程。不同种类的园艺产品以及同一种类的园艺产品在不同环境条件下，都会释放一定的特征气体，不同的气体组分与敏感材料发生反应会产生特异的特征响应谱。因此，根据特征响应谱即可区分各种气体，还可利用气体传感器的阵列化及多种气体的交叉敏感特性进行气体的定量检测。

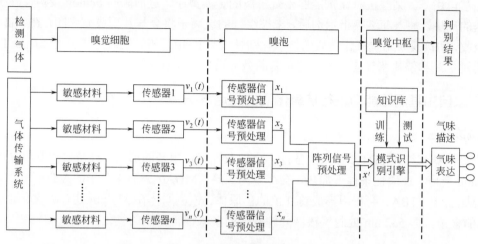

图 6-15　电子鼻系统和生物嗅觉系统对比示意图

研究利用 ISE Nose 2000 电子鼻根据芳香物质的不同对红皮洋葱品种进行分类，对获得的数据用判别函数分析（DFA）进行处理，分析结果表明，该电子鼻对不同品种红皮洋葱的分类准确率高达 97.5%。结合 FOX3000 电子鼻和顶空固相微萃取/气相质相色谱联用技术（HS-SPME/GC-MS）技术，对风脱水工艺和盐脱水工艺处理的萝卜干挥发性物质进行分析，通过对所得数据进行 PCA 分析，可以成功区分不同方式脱水的萝卜干中的挥发性物质。此外，利用 HERACLES 电子鼻系统根据挥发性香气物质的不同，能够显著区分出中国南瓜、印度南瓜和美洲南瓜。在水果检测方面，电子鼻的检测准确率可以在区分不同品种或类型的水果中得到较好的应用。例如，PEN3 电子鼻对不同来源地的猕猴桃进行分析，发现它们分别有其特有的香气成分指纹。电子鼻还可以帮助对水果在不同处理时间或条件下的成熟过程或贮藏效果进行评价。实验表明，电子鼻对园艺产品芳香物质判别具有可行性。

二、抗氧化活性分析技术

自由基，也称游离基，是人体各项生命活动过程中产生的代谢产物，具有高度的化学活性，是机体防御系统的重要组成部分。但是，过多的自由基积累会损害人体健康，导致各种疾病的产生。具有清除体内过多自由基或抑制自由基活动的物质被称为抗氧化剂。园艺产品是很多天然抗氧化剂的重要来源之一。

（一）预防性抗氧化物测定法

体内预防性清除自由基的酶反应系统主要有超氧化物歧化酶（SOD）、谷胱甘肽过氧化物酶（GPx）、谷胱甘肽还原酶（GR）和过氧化氢酶（CAT）等。生物体代谢过程中产生的超氧阴离子自由基被 SOD 歧化生成 H_2O_2，H_2O_2 再由 CAT 和 GPx 催化降解为水和氧。

体内过渡金属离子通常含有未配对电子，可催化自由基的形成，是自由基的重要来源。H_2O_2 与 Fe^{2+} 的混合溶液（Fenton 试剂）具有强氧化性，可以氧化多种有机物，其中 Fe^{2+} 主要作为同质催化剂，而 H_2O_2 则起氧化作用。H_2O_2 与 Fe^{2+} 发生 Fenton 反应生成羟基自由基·OH 和过氧自由基·O_2^-，是 Fenton 试剂强氧化性的来源。铜离子和锌离子能通过 Fenton 反应催化 H_2O_2 生成羟基自由基。某些抗氧化剂能够螯合游离的金属离子，进而阻断 Fenton 反应，减少羟基自由基的产生。加入菲洛嗪指示剂后，未被络合的铁离子将会与其形成显色团，在 562 nm 处有强吸收，间接反映出抗氧化物质的抗氧化活性。清除 H_2O_2 和氢过氧化物也可以阻断 Fendon 反应的发生。和催化酶反应一样，这种阻断效应可以化学计量。

（二）以自由基清除能力进行抗氧化活性测定方法

1. 脱氧核糖法

脱氧核糖和铁在 EDTA 存在的条件下会导致羟基自由基的形成，羟基自由基将会诱导引发 Fenton 反应。在酸性条件下加热，会产生丙二醛（MDA），而 1 分子的 MDA 与 2 分子的硫代巴比妥酸（TBA）会作用形成粉红色的色原体，该色原体在 532 nm 处有吸收。通过测定 MDA 的含量，即 532 nm 处脱氧核糖降解减少的量来评价体系的氧化程度。

2. ABTS 法

该法以 ABTS[2,2'-azino-bis（3-ethylbenzthiazoline-6-sulfonicacid）]为显色剂，经氧化后生成稳定的蓝绿色阳离子自由基 $ABTS^+ \cdot$，加入抗氧化剂后使反应体系褪色，然后在 734 nm 处检测吸光度，观察吸光度的变化，最后与 Trolox（6-hydroxy-2,5,7,8-tetramethylchroman-2-carboxylic acid），一种类似于维生素 E 的水溶性物质的对照标准体系比较，换算出被测物质总的抗氧化能力。ABTS 法耗时短，花费低，所需仪器设备简单，且与抗氧化剂的生物活性相关性强，因而应用较为广泛。

3. DPPH 法

DPPH（1,1-diphenyl-2-picrylhydrazyl，a,a-diphenyl-b-picrylhydrazyl）法是目前使用最为广泛的检测自由基清除能力的方法之一，此法较为敏感。DPPH 的乙醇溶液呈紫色，在 517 nm 处有吸收带。加入抗氧化物质后，DPPH 发生还原反应，还原后的 DPPH 反应液颜色变淡，吸光度降低，根据降低的程度不同，比较计算抗氧化物质的抗氧化能力。此方法易受光强度、氧浓度和溶剂类型等条件影响，而且某些被测物与 DPPH 存在光谱重叠和反应可逆现象。

4. TRAP 法

总自由基清除抗氧化能力法 TRAP（total peroxyl radical-trapping antioxidant parameter）是基于抗氧化剂对藻红蛋白荧光衰退的保护作用。藻红蛋白的荧光反应可以被 ABAP[（2,2'-azo-bis（2-ami-dino-propane）hydrochloride]淬灭。利用荧光光谱仪监测淬灭反应动力学，可以获得抗氧化物质的相对抗氧化能力。此法假定任何抗氧化剂的滞后时间均与其抗氧化活性呈线性关系，操作简单，适用于在相同的操作环境下对抗氧化活性进行比较。

5. FRAP 法

抗氧化剂铁离子还原能力法 FRAP（ferric reducing antioxidant power）测量的是在低 pH 下，抗氧化剂还原 Fe^{3+}-TPTZ（2,3,5-triphenyl-1,3,4-triaza-2-azoniacyclopenta-1,4-diene chloride）复合物的能力。Fe^{2+}-TPTZ 呈蓝色，在 593nm 处有吸收，应用二极管矩阵分光光度计可以检

测吸光度的变化。此法操作简单、快速、重复性好并且易于标准化，是一种被研究者提倡的检测天然产物抗氧化活性的方法。但是能生成电子且电势低于氧化还原对 Fe^{3+}/Fe^{2+} 的非抗氧化剂会影响此方法测定的准确性。某些抗氧化物质（如谷胱甘肽）不能还原 Fe^{3+}，也会导致被测物质抗氧化活性被低估，从而影响测量的准确性。

6. ORAC 法

氧自由基吸收能力法 ORAC（oxygen radical absorbance capacity）是目前国际上常用的评价总抗氧化能力的方法。此方法利用 AAPH（2,2-azobis 2-amidopropane dihydrochloride）生成自由基，通过检测添加抗氧化剂后 β-藻红蛋白或荧光素的荧光变化来分析抗氧化能力的强弱。ORAC 法可以使用 96 孔聚丙烯荧光测试板进行。该检测方法精密度和准确度具有良好的重现性，抗氧化剂浓度与曲线下面积也具有较好的线性关系。此方法中使用的荧光指示剂对 pH 敏感，在酸性条件下荧光强度会显著降低，影响测量结果的准确性。

7. β-胡萝卜素亚油酸方法

在乳化体系中，不饱和脂肪酸亚油酸被活性氧氧化，激活 β-胡萝卜素的氧化，使体系中的 β-胡萝卜素褪色，加入抗氧化剂能延迟褪色。记录反应体系在 434 nm 的吸光值变化，可获得抗氧化剂的抗氧化能力。

8. DMPD 法

自由基阳离子脱色（N,N-Dimethyl-p-phenylene diamine dihydrochloride，DMPD）法检测物质对自由基清除作用，是近年来发展起来的一种用来测定天然产物潜在抗氧化活性的方法。在酸性条件下，DMPD 可被 $FeCl_3$ 氧化生成稳定有颜色的 $DMPD^+\cdot$ 自由基，加入抗氧化物质后，溶液脱色，脱色程度与样品的抗氧化能力成正比，并在 505nm 处有最大吸收峰。DMPD 法可广泛用于测定比较不同抗氧化物质在同一反应体系当中清除自由基的能力。

（三）以脂质氧化降解进行抗氧化活性测定的方法

硫代巴比妥酸（TBA）法最早应用于测定脂肪酸、细胞膜和生物组织脂质过氧化。氧化的油脂生成丙二醛（MDA），MDA 能与 TBA 作用生成有色物质并在 530nm 左右有吸收。油脂的氧化程度可通过测定 MDA 的量来反应。如果使用油脂作为氧化底物，而且在油脂系统中加入抗氧化剂，则 MDA 的产生受到抑制。

（四）细胞抗氧化活性法

前面提到的化学方法通常只适用于单一化学物质的抗氧化活性的分析。由于园艺产品是不同抗氧化成分的混合物，这些混合物之间的相互作用以及加工条件对其生物利用率有影响，使得化学方法难以用于评价园艺产品整体的抗氧化效果。而且，化学方法测量的抗氧化值是在单一可控条件下获得的，无法衡量抗氧化成分在细胞内的生物利用率、吸收和代谢等情况，因此不能反映其在人体生理条件下的真实作用。为了评价植物来源抗氧化剂在生理条件、细胞或体内产生的抗氧化活性的强弱，研究者不断建立起应用细胞为基础的抗氧化活性评价方法。比如细胞抗氧化活性（cellular antioxidant activity，CAA）的评价方法，包括研究抗氧化物质在细胞内的吸收、代谢和分布，可以有效预测植物来源化学物质在生物系统中抗氧化活性，目前被广泛用于园艺产品抗氧化活性的评价。细胞用植物提取物以及本身无荧光的指示剂 2′,7′-二氯荧光黄双乙酸盐（2′,7′-dichlorofluorescin diacetate，DCFH-DA）预处理，抗氧化剂结合在细胞膜上或通过细胞膜进入细胞，DCFH-DA 穿过细胞膜进入细胞内，细胞酯酶分解 DCFH-DA 形成极性更强的还原型二氯荧光素（2′,7′-dichlorofluorescin，DCFH），DCFH 留在细胞内。然后用 2,2′-偶氮二异丁基脒二盐酸盐（ABAP）处理细胞，ABAP 进入细胞中并自发分解形成过氧自由基，这些过氧自由基攻击细胞膜产生更多自由基，并氧化细胞内的 DCFH 生成荧光物氧化型二氯荧光素（dichlorofluorescein，DCH），DCH 可通过分光光度法测定。抗氧化剂可阻断 DCFH 和细胞膜脂质的氧化反应，从而减少 DCF 的形成。考察抗氧化物质在细胞中的反应情况，这种方法比传统的化学方法更具有生物相关性，比临床研究更经济和快捷。园艺产品的抗氧化活性成分是当前科学研究的热点，国外研究者相继从多种园艺产品中提取并鉴定出抗氧化成分，并测定其抗氧化能力。蔬菜中甜菜、花椰菜和红辣椒的 CAA 值较高。水果中的浆果类一般具有较高的 CAA 值，如野生蓝莓、草莓、黑莓和树莓等，而瓜果类的 CAA 值较低，如哈密瓜等。CAA 值高低与总酚含量是密切相关的。对于植物来源化学物质的抗氧化活性的研究发现，具有 3′,4′-O-二羟基、2,3 双键结合的 4-酮基、3-羟基结构的类黄酮的 CAA 能力较强。以人体血红细胞为基础的研究用 CAA 对各种纯黄酮类物质进行分析发现异鼠李素、杨梅酮和山柰酚表现出较高细胞抗氧化活性，而木犀草素、表没食子儿茶素没食子酸酯、白藜芦醇、芹菜素和儿茶素表现出较低活性。

三、营养与功能的普遍测定评价技术

人类平均每天要摄入 1.5kg 食物，其中包含了来自园艺产品的成千上万种不同的化合物。一部分化合物的结构已经了解，但是其生物功能还未知，而多数种类的化合物尚未得到开发，其结构和功能都是未知的，其价值未能得到充分发挥。本部分将从肠道菌群微生态的调整作用、心血管疾病的防治作用和肿瘤的抑制活性来说明园艺产品或园艺产品的某一种活性物质营养与功能的普遍测定评价技术。

（一）肠道菌群微生态的调整作用

生长在胃肠道的肠道微生物帮助宿主降解并吸收食物中的营养成分并参与宿主的营养吸收和储存，还能促进免疫细胞分化与成熟及抵抗病原体。肠道微生态的失衡不仅可以引起消化道相关疾病如肠易激综合征（IBS）、炎症性肠病（IBD）、肝脏相关疾病和结肠癌等相关疾病，而且与多种肠道外疾病如肥胖、代谢综合征、糖尿病、孤独症、过敏性疾病以及心血管疾病等密切相关。肠道微生物可分为 3 大类：第一类为有益菌，肠道的优势菌群，约占 99%，如乳酸杆菌、双歧杆菌等；第二类为条件致病菌，肠道的非优势菌群，典型的有肠球菌、肠杆菌，在肠道微生态平衡时对宿主无害，在特定条件下对宿主有害；第三类是致病菌，当肠道菌群失调时会导致宿主患病。目前，可以应用对肠道微生态多样性的影响来评估某些园艺产品及其提取物对肠道菌群微生态的调整作用，并进一步预测其生理活性和生物学功能。16S rRNA 测序和宏基因组测序是较为常用的肠道微生物定性及定量检测方法。

1. 16S rRNA 全长基因测序法

16S rRNA 全长基因测序法的基本原理是通过克隆微生物样本中的 16S rRNA 基因片段后构建文库，再通过测序获得 16S rRNA 基因序列，并与已知的数据库中的序列进行对比，确定其在进化树中的位置，从而鉴定并判断样本中可能存在的微生物种类。该方法可以分析标本中的菌群结构，反映各种细菌的相对比例及数量，具有高效、准确、简便和特异性。通过 16S rRNA 全长基因测序法，已经获得了肠道和人体其他部位微生物多样性信息，并通过该方法发现了许多尚未培养到的菌种。

2. 宏基因组学测序法

宏基因组学是指将环境中全体微生物的遗传物质看作一个整体，直接从样品中提取全部微生物的 DNA，然后根据提取出的 DNA 信息构建一个宏基因组文库，运用基因组学的方法来研究样品所包含的全部微生物的遗传组成及其群落功能。该技术的优点是不依赖于特定基因的克隆和测序，而是对存在于某一特定微生物群落中所有基因的研究，同时着眼于微生物群落的结构组成和功能。

综合应用各种肠道微生物组的研究方法和技术，才能进一步加快对肠道微生物组多样性和功能活性的认识，并应用到饮食来源改变与人类肠道微生物种类的变化的关系探索中去。

（二）心血管疾病的防治作用

心血管疾病泛指由于高脂血症、血液黏稠、动脉粥样硬化、高血压等导致的心脏、大脑及全身组织发生缺血性或出血性疾病。血脂是血浆中甘油三酯、胆固醇等中性脂肪和磷脂、糖脂、固醇、类固醇等类脂的总称，高脂血症由体内血脂代谢异常所致。临床研究、病理研究和流行病学研究显示，总胆固醇、低密度脂蛋白胆固醇和载脂蛋白 B 血浆水平升高促进动脉粥样化形成，是心血管疾病发生的危险因素；而高密度脂蛋白胆固醇水平则与心血管疾病风险的降低有关。因此，可以利用胆固醇代谢筛选模型，监测园艺产品及其代谢产物对心血管疾病的防治作用。

（1）血管平滑肌细胞源性荷脂细胞模型　细胞内胆固醇的流出对维持细胞胆固醇平衡、促进胆固醇逆转运及抗动脉粥样硬化都有着非常重要的作用。具体实施方式为以血管平滑肌细胞源性荷脂细胞为模型，不同浓度及时间代谢提取物处理细胞，联合高效液相色谱分析法检测细胞内总胆固醇含量的降低效果。

（2）体外人结肠腺癌细胞模型　体外人结肠腺癌（Caco.2）细胞模型已经成为一种预测化合物人体小肠吸收以及研究化合物转运机制的标准体外筛选工具。此方法可应用于园艺产品代谢产物的研究，帮助了解代谢产物的吸收机制，预测体内吸收和代谢产物相互作用，从而促进代谢产物新的生理活性功能的发现。具体实施方式为，向处于对数生长期的 Caco.2 细胞添加含有代谢产物和 ^{14}C 同位素标记的胆固醇胶束溶液，共培养后裂解细胞，放射定量检测细胞中胆固醇的含量；计算代谢产物处理与未处理细胞中胆固醇含量的比值。

（三）肿瘤的抑制活性

抗肿瘤化合物的筛选包括体外筛选和体内筛选。体外筛选是发现具有选择性抗肿瘤活性的候选化合物，主要筛选方法有细胞组织培养法、微生物学法和精原细胞法，目前应用最多的是细胞组织筛选法。体外实验具有简便、实验周期短的优点，但是需要配合活体实验进一步地验证营养成分的各项功效。体内筛选主要对抗肿瘤药物进行有效性和安全性评价以及研究其抗肿瘤作用机制等，是确定生物活性物质活性的关键证据。

（1）细胞培养法　细胞培养法主要用人类肿瘤细胞进行培养，培养方法包括单层细胞培养、琼脂平板培养、细胞集落培养、组织块培养、器官培养和悬浮培养等。而证明和评价分离的化合物活性的方法指标包括细胞形态、细胞染色、荧光显微镜下染色反应、分裂相计数、脱氢酶活性、呼吸测定和核酸蛋白质等生化测定以及同位素技术等。采用流式细胞仪分析活性化合物对细胞周期、细胞凋亡、细胞线粒体膜电位和钙离子浓度的影响来判断其对癌细胞的增殖抑制作用。常见蔬菜中，菠菜、大白菜、红辣椒、洋葱、花椰菜、土豆和甜菜抑制人肝癌细胞 HepG2 增殖的能力依次减弱。常见水果中，蔓越橘、柠檬、苹果、草莓、葡萄、香蕉和桃子对 HepG2 细胞增殖的抑制能力依次减弱。

（2）动物实验疗效评价　动物实验疗效评价是发现新药的依据，不管采用何种分子靶点和相应的检测方法进行体外筛选，都必须进行动物体内评价。动物体内评价反映药物疗效和毒性综合结果，是评价候选化合物有效性最重要的指标。体内抗肿瘤试验必须选用三种以上肿瘤模型，其中至少一种为人癌裸小鼠移植模型或其他人癌小鼠模型。试验结果三种模型均为有效，再重复一次也为有效，评定该化合物对这些实验性肿瘤具有治疗作用。也有临床实验通过分析癌症患者食用特定园艺产品或园艺产品的某一种活性物质后血液样本中的代谢产物，来验证园艺产品的抗癌功效。

（3）药理作用的分子机理研究　在疗效已经确认的基础之上，可以展开药理作用的分子机理研究。癌基因、抗癌基因在肿瘤发生发展中所起的作用得到了广泛的研究，初步显示癌基因的过度表达及抑癌基因的缺陷与肿瘤的发生发展相关。当前用于抗肿瘤药物筛选的靶点众多，主要有：

① 抗增殖信号　相对于正常组织的有序增殖与分化，肿瘤组织会出现强烈的增殖信号，如 Raf，MAPK，PI3K/Akt，Ras GTPase，PTEN，mTOR，EGFR，等。

② 抗逃避生长抑制　肿瘤细胞除了维持增殖信号之外，还具有逃避抑癌蛋白 RB 和 TP53、NF2、LKB1 上皮极性蛋白对其抑制作用。此外，TGF-β 的破坏也能促进肿瘤细胞增殖。肿瘤在逃避环境对其影响时，还会高表达 ATP 结合盒超家族成员如 Pgp、MRP1-5、LRP 和 BCRP 等外排因子，或作用于 DNA 拓扑异构酶（TOPO Ⅰ 和 TOPO Ⅱ）等，降低对化疗的敏感性，称之为"多药耐药（MDR）"。

③ 抑制细胞死亡　癌症细胞死亡的方式有多种，常见的有凋亡、自噬和坏死等。其中凋亡又有外源性凋亡和内源性凋亡之分。内源性凋亡又包括细胞凋亡蛋白酶（caspase）依赖和非依赖的途径。而自噬据称是双刃剑，既能促进细胞死亡，又可以保护癌细胞生存。坏死又有促炎作用及促进肿瘤发生的潜在作用。

④ 抗免疫破坏　机体内存在肿瘤发生与免疫调控的平衡。免疫系统通过细胞毒性的细胞如自然杀伤细胞（NK）、骨髓细胞和 T 细胞等发挥免疫监控，杀死癌细胞；癌细胞则通过突变、制造免疫抑制肿瘤微环境来逃避免疫破坏。

⑤ 抗无限复制　细胞的衰老与端粒有关。端粒是染色体稳定的重要机制，端粒长度会由于染色体的复制而变短。太短的端粒会引起细胞衰老。但肿瘤细胞可打破细胞衰老的平衡。细胞衰老又分为 DNA 损伤（DDR）相关衰老（包括复制性细胞衰老和原癌基因诱导衰老）和非 DDR 相关衰老。

⑥ 抗癌性促炎反应　癌症也被认为是机体细胞为逃避慢性炎症的刺激而突变为肿瘤细

胞，如化学刺激诱发的慢性炎症（吸烟）与肺癌；慢性乙肝与肝癌等。肿瘤细胞通过炎促作用而增殖、向周边浸润和转移。

⑦ 抗侵袭转移　肿瘤组织向周围的侵袭和迁移与细胞外基质的改变相关。E-钙黏素（E-cadherin）的过表达对肿瘤向周围侵袭与迁移形成阻碍。高侵袭转移的癌症往往发现E-cadherin 低表达或突变失活。肿瘤的侵袭和迁移还需要上皮-间质转化以及基质金属蛋白酶等相关因子的参与。

⑧ 抗血管生成　与正常组织类似，肿瘤组织需要营养和氧气，还需要排泄二氧化碳和代谢废物。对实体瘤而言，需要血管来维持这些生理生化活动。肿瘤组织会分泌血管内皮生长因子以刺激肿瘤血管生成。

⑨ 抗基因组不稳定与突变　在正常组织中，有维护基因稳定的机制与功能。如：检测DNA 损伤并启动修复机制；直接修复损伤的 DNA；或者在突变分子损伤 DNA 之前抑制这些分子。一些活性化合物可直接或间接作用于突变分子，发挥抗肿瘤作用。

⑩ 抗细胞能量代谢失衡　肿瘤细胞能量代谢失衡主要包括糖代谢异常和脂肪代谢异常。与正常组织不同，肿瘤细胞明显增加了对糖的摄取和糖酵解。与之相关的葡萄糖转运蛋白GLUTS 1-4、糖酵解限速酶如己糖激酶 HK 和磷酸果糖激酶 PFK、丙酮酸激酶 PK 等活性明显上调。此外，肿瘤细胞脂代谢也明显增强。脂代谢相关因子固醇调节元件结合蛋白 SREBP1，及其下游的脂肪酸合成酶如 ACACA、FSN、ACACB、ACLY 等，以及脂肪酸去饱和化酶 SCD1 等也会异常上调。

⑪ 抗肿瘤干细胞　肿瘤干细胞学说认为，肿瘤之所以具有多向分化、自我更新潜能，与肿瘤干细胞或侧群细胞相关，它们能够促进肿瘤的发生、耐药、转移和复发。天然产物对肿瘤干细胞的抑制作用也可以当作其抗肿瘤活性。

（4）防治放化疗毒副反应　放化疗引起的呕吐及血象下降一直是实施有效放化疗剂量强度的重大障碍。可通过临床观察确定园艺产品及其化合物的防治肿瘤放化疗的毒副反应的作用。

四、代谢组学技术

随着人类全基因组序列的测定，各种组学的概念应运而生。代谢组代表生物各细胞、组织、器官或生物体中的全部代谢物，是基因表达的最终产物。代谢组学以生物系统中的代谢产物为研究对象，对生物体或组织甚至单个细胞的全部小分子代谢物成分及其动态变化进行综合分析，是继基因组学、转录组学和蛋白质组学之后迅速发展起来的一门新兴学科。代谢组学所提供的信息更能够揭示生物体系生理和生化功能状态以及生命活动中各种生理变化情况及机理，具有高通量、高灵敏度等优势，不仅可以揭示基因的功能，也为生物技术的应用提供科学依据。如应用代谢组学技术分析代谢网络中各种复杂的相互作用，辅助基因功能鉴定，了解内、外环境对机体的生理效应，发现园艺产品新的代谢组分和代谢途径以及鉴定园艺产品对人体代谢功能的影响。

代谢组学的一般工作流程分为采集样本、样品前处理、分析样品、采集数据和数据库挖掘数据。根据研究目标的不同，代谢组学一般可分为非靶向分析、半靶向分析和靶向分析。靶向分析是对被关注的特定已知代谢物成分，进行定性和定量分析；半靶向分析通常可定性定量几十到数百个代谢物分子，并根据发现的差异代谢物确定生物标记物；而非靶向代谢组学是对未知成分进行分析鉴定。

现有已知植物 50 万种，其生物体中会产生大量的代谢产物。这些代谢物是植物的生长、发育和胁迫反应的化学基础，也是人类生活中营养资源和能源来源。目前，植物代谢组学的研究主要基于两类技术，即质谱和核磁共振谱。质谱比核磁共振谱拥有更高的分辨率和灵敏度，更适用于植物样本的分析。质谱作为检测器，通常和各种色谱仪联合使用，包括气相色谱质谱联用和液相色谱质谱联用（liquid chromatography-mass spectrometry，LC-MS）。这两种联用分析技术分别适合于检测不同极性或不同类别的代谢物，可进行代谢网络分析的研究，但是都不能实现对生物样品的整个代谢组进行准确和详细的分析。为更好地了解园艺产品的整体生物代谢网络图，可分别利用特定的技术进行局部特定组分的解析。比如利用 GC-MS 技术和 LC-MS 技术研究番茄中类黄酮物质的代谢途径和苯丙烷类挥发物释放机制；利用靶向超高效液相色谱（ultra performance liquid chromatography）-串联质谱（UPLC-MS/MS）方法研究红色树莓和黄色树莓品种间各种酚类化合物的差异；利用高效液相色谱法对腺苷二磷酸葡萄糖焦磷酸化酶基因功能缺失和补偿的马铃薯块茎进行淀粉合成途径中的一系列底物、中间物、酶及产物量的变化的检测提出了淀粉合成途径中一种新的调节机制。利用顶空固相微萃取（head space solid-Phase micro-extractions，HS-SPME）无溶剂样品制备和气相色谱-飞行时间质谱（gas chromatography with time of flight mass spectrometry，GC-TOF-MS）方法分析获得了 4 个不同苹果品种挥发性物质的代谢谱。花香成分的分离方法和分析鉴定技术也取得一定的进展。据统计，利用 HS-SPME 和 GC-MS 联合分析白玉兰，共鉴定出 43 种挥发性有机物，其中 46.9%为萜类化合物，38.9%为挥发性酯类，5.2%为苯丙类/苯类化合物。

对于代谢组学的分析，目前最大的困难来自物质结构的鉴定和数据库的缺乏。天然产物的结构非常丰富且难以预测，使用传统的分离纯化、建立指纹图谱甚至利用 NMR 确定结构还无法满足对其研究的需要。随着对园艺产品代谢组学研究的深入，实现代谢组与基因组、转录组和蛋白质组等数据的整合，解决分析分离的偏差和局限性，将使组学技术更好地为园艺产品分析服务，从而使园艺产品更好地为人类健康服务，拥有更广阔的应用前景。

参 考 文 献

[1] 陈欣，姜子涛，李荣. 西南委陵菜黄酮的纯化及 HPLC-ESI-MS/MS 分析[J]. 现代食品科技，2013，29（12）：3031-3037.

[2] 樊迎，陈毅，戴铭成，等. 微波辅助提取海红果中的白藜芦醇 [J]. 食品工程，2018，3：15-17.

[3] 韩小珍，辛世华，王松磊，等. 高光谱在农产品无损检测中的应用展望[J]. 宁夏工程技术，2013，12：379-384.

[4] 皇甫义静，杨春艳，毛贻龙，等. 基于傅里叶变换红外光谱的金银花产地鉴别[J]. 湖北农业科学，2018，57（14）：105-113.

[5] 黄瑞娟. 红外光谱技术在食品检测中的应用[J]. 现代测量与实验室管理，2015，1：9-14.

[6] 贾文珅，李孟楠，王亚雷，等. 电子鼻技术在果蔬检测中的应用[J]. 食品安全质量检测学报，2016，7（2）：410-418.

[7] 蒋建兰，靳晓丽，乔斌，等. HPLC-ESI-MS /MS 分析姜黄中姜黄素类化合物[J]. 天然产物研究与开发，2012，24（11）：1582-1588.

[8] 李高阳，丁霄霖. 亚麻籽双液相多级逆流萃取工艺模拟试验[J]. 农业工程学报，2010，26（3）：380-384.

[9] 刘大群，华颖. 基于电子鼻与 SPME-GC-MS 法分析不同脱水方式下萧山萝卜干中的挥发性风味物质[J].

现代食品科技，2014（2）：279-284.

[10]　石仝雨，缪伟伟，王志雄. 超临界二氧化碳法萃取桑叶中总黄酮工艺研究[J]. 生物技术进展，2017，7（1）：77-84.

[11]　宋世志，李延菊，李公存，等. 顶空固相微萃取-气相色谱-质谱联用技术分析草莓芳香成分[J]. 中国果菜，2017，37（11）：25-29.

[12]　汪河滨，杨金凤. 天然产物化学[M]. 北京：化学工业出版社，2016.

[13]　王丽霞，冯烁，钱佳，等. 生姜挥发油超临界提取工艺优化及成分分析[J]. 食品科技，2016，41（10）：195-200.

[14]　王亚钦，吴迪，赵学志，等. 正交设计试验优化高速逆流色谱分离制备玛咖中芥子油苷的条件[J]. 色谱，2016，34（8）：788-794.

[15]　魏仲珊，唐小兰，李华丽. 果蔬汁加工中膜分离技术的应用探究[J]. 农业与技术，2015（16）：16.

[16]　吴文娟. 检测农产品挥发性气体的电子鼻研究[D]. 上海：上海师范大学，2011.

[17]　辛颖，史燕妮，朱宏涛，等. 胡椒酰胺类生物碱的核磁共振谱学特征[J]. 天然产物研究与开发，2016，28：1181-1191.

[18]　徐怀德. 天然产物提取工艺学[M]. 北京：中国轻工业出版社，2015.

[19]　阎政礼，杨明生. 核磁共振法同时测定橘子原汁中主要糖类和柠檬酸[J]. 食品工业科技，2010，31（8）：353-357.

[20]　叶英香，王茜，姚芳，等. 超声波辅助提取苹果皮中类黄酮的研究[J]. 安徽农学通报，2018，24（12）：13-14.

[21]　赵凡，董金磊，郭文川. 高光谱图像光谱提取区域对猕猴桃糖度检测精度的影响[J]. 现代食品科技，2016，4：223-228.

[22]　赵宇，吕晓玲，王超，等. HPLC-ESI-MS/MS 鉴定几种提取物的主要花色苷成分[J]. 中国食品添加剂，2016，7：181-186.

[23]　张保华，李江波，樊书祥，等. 高光谱成像技术在果蔬品质与安全无损检测中的原理及应用[J]. 光谱学与光谱分析，2014，34：2743-2751.

[24]　张文，华佳甜，褚宁宁，等. 基于固相微萃取和气相色谱-质谱法的玫瑰'滇红'不同花期芳香成分的分析[J]. 中国野生植物资源，2018，179（2）：30-36，43.

[25]　周春丽，刘伟，陈冬，等. 基于电子鼻与 SPME-GC-MS 法分析不同南瓜品种中的挥发性风味物质[J]. 现代食品科技，2015，7：293-301.

[26]　周婧琦，罗双群，王晶晶，等. 秋葵黄酮的纯化和体外抗氧化活性研究[J]. 食品研究与开发，2018，39（15）：61-66.

[27]　Aprea E，Gika H，Carlin S，et al. Metabolite profiling on apple volatile content based on solid phase microextraction and gaschromatography time of flight mass spectrometry [J]. J Chromatogr A，2011，1218（28）：4517-4524.

[28]　Blasa M，Angelino D，Gennari L，et al. The cellular antioxidant activity in red blood cells （CAA-RBC）：a new approach to bioavailability and synergy of phytochemicals and botanical extracts [J]. Food Chem，2011，125（2）：685-691.

[29]　Carvalho E，Franceschi P，Feller A，et al. A targeted metabolomics approach to understand differences in flavonoid biosynthesis in red and yellow raspberries [J]. Plant Physiol Bioch，2013，72：79-86.

[30]　Chu Y，Sun J，Wu X，et al. Antioxidant and antiproliferative activities of common vegetables [J]. J Agr Food Chem，2002，50（23）：6910-6916.

[31] Dhandapani S，Jin J，Sridhar V，et al. Integrated metabolome and transcriptome analysis ofmagnolia champacaidentifies biosynthetic pathways for floral volatile organic compounds [J]. BMC Genomics 2017，18：463.

[32] Ito Y. Development of high-speed countercurrent chromatography [J]. Anal Chem，2000，17（1）：4039-4047.

[33] Lu R. Nondestructive measurement of firmness and soluble solids content for apple fruit using hyperspectral scattering images [J]. Sensing and Instrumentation for Food Quality and Safety，2007，1（1）：19-27.

[34] Ma Y Y，Guo B L，Wei Y M，et al. The feasibility and stability of distinguishing the kiwi fruit geographical origin based on electronic nose analysis [J]. Food Sci Technol Res，2014，20（6）：1173-1181.

[35] Murayam W，Kobayashi T，Kosuge Y，et al. A new centrifugal counter-current chromatograph and its application [J]. J Chromatogr A，1982，239（APR）：643-649.

[36] Qin J，Lu R，Peng Y. Prediction of apple internal quality using spectral absorption and scattering properties [J]. T Asabe，2009，52（2）：499-507.

[37] Russo M，Sanzo R di，Cafaly V，et al. Nondestructive flavor evaluation of red onion （*Allium cepa* L.） ecotypes：an electronic-nose-based approach [J]. Food Chem，2013，141（2）：896-899.

[38] Sun J，Chu Y，Wu X，et al. Antioxidant and antiproliferative activities of common fruits [J]. J Agr Food Chem，2002，50（25）：7449-7454.

[39] Tiessen A，Hendriks J H，Stitt M，et al. Starch synthesis in potato tubers is regulated by post-translational redox modification of ADP-glucose pyrophosphorylase a novel regulatory mechanism linking starch synthesis to the sucrose supply [J]. Plant Cell，2002，14（9）：2191-2213.

[40] Verhoeyen M，Bovy A，Collins G，et al. Increasing antioxidant levels in tomatoes through modification of the flavonoid biosynthetic pathway [J]. J Exp Bot，2002，53：2099-2106.

[41] Wolfe K L，Liu R. Cellular antioxidant activity （CAA）assay for assessing antioxidants，foods，and dietary supplements [J]. J Agr Food Chem，2007，55（22）：8896-8907.

[42] Zhao J W，Vittayapadung S，Chen Q S，et al. Nondestructive measurement of sugar content of apple using hyperspectral imaging technique [J]. Maejo Int J Sci Tech，2009，3（1）：130-142.

附 录

附表 1 常见维生素的结构及其理化性质

名称	分子结构式	分子式	理化性质	溶解性
维生素 C/抗坏血酸		$C_6H_8O_6$	白色晶体或结晶性粉末，无臭，有酸味；易溶于水，能溶于乙醇，不溶于氯仿、乙醚和苯；在干燥空气中较稳定，水溶液中不稳定，在中性或碱性溶液中很快被氧化，遇光、热会加速氧化	水溶性
维生素 B₁/硫胺素		$C_{12}H_{17}ClN_4OS$	白色晶体；溶于水，微溶于乙醇、氯仿，不溶于油脂；结晶状态或在酸性溶液中稳定性好，但在光照、碱性条件下易分解变质	
维生素 B₂/核黄素		$C_{17}H_{20}N_4O_6$	黄色到橙黄色结晶性粉末，微臭，味微苦；稍溶于乙醇、乙酸，微溶于水，不溶于乙醚、氯仿等有机溶剂；耐高温，在酸性溶液中稳定，但在碱性溶液中或受光照时者易被破坏	
维生素 B₆/盐酸吡哆醇		$C_8H_{11}NO_3 \cdot HCl$	（类）白色色晶体或结晶性粉末，无臭，味酸苦；易溶于水，微溶于乙醇，不溶于三氯甲烷和乙醚；遇光渐变质，遇碱不稳定；在高温下迅速被破坏	
烟酸		$C_6H_5NO_2$	无色针状晶体，无味，微有酸味；易溶于沸水和沸醇，不溶于丙二醇、氯仿等有机溶剂；对热稳定，不易被氧化破坏	
泛酸		$C_9H_{17}NO_5$	浅黄色油状液体，味酸；溶于水，不溶于苯、氯仿；易吸水潮解，对热、酸、碱不稳定	
叶酸		$C_{19}H_{19}N_7O_6$	橙黄色结晶状粉末，无臭；溶于水，较易溶于乙醇，微溶于甲醇，不溶于氯仿等有机溶剂；在空气中稳定，在酸中失去活力	
生物素		$C_{10}H_{16}N_2O_3S$	无色针状晶体；能溶于热水，微溶于冷水，不溶于有机溶剂；一般温度下很稳定，但在高温条件下或遇强碱、氧化剂易分解	

名称	分子结构式	分子式	理化性质	溶解性
维生素A₁/视黄醇		$C_{20}H_{30}O$	淡黄色片状晶体，几乎无臭或有微弱鱼腥味；易溶于油脂或有机溶剂，不溶于水；热稳定性较好，碱性条件下较稳定，酸性条件下不稳定，见光、遇空气失去活性	脂溶性
维生素A₂/3-脱氢视黄醇		$C_{20}H_{28}O$		
维生素D₂/钙化醇		$C_{28}H_{44}O$	无色针状晶体或结晶性粉末，无臭、无味；溶于醇、醚、丙酮、氯仿及植物油，不溶于水。对光和高温不敏感，但在潮湿空气中易氧化失活。通常维生素D₃比维生素D₂稳定	
维生素D₃/胆钙化醇		$C_{27}H_{44}O$		
维生素E/生育酚		$C_{29}H_{50}O_2$	微黄色澄清黏稠液体，几乎无臭；溶于脂肪和乙醇等有机溶剂中，不溶于水；对热、酸稳定，对碱不稳定，对氧敏感，对热不敏感	
维生素K/叶绿醌		$C_{31}H_{46}O_2$	黄色晶体；溶于油脂及醚等有机溶剂，不溶于水；较稳定，耐酸、耐热，但对光敏感，也易被碱和紫外线分解	

附表2　中国居民膳食维生素的推荐摄入量（RNI）或适宜摄入量（AI）
（数据来源于《中国居民膳食指南（2016）》）

人群	维生素A /［μg(RAE)/d］		维生素D /(μg/d)	维生素E /［mg(αTE)/d］	维生素K /(μg/d)	维生素B₁ /(mg/d)		维生素B₂ /(mg/d)		维生素B₆ /(mg/d)
	RNI		RNI	AI	AI	RNI		RNI		RNI
	男	女				男	女	男	女	
0 岁～	300（AI）		10（AI）	3	2	0.1（AI）		0.4（AI）		0.2（AI）
0.5 岁～	350（AI）		10（AI）	4	10	0.3（AI）		0.5（AI）		0.4（AI）
1 岁～	310		10	6	30	0.6		0.6		0.6
4 岁～	360		10	7	40	0.8		0.7		0.7
7 岁～	500		10	9	50	1.0		1.0		1.0
11 岁～	670	630	10	13	70	1.3	1.1	1.3	1.1	1.3
14 岁～	820	630	10	14	75	1.6	1.3	1.5	1.2	1.4
18 岁～	800	700	10	14	80	1.4	1.2	1.4	1.2	1.4
50 岁～	800	700	10	14	80	1.4	1.2	1.4	1.2	1.6
65 岁～	800	700	15	14	80	1.4	1.2	1.4	1.2	1.6
80 岁～	800	700	15	14	80	1.4	1.2	1.4	1.2	1.6
孕妇（早）	—	700	10	14	80	—	1.2		1.2	2.2
孕妇（中）	—	770	10	14	80	—	1.4		1.4	2.2
孕妇（晚）	—	770	10	14	80	—	1.5		1.5	2.2
乳母	—	1300	10	17	80	—	1.5		1.5	1.7

人群	维生素B$_{12}$/(μg/d) RNI	泛酸/(mg/d) AI	叶酸/[μg(DFE/d)] RNI	烟酸/[mg(NE)/d] RNI 男	女	胆碱/(mg/d) AI 男	女	生物素/(μg/d) AI	维生素C/(mg/d) RNI
0 岁~	0.3（AI）	1.7	65（AI）	2（AI）		120		5	40（AI）
0.5 岁~	0.6（AI）	1.9	100（AI）	3（AI）		150		9	40（AI）
1 岁~	1.0	2.1	160	6		200		17	40
4 岁~	1.2	2.5	190	8		250		20	50
7 岁~	1.6	3.5	250	11	10	300		25	65
11 岁~	2.1	4.5	350	14	12	400		35	90
14 岁~	2.4	5.0	400	16	13	500	400	40	100
18 岁~	2.4	5.0	400	15	12	500	400	40	100
50 岁~	2.4	5.0	400	14	12	500	400	40	100
65 岁~	2.4	5.0	400	14	11	500	400	40	100
80 岁~	2.4	5.0	400	13	10	500	400	40	100
孕妇（早）	2.9	6.0	600	—	12	—	420	40	100
孕妇（中）	2.9	6.0	600	—	12	—	420	40	115
孕妇（晚）	2.9	6.0	600	—	12	—	420	40	115
乳母	3.2	7.0	550	—	15	—	520	50	150

注：1. 未制定参考值者用"—"表示。

2. 视黄醇活性当量（Retinol Activity Equivalents；RAE），RAE/μg =膳食或补充剂来源全反式视黄醇（μg）+1/2 补充剂纯品全反式β-胡萝卜素（μg）+1/12 膳食全反式β-胡萝卜素（μg）+1/24 其他膳食维生素 A 原类胡萝卜素（μg）。

3. α-生育酚当量（α-Toocopherol Equivalent；α-TE），α-TE（mg）=1× α-生育酚（mg）+0.5×β-生育酚（mg）+0.1×γ-生育酚（mg）+0.02×δ生育酚（mg）+0.3× α-三烯生育酚（mg）。

4. 膳食叶酸当量（DFE, μg）=天然食物来源叶酸（μg）+1.7×合成叶酸（μg）；⑤烟酸当量（NE, mg）=烟酸（mg）+1/60 色氨酸（mg）。

附表 3 中国居民膳食矿质元素的推荐摄入量（RNI）或适宜摄入量（AI）

人群	钙（RNI）/（mg/d）	铁（RNI）/（mg/d） 男	女	锌（RNI）/（mg/d） 男	女	硒（RNI）/（μg/d）	磷（RNI）/（mg/d）	钾（AI）/（mg/d）	钠（AI）/（mg/d）	镁（RNI）/（mg/d）	碘（RNI）/（μg/d）
0 岁~	300	0.3		1.5		15	150	500	200	30	50
0.5 岁~	400	10		8.0		20	300	700	500	70	50
1 岁~	600	12		9.0		20	450	1000	650	100	50
4 岁~	800	12		12.0		25	500	1500	900	150	90
7 岁~	800	12		13.5		35	700	1500	1000	250	90
11 岁~	1000	16	18	18.0	15.0	45	1000	1500	1200	350	120
14 岁~	1000	20	25	19.0	15.5	50	1000	2000	1800	350	150
18 岁~	800	15	20	15.0	11.5	50	700	2000	2200	350	150
50 岁~	1000	15		11.5		50	700	2000	2200	350	150
孕妇											
早期	800	15		11.5		50	700	2500	2200	400	200
中期	1000	25		16.5		50	700	2500	2200	400	200
晚期	1200	35		16.5		50	700	2500	2200	400	200
乳母	1200	25		21.5		65	700	2500	2200	400	200

注：数据来源于《中国居民膳食指南（2016）》。